高职高专通信技术专业系列教材

现代通信技术

主　编　谭婕娟

副主编　郭玉萍

西安电子科技大学出版社

内 容 简 介

本书以现代通信系统为背景，以数字通信原理为主，系统、深入地介绍了现代通信技术。全书共7章，内容主要包括现代通信技术概述、模拟通信技术、模拟信号的数字化传输、数字基带传输系统、数字频带传输系统、同步系统、移动通信系统简介等。

本书结合现代通信技术，注重突出结构的合理性、完整性及内容的先进性，减少了数学推导。书中层次清晰，结构完整，立意新颖，适当反映了现代数字通信技术相关领域的发展现状及趋势。

本书可作为高职院校电子信息及通信类专业的教材。

图书在版编目(CIP)数据

现代通信技术/谭婕娟主编. —西安：西安电子科技大学出版社，2018.10
(2023.8 重印)
ISBN 978-7-5606-5054-8

Ⅰ. ① 现… Ⅱ. ① 谭… Ⅲ. ① 通信技术 Ⅳ. ① TN91

中国版本图书馆 CIP 数据核字(2018)第 217785 号

策　　划　陈 婷
责任编辑　张 倩
出版发行　西安电子科技大学出版社(西安市太白南路 2 号)
电　　话　(029)88202421　88201467　　邮　　编　710071
网　　址　www.xduph.com　　电子邮箱　xdupfxb001@163.com
经　　销　新华书店
印刷单位　广东虎彩云印刷有限公司
版　　次　2018 年 10 月第 1 版　2023 年 8 月第 3 次印刷
开　　本　787 毫米×1092 毫米　1/16　印张 14.5
字　　数　341 千字
定　　价　34.00 元
ISBN 978-7-5606-5054-8/TN
XDUP 5356001-3

前　言

进入21世纪以后，随着科技的发展，信息科学技术已成为国际社会和世界经济发展的强大推动力。信息作为一种未知的消息，只有通过传播才能被利用，实现它的价值，促进国际间的合作，推动社会生产力的发展。信息的传播要依靠各种通信方式以及电子技术来实现。学习和掌握现代通信技术是对每个通信工作者的要求。

本书立足于高职高专教育体系，本着"够用为度"的原则，在内容上适应高职高专教育注重实际应用能力培养的特点，突出实际应用；在问题的阐述上，尽力避免过多的理论推导，通俗易懂，将基础理论部分进行适当的简化合并，最后结合5G移动通信技术，把通信技术的理论应用到具体的通信系统中。全书共7章，每章都有重点与难点内容以及习题。本书建议学时为56～64学时，理论讲述内容以前6章为主，第七章内容可根据教学的实际需要选讲。

本书由西安航空职业技术学院谭婕娟担任主编并统稿，西安技师学院机电技术系郭玉萍担任副主编。其中，西安航空职业技术学院谭婕娟编写第一、二、五章，西安航空职业技术学院鲁春兰、张伟编写第四章，西安技师学院机电技术系郭玉萍编写第六章和附录实验部分，西安大唐电信有限公司王明辉编写第七章，书中附带的电子资源均由西安邮电大学杨辉提供。本书编写过程中得到很多人的帮助，在此一并表示感谢。同样，也对本书参阅的所有参考文献的作者表示感谢。

由于编者水平有限，书中难免存在不妥之处，敬请读者批评指正。

编　者

2018年8月

前言

目　录

第一章　现代通信技术概述

学习目的与要求：

通过本章学习，了解通信的历史和发展趋势，掌握通信的基本概念、通信系统的基本组成及分类、信道的分类和模型、噪声的定义、通信系统的性能指标。

重点与难点内容：

(1) 模拟通信系统的定义与构成；
(2) 数字通信系统的定义与构成；
(3) 信号、信道及噪声的概念；
(4) 通信系统的工作方式与分类；
(5) 信息的概念及计算；
(6) 模拟通信系统的主要性能指标及计算；
(7) 数字通信系统的主要性能指标及计算。

在古代，人们通过驿站、飞鸽传书、烽火报警、符号、身体语言、眼神、触碰等方式进行信息传递。

随着现代科学技术的飞速发展，相继出现了无线电、固定电话、移动电话、互联网甚至视频电话等各种通信方式。通信技术拉近了人与人之间的距离，提高了效率，也深刻地改变了人类的生活方式和社会面貌。

1.1　通信的定义

通信在不同的环境下有不同的解释，在实现电波传递信息后，通信(Communication)被单一地解释为信息的传递，即指由一地向另一地进行的信息传输与交换，其目的是传输消息。在各种各样的通信方式中，利用“电”来传递消息的通信方法称为电信(Telecommunication)，这种通信具有迅速、准确、可靠等特点，且几乎不受时间、地点、空间、距离的限制，因而得到了飞速发展和广泛应用。

从广义上说，无论采用何种方法，使用何种媒质，只要将信息从一地传送到另一地，均可称为通信。通信的方式有古代的烽火台、击鼓、驿站快马接力、信鸽、旗语和现代的电信等。现代通信以电信方式为主，如电报、电话、短信、E-mail等，实现了即时通信。美国联邦通信法对通信的定义是："通信包括电信和广播电视"。世贸组织(WTO)、国际电联(ITU)以及中国的电信管理条例对电信的定义是："通信包括公共电信和广播电视"。

通信的发展分为以下三个阶段：第一阶段是语言和文字通信阶段。在这一阶段，通信方式简单，内容单一。第二阶段是电通信阶段。1837 年，莫尔斯发明了电报机，并设计了莫尔斯电报码。1876 年，贝尔发明了电话机。这样，人们利用电磁波不仅可以传输文字，还可以传输语音，由此大大加快了通信的发展进程。1895 年，马可尼发明了无线电设备，从而开创了无线电通信发展的道路。第三阶段是电子信息通信阶段。1948 年，香农提出信息论，建立了通信统计理论，综合业务数字网开始崛起。通信系统是指点对点通信所需的全部设施，而通信网是由许多通信系统组成的多点之间能相互通信的全部设施。

现代主要的通信技术有数字通信技术、信息交换技术、信息传输技术、通信网络技术、数据通信与数据网、宽带 IP 技术、接入网与接入技术等。数字通信即传输数字信号的通信，其过程是：信源发出的模拟信号经过数字终端的信源编码成为数字信号，终端发出的数字信号经过信道编码变成适合于信道传输的数字信号，然后由调制解调器把信号调制到系统所使用的数字信道上，再传输到对端，而后经过相反的变换最终传送到信宿。数字通信以其抗干扰能力强，便于存储、处理和交换等特点，成为现代通信网中最主要的通信技术基础，广泛应用于现代通信网的各种通信系统中。

1.2　通信系统的组成

通信系统一般由信源、发端设备、信宿、收端设备和信道(传输媒介)等组成，其中信源、信宿与信道称为通信的三要素。来自信源的消息(语言、文字、图像或数据)在发信端先由末端设备(如电话机、电传打字机、传真机或数据末端设备等)变换成电信号，然后经发端设备编码、调制、放大或发射后，把基带信号变换成适合在传输媒介中传输的形式，再经传输媒介传输，在收信端经收端设备反变换恢复成消息提供给信宿(受信者)。这种点对点的通信大都是双向传输的。因此，通信对象所在的两端均备有发端设备和收端设备。典型的通信系统如图 1-1 所示。

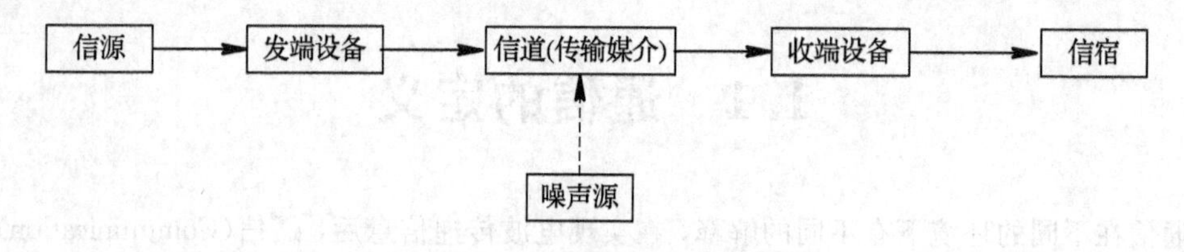

图 1-1　典型的通信系统

通信系统按所用传输媒介的不同可分为两类：一类是以金属导体为传输媒介，如常用的通信线缆等，这种以通信线缆为传输媒介的通信系统称为有线电通信系统；另一类是利用无线电波在大气、空间、水土等传输媒介中传播而进行的通信，这种通信系统称为无线电通信系统。光通信系统也有"有线"和"无线"之分，它们所用的传输媒介分别为光学纤维，大气、空间或水。

通信系统按通信业务(即所传输的信息种类)的不同可分为电话、电报、传真、数据通信系统等。

若信号在时间上是连续变化的，则称之为模拟信号(如电话)；若信号在时间上是离散的，其幅度取值也是离散的，则称之为数字信号(如电报)。模拟信号通过模拟/数字变换(包括采样、量化和编码过程)可变成数字信号。通信系统按照信道上所传输信号的不同分为模拟通信系统与数字通信系统。

1.2.1　通信系统的分类

1. 按照通信的业务分类

根据通信的业务分类，通信系统有常规通信、控制通信等。其中，常规通信又分为话务通信和非话务通信。话务通信业务主要是以电话服务为主，程控数字电话交换网络的主要目标就是为普通用户提供电话通信服务。非话务通信主要是分组数据业务、计算机通信、传真、视频通信等。在过去的很长一段时期内，由于电话通信网最为发达，因而其他通信方式往往需要借助于公共电话网进行传输，但是随着 Internet 网的迅速发展，这一状况已经发生了显著的变化。控制通信主要包括遥测、遥控等，如卫星测控、导弹测控、遥控指令通信都属于控制通信的范围。

话务通信和非话务通信都有着各自的特点。话务通信中，话音的传输具有三个特点，一是人耳对传输时延十分敏感，如果传输时延超过 100 ms，通信双方会明显感觉到对方反应“迟钝”，使人感到很不自然；二是要求通信传输时延抖动尽可能小，因为时延抖动可能会造成话音音调的变化，使得接听者感觉对方声音“变调”，甚至不能通过声音分辨出对方；三是对传输过程中出现的偶然差错并不敏感，传输的偶然差错只会造成瞬间话音的失真和出错，但不会使接听者对讲话人语义的理解造成大的影响。

对于数据信息，通常情况下更关注传输的准确性，有时要求实时传输，有时又可能对实时性要求不高。对于视频信息，对传输时延的要求与话务通信相当，但是视频信息的数据量要比话音大得多，如语音信号 PCM(Pulse Code Modulation)编码的信息速率为 64 kb/s，而 MPEG-Ⅱ(Motion Picture Experts Group)压缩视频的信息速率则在 2～8 Mb/s 之间。

目前，话务通信在电信网中仍然占据着重要的地位，而随着 Internet 的迅猛发展，非话务业务也有了长足的发展，在信息流量方面已经超过了话音信息流量。

2. 按调制方式分类

根据是否采用调制方式，可以将通信系统分为基带传输和调制传输。基带传输是将未经调制的信号直接传送，如音频市内电话(用户线上传输的信号)、Ethernet 网中传输的信号等。对于正弦载波调制，可以用要发送的信息去控制或改变载波的幅度、频率或相位，接收端通过解调就可以恢复出信息。在通信系统中，调制的目的主要有以下几个方面：

(1) 便于信息的传输。调制过程可以将信号频谱搬移到任何需要的频率范围，便于与信道传输特性相匹配。例如，无线传输时，必须将信号调制到相应的射频上才能够进行无线电通信。

(2) 改变信号占据的带宽。调制后的信号频谱通常被搬移到某个载频附近的频带内，其有效带宽相对于载频而言是一个窄带信号，在此频带内引入的噪声就相应减小，从而可以提高系统的抗干扰性。

（3）改善系统的性能。由信息论可知，有可能通过增加带宽的方式来换取接收信噪比的提高，从而可以提高通信系统的可靠性。各种调制方式正是为了达到这些目的而发展起来的。

3. 按传输信号分类

按照信道中所传输的信号是模拟信号还是数字信号，可以相应地把通信系统分成两类，即模拟通信系统和数字通信系统。数字通信系统在最近几十年获得了快速发展，数字通信系统也是目前商用通信系统的主流。

4. 按传送信号的复用和多址方式分类

复用是指多路信号利用同一个信道进行独立传输。传送多路信号目前有四种复用方式，即频分复用 FDM（Frequency Division Multiplexing）、时分复用 TDM（Time Division Multiplexing）、码分复用 CDM（Code Division Multiplexing）和波分复用 WDM（Wave Division Multiplexing）。

频分复用采用频谱搬移的办法使不同信号分别占据不同的频带进行传输。时分复用使不同信号分别占据不同的时间片段进行传输。码分复用采用的一组正交脉冲序列分别携带有不同的信号。波分复用使用在光纤通信中可以在一条光纤内同时传输多个波长的光信号，成倍地提高光纤的传输容量。

多址是指在多用户通信系统中区分多个用户的方式。如在移动通信系统中，同时为多个移动用户提供通信服务，需要采取某种方式区分各个通信用户。多址方式主要有频分多址 FDMA（Frequency Division Multiple Access）、时分多址 TDMA（Time Division Multiple Access）和码分多址 CDMA（Code Division Multiple Access）三种方式。移动通信系统是各种多址技术应用的一个十分典型的例子。

5. 按传输媒介分类

通信系统可以分为有线（包括光纤）通信和无线通信两大类。有线信道包括架空明线、双绞线、同轴电缆、光缆等。使用架空明线传输媒介的通信系统主要有早期的载波电话系统，使用双绞线传输媒介的通信系统有电话系统、计算机局域网等，同轴电缆在微波通信、程控交换等系统，以及设备内部和天线馈线中使用。无线通信依靠电磁波在空间传播，达到传递消息的目的，如短波电离层传播、微波视距传输等。

6. 按工作波段分类

无线电通信所用的频率（波长）分为 12 个频段（波段）。根据频率和波长的差异，无线电通信大致可分为长波通信、中波通信、短波通信、超短波通信和微波通信。

（1）长波通信（3 kHz～30 kHz）：长波主要沿地球表面进行传播（又称地波），也可在地面与电离层之间形成的波导中传播，传播距离可达几千千米甚至上万千米。长波能穿透海水和土壤，因此多用于海上、水下、地下的通信与导航业务。

（2）中波通信（30 kHz～3 MHz）：中波在白天主要依靠地面传播，夜间可由电离层反射传播。中波通信主要用于广播和导航业务。

（3）短波通信（3 MHz～30 MHz）：短波主要靠电离层发射的天波传播，可经电离层一次或几次反射，传播距离可达几千千米甚至上万千米。短波通信适用于应急、抗灾和远距离越洋通信。

(4) 超短波通信(30 MHz～300 MHz)：超短波对电离层的穿透力强，主要以直线视距方式传播，它比短波天波传播方式稳定性高，受季节和昼夜变化的影响小。由于频带较宽，超短波通信被广泛应用于传送电视、调频广播、雷达、导航等业务。

(5) 微波通信(300 MHz～300 GHz)：微波主要是以直线视距传播，但受地形、地面物体以及雨雪雾影响大。其传播性能稳定，传输带宽更宽，地面传播距离一般在几十千米，能穿透电离层，对空传播可达数万公里。微波通信主要用于干线或支线无线通信、移动通信和卫星通信。

1.2.2　模拟通信系统

1. 模拟通信系统模型

我们把信道中传输模拟信号的系统称为模拟通信系统。模拟通信系统的组成可由一般通信系统模型略加改变而成，如图 1-2 所示。这里，一般通信系统模型中的发端设备和收端设备分别为调制器和解调器所代替。

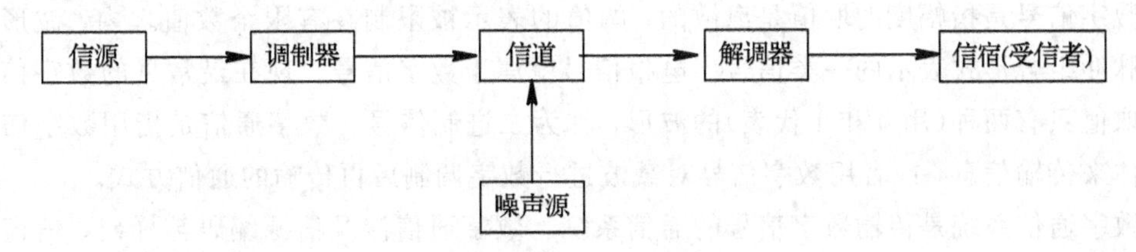

图 1-2　模拟通信系统模型

对于模拟通信系统，它主要包含两种重要的变换。第一种变换是把连续消息变换成电信号(由发端信源完成)和把电信号恢复成最初的连续消息(由收端信宿完成)。由信源输出的电信号，也就是基带信号，由于它具有频率较低的频谱分量，一般不能直接作为传输信号而送到信道中去。因此，模拟通信系统里常有第二种变换，即将基带信号转换成适合信道传输的信号，这一变换由调制器完成；在收端同样需经相反的变换，这一变换由解调器完成。经过调制后的信号通常称为已调信号，已调信号有三个基本特性：一是携带有消息，二是适合在信道中传输，三是频谱具有带通形式，且中心频率远离零频。因而已调信号又常称为频带信号。

必须指出，从消息的发送到消息的恢复，事实上并非仅有以上两种变换，通常在一个通信系统里可能还有滤波、放大、天线辐射与接收、控制等过程。对于信号传输而言，上面两种变换对信号形式的变化起着决定性作用，它们是通信过程中的重要方面；而其他过程对信号变化来说，没有发生质的作用，只不过是对信号进行了放大和改善了信号的特性等。

2. 模拟通信系统的特点

模拟通信的优点是直观且容易实现，占用频带窄，但存在以下几个缺点：

(1) 保密性差。尤其是在微波通信和有线明线通信系统中，很容易被窃听，只要收到模拟信号，就容易得到通信内容。

(2) 抗干扰能力弱。电信号在沿线路传输的过程中会受到外界和通信系统内部的各种噪声干扰，噪声和信号混合后难以分开，从而使得通信质量下降。线路越长，噪声的积累也就越多。

(3) 设备不易大规模集成化。

(4) 不适于飞速发展的计算机通信要求。

模拟通信系统练习

1.2.3 数字通信系统

1. 数字通信系统模型

数字信号是指幅度的取值是离散的，幅值的表示被限制在有限个数值之内，波形用离散的脉冲组合形式表示的一类信号。电报信号就属于数字信号。现在最常见的数字信号是幅度取值只有两种(用 0 和 1 代表)的波形，称为二进制信号。数字通信是指用数字信号作为载体来传输信息，或者用数字信号对载波进行数字调制后再传输的通信方式。

数字通信系统是传输数字信号的通信系统。数字通信涉及信源编码与译码、信道编码与译码、数字调制与解调、同步与数字复接，以及加密等技术问题。数字通信系统模型如图 1-3 所示。

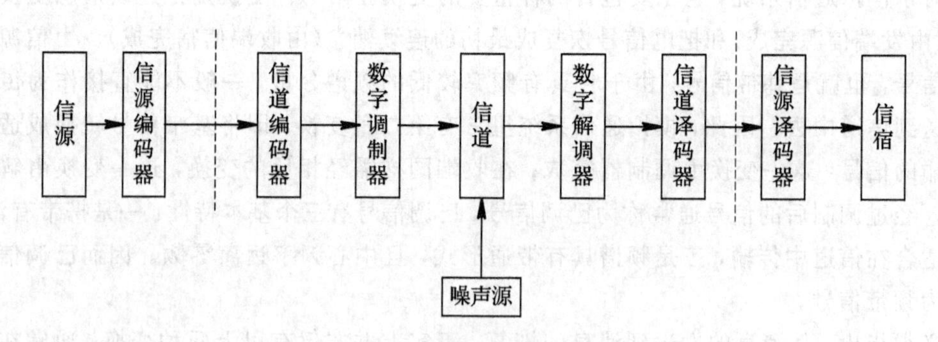

图 1-3 数字通信系统模型

1) 信源编码与译码

信源编码可以提高通信的有效性。通过信源编码可减少码元数目和降低码元速率，即为通常所说的数据压缩。码元速率直接影响传输所占的带宽，而传输带宽又直接反映了通信的有效性。当信源给出的是模拟语音信号时，信源编码器将其转换成数字信号，以实现模拟信号的数字化传输。信源译码是信源编码的逆过程。

2）信道编码与译码

选择性衰落

信道编码可以提高通信的可靠性。数字信号在信道传输时，由于噪声、衰落以及人为干扰等，将会引起差错。为了减少差错，信道编码器对传输的信息码元按一定的规则加入保护成分（监督元），组成所谓“抗干扰编码”。接收端的信道译码器按一定的规则进行解码。在解码过程中发现错误或纠正错误，从而提高通信系统的抗干扰能力。

3）数字调制与解调

数字调制就是把数字基带信号的频谱向高频搬移，形成适合在信道中传输的频带信号的过程。基本的数字调制方式有振幅键控（ASK）、移频键控（FSK）、绝对移相键控（PSK）、相对（差分）移相键控（DPSK）。对这些信号可以采用相干解调或非相干解调还原为数字基带信号。

4）同步与数字复接

同步就是使收、发两端的信号在时间上保持步调一致，这是保证数字通信系统有序、准确可靠工作的不可缺少的前提条件。同步按照功用不同，可分为载波同步、位同步、群同步和网同步。数字复接就是依据时分复用的基本原理把若干个低速数字信号合并成一个高速数字信号，以扩大传输容量和提高传输效率。

2. 数字通信系统的特点

无论是模拟通信还是数字通信，在不同的通信业务中都得到了广泛应用。但是，数字通信的发展速度已明显超过模拟通信，成为当代通信的主流。与模拟通信相比，数字通信更能适应现代社会对通信技术越来越高的要求。

数字通信的主要优点有：

（1）抗干扰能力强。在数字通信中，传输的信号幅度是离散的。以二进制为例，信号的取值只有两个，这样接收端只需判别两种状态。信号在传输过程中受到噪声的干扰，必然会使波形失真，接收端对其进行抽样判决，以辨别是两种状态中的哪一个。只要噪声的大小不足以影响判决的正确性，就能正确接收（再生）。而在模拟通信中，传输的信号幅度是连续变化的，一旦叠加上噪声，即使噪声很小，也很难消除它。数字通信抗干扰性能好，还表现在微波中继通信时，它可以消除噪声积累。这是因为数字信号在每次再生后，只要不发生错码，它仍然像信源中发出的信号一样，没有噪声叠加在上面。因此中继站再多，数字通信仍具有良好的通信质量。而模拟通信中继只能增加信号能量（对信号放大），不能消除噪声。

（2）差错可控。数字信号在传输过程中出现的错误（差错），可通过纠错编码技术来控制，以提高传输的可靠性。

（3）易加密。数字信号与模拟信号相比，它更容易加密和解密。因此，数字通信保密性好。

（4）易于与现代技术相结合。由于计算机技术、数字存储技术、数字交换技术以及数字处理技术等现代技术的飞速发展，许多设备、终端接口均可接收数字信号，因此极易与数字通信系统相连接。

相对于模拟通信来说，数字通信主要有以下两个缺点：

(1) 频带利用率不高。在数字通信系统中，数字信号占用的频带宽。以电话为例，一路模拟电话通常只占据 4 kHz 带宽，但一路接近同样话音质量的数字电话可能要占据 20～60 kHz 的带宽。因此，如果系统传输带宽一定的话，模拟电话的频带利用率要高出数字电话的 5～15 倍。

(2) 系统设备相对比较复杂，同步要求严格。在数字通信中，要准确地恢复信号，收端需要有严格的同步系统，以保持收端和发端严格的节拍一致、编组一致。因此，数字通信系统及设备一般都比较复杂，体积较大。不过，随着新的宽带传输信道(如光导纤维)的采用，以及窄带调制技术和超大规模集成电路的发展，数字通信的这些缺点已经弱化。随着微电子技术和计算机技术的迅猛发展和广泛应用，数字通信在现今已经逐步取代模拟通信的主导地位。

需要指出的是，模拟通信与数字通信的区别仅在于信道中传输的信号种类。模拟信号经过数字编码后可以在数字通信系统中传输，如数字电话系统就是以数字方式传输模拟语音信号的。数字信号经过模拟调制也可以在模拟通信系统中传输，计算机数据基带信号经过调制解调器(Modem)进行正弦调制，就可以通过模拟电话线进行传输。

数字通信系统练习

1.2.4 通信系统的工作方式

1. 按消息传送的方向与时间关系区分

对于点对点之间的通信，按照消息传送的方向与时间关系，通信方式可分为单工通信、半双工通信及全双工通信三种，如图 1-4 所示。

(1) 单工通信(Simplex Communication)。

单工通信是指消息只能单方向传输的工作方式。

在单工通信中，通信的信道是单向的，发送端与接收端也是固定的，即发送端只能发送信息，不能接收信息；接收端只能接收信息，不能发送信息。基于这种情况，数据信号从一端传送到另外一端，信号流是单方向的。

例如：生活中的广播就是一种单工通信的工作方式。广播站是发送端，听众是接收端。广播站向听众发送信息，听众接收获取信息。广播站不能作为接收端获取到听众的信息，听众也无法作为发送端向广播站发送信号。

(2) 半双工通信(Half-duplex Communication)。

半双工通信可以实现双向通信，但不能在两个方向上同时进行，必须轮流交替地进行。

在这种工作方式下，发送端可以转变为接收端；相应地，接收端也可以转变为发送端。

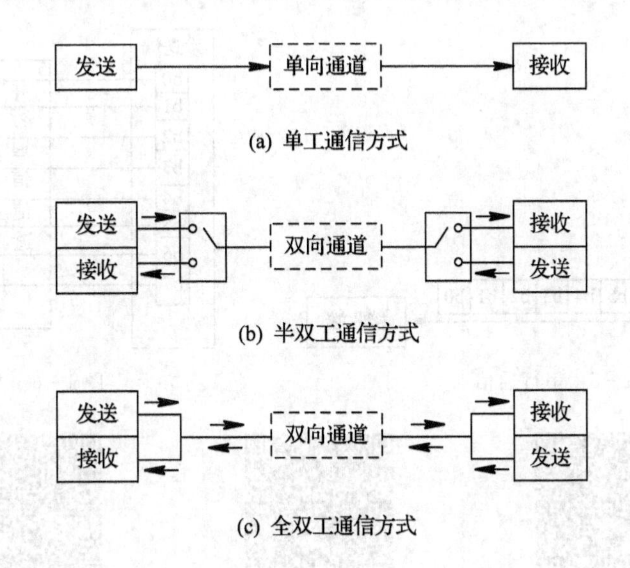

(a) 单工通信方式

(b) 半双工通信方式

(c) 全双工通信方式

图 1-4　通信系统的三种工作方式

但是在同一个时刻，信息只能在一个方向上传输。因此，也可以将半双工通信理解为一种切换方向的单工通信。

例如：对讲机是日常生活中最为常见的一种半双工通信方式，手持对讲机的双方可以互相通信，但在同一个时刻，只能由一方在讲话。

(3) 全双工通信(Full-duplex Communication)。

全双工通信是指在通信的任意时刻，线路上存在 A 到 B 和 B 到 A 的双向信号传输。

全双工通信允许数据同时在两个方向上传输，又称为双向同时通信，即通信的双方可以同时发送和接收数据。在全双工方式下，通信系统的每一端都设置了一个发送器和接收器，因此，能控制数据同时在两个方向上传送。全双工方式无需进行方向的切换，因此，没有切换操作所产生的时间延迟，这对那些不能有时间延误的交互式应用(例如远程监测和控制系统)十分有利。这种方式要求通信双方均有发送器和接收器。

例如，普通有线电话、手机通信系统都是常见的全双工通信方式。

2. 在数字通信中按信号排列顺序区分

在数字通信中，按信号排列顺序区分可以分为串行通信和并行通信。

(1) 串行通信。

串行通信是将数字信号按照时间顺序一位一位进行传输的通信方式，如图 1-5 所示。串行传输只用很少的几根通信线，串行传送的速度低，但传送的距离可以很长，因此串行适用于长距离而速度要求不高的场合。在计算机中，有专门的 RS-232 等串行通信接口。

(2) 并行通信。

并行通信是将几位数字码元同时传输的通信方式，如图 1-6 所示。并行通信速度快，但用的通信线多、成本高，故不宜进行远距离通信。计算机或 PLC 各种内部总线就是以并行方式传送数据的。

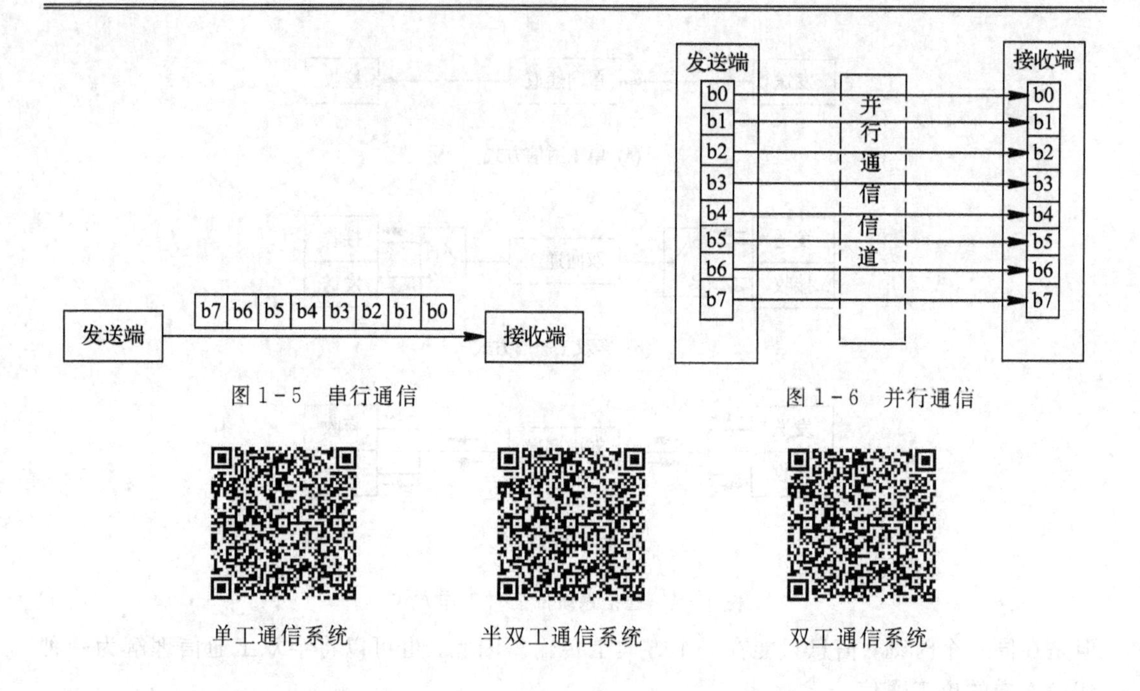

图 1-5　串行通信　　　　图 1-6　并行通信

单工通信系统　　半双工通信系统　　双工通信系统

1.3　信号、信道与噪声

1.3.1　信号

1. 信号的概念

信号是运载消息的工具，是信息的载体。从广义上讲，它包含光信号、声信号和电信号等。例如，古代人利用点燃烽火台而产生的滚滚狼烟，向远方军队传递敌人入侵的消息，这属于光信号；当我们说话时，声波传递到他人的耳朵，使他人了解我们的意图，这属于声信号；遨游太空的各种无线电波、四通八达的电话网中的电流等，都可以用来向远方表达各种消息，这属于电信号。人们通过对光、声、电信号进行接收，才知道对方要表达的信息。

2. 信号的分类

信号是表示信息的物理量，电信号可以通过幅度、频率、相位的变化来表示不同的信息。电信号有模拟信号和数字信号两类。按照实际用途区分，信号包括电视信号、广播信号、雷达信号、通信信号等;按照所具有的时间特性区分，则有确定信号和随机信号等。

1）连续信号与离散信号

一个信号，若在某个时间区间内除有限个间断点外的所有瞬时都有确定的值，就称这个信号是该区间的连续信号。正弦信号就是典型的连续信号。模拟信号是指其代表消息的参数(幅度、频率或相位)完全随时间的变化而连续变化，例如，声音和图像的强度都是连续变化的，传感器采集的大多数数据也都是连续取值的。连续信号又称为模拟信号。

如图 1－7 所示的正弦信号是常见的模拟信号。一个信号，如果只是在离散的时间瞬时才有确定的值，则称这个信号为离散信号，图 1－8 所示是时间离散的模拟信号。如果一个信号不仅自变量的取值是离散的，其函数值也是“量化”了的有限值，则称这种信号为数字信号。所谓“量化”，就是分级取整的意思，例如用“四舍五入”的方法，使各离散时间点上的函数值归为某一最接近的整数，从而将连续变化的函数值用有限的若干整数值来表示。例如，电报、数据、计算机输入输出的信号都是数字信号。

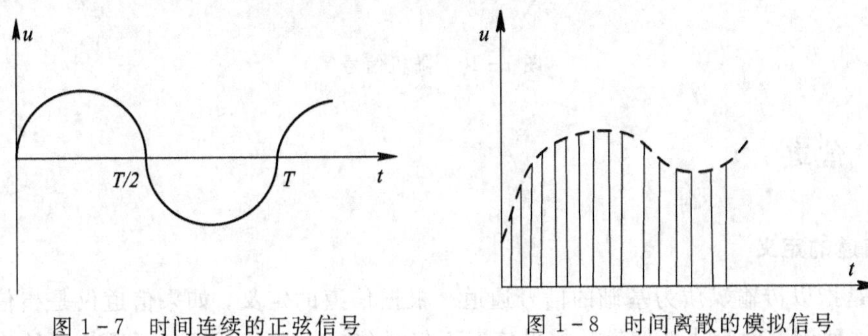

图 1－7　时间连续的正弦信号　　　图 1－8　时间离散的模拟信号

2）确定信号和随机信号

确定信号是时间 t 的确定函数，即确定信号对于任意的确定时刻都有确定的函数值相对应。正弦信号和各种形状的周期信号就是确定信号，图 1－9 所示为确定信号。

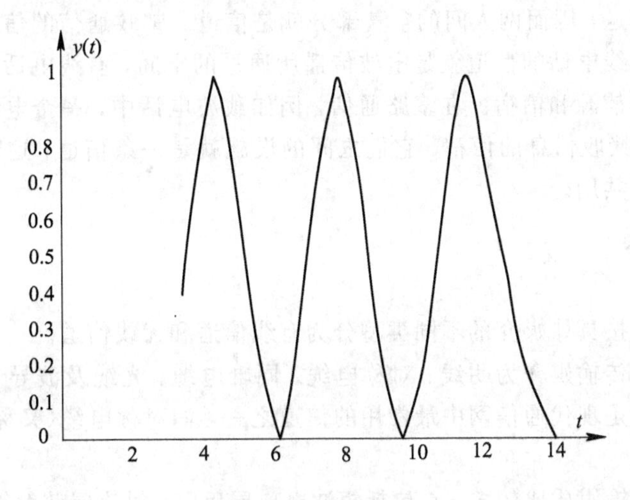

图 1－9　确定信号

随机信号则不是时间 t 的确定函数，例如雷达发射机发射一系列脉冲到达目标又反射回来，接收机收到的回波信号就有很大的随机性。因为它与目标性质、大气条件、外界干扰等种种因素有关，所以不能用确定的函数式表示，而只能用统计规律来描述，图 1－10 所示为随机信号。

实际传输的信号几乎都具有未可预知的不确定性，因此都是随机信号。如果传输的信号都是时间的确定函数，那么对接收者来说，就不可能由它得知任何新的信息，这样就失去了传送消息的本意。但是，在一定条件下，随机信号也会表现出某种确定性，例如，在一个较长的时间内随时间变化的规律比较确定，可以近似地看成确定信号，使分析简化。

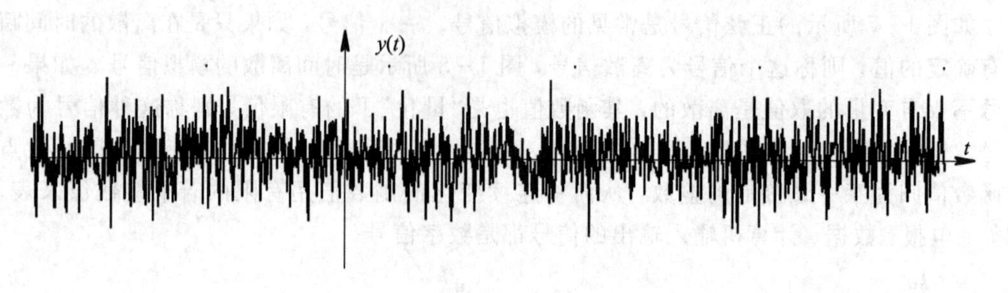

图 1-10　随机信号

1.3.2　信道

1. 信道的定义

信道是指以传输媒质为基础的信号通道。根据信道的定义，如果信道仅是指信号的传输媒质，这种信道称为狭义信道。如果信道不仅是传输媒质，而且包括通信系统中的一些转换装置，这些装置可以是发送设备、接收设备、馈线与天线、调制器、解调器等，这种信道称为广义信道。

信息是抽象的，但传送信息必须通过具体的传输媒质。例如，两人对话依靠声波通过两人间的空气来传送，因而两人间的空气部分就是信道。邮政通信的信道是指运载工具及其经过的设施。无线电话的信道就是电波传播所通过的空间，有线电话的信道是电缆。每条信道都有特定的信源和信宿。在多路通信，例如载波电话中，一个电话机作为发出信息的信源，另一个是接收信息的信宿，它们之间的设施就是一条信道，这时传输用的电缆可以为许多条信道所共用。

2. 信道的分类

1）狭义信道

狭义信道通常按具体媒介的不同类型分为有线信道和无线信道。

有线信道是指传输媒介为明线、对称电缆、同轴电缆、光缆及波导等一类能够看得见的媒介。有线信道是现代通信网中最常用的信道之一，如对称电缆（又称电话电缆）广泛应用于近程传输。

无线信道的传输媒质比较多，它包括短波电离层反射、对流层散射等。可以这样认为，凡不属有线信道的媒质均为无线信道的媒质。无线信道的传输特性没有有线信道的传输特性稳定和可靠，但无线信道具有方便、灵活、通信者可移动等优点。

2）广义信道

广义信道通常也可分成两种：调制信道和编码信道。

调制信道是从研究调制与解调的基本问题出发而构成的，它的范围是从调制器输出端到解调器输入端。从调制和解调的角度来看，我们只关心调制器输出的信号形式和解调器输入信号与噪声的最终特性，并不关心信号的中间变化过程。因此，定义调制信道对于研究调制与解调问题是方便的。

在数字通信系统中，如果仅着眼于编码和译码问题，则可得到另一种广义信道——编码信道。这是因为从编码和译码的角度来看，编码器的输出仍是某一数字序列，而译码器的输入同样也是一数字序列，它们在一般情况下是相同的数字序列。因此，从编码器输出端到译码器输入端的所有转换器及传输媒质可用一个完整的数字序列变换的方框加以概括，此方框称为编码信道，如图 1-11 所示。

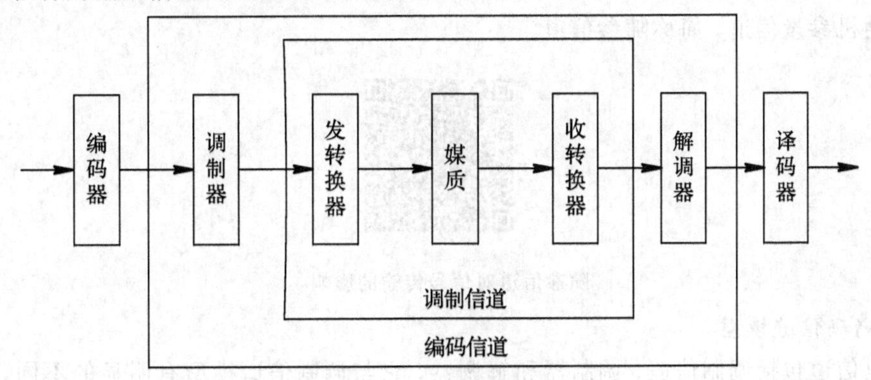

图 1-11　编码信道

3. 信道的数学模型

信道的数学模型用来表征实际物理信道的特性，使用它对通信系统进行理论分析和设计是十分方便的。下面我们简要描述调制信道和编码信道这两种广义信道的数学模型。

1）调制信道模型

调制信道是为研究调制与解调问题所建立的一种广义信道，它所关心的是调制信道输入信号的形式和已调信号通过调制信道后的最终结果，对于调制信道内部的变换过程并不关心。因此，调制信道可以用具有一定输入、输出关系的方框来表示。通过对调制信道进行大量的分析研究，发现它具有如下共性：

(1) 有一对(或多对)输入端和一对(或多对)输出端；

(2) 绝大多数信道都是线性的，即满足线性叠加原理；

(3) 信号通过信道具有固定或时变的延迟时间；

(4) 信号通过信道会受到固定或时变的损耗；

(5) 即使没有信号输入，在信道的输出端仍可能有一定的输出(噪声)。

根据以上几条性质，调制信道可以用一个二端口(或多端口)线性时变网络来表示，这个网络便称为调制信道模型，如图 1-12 所示。

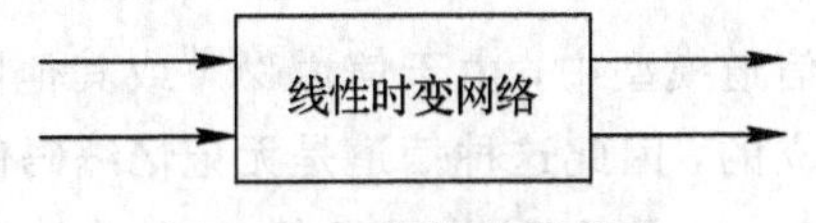

图 1-12　调制信道模型

一般情况下，$S_o(t)$可以表示为信道的单位冲击响应 $h(t)$与输入信号 $S_i(t)$的卷积，即

$$S_o(t)=h(t)*S_i(t)$$

或者傅里叶表达式

$$S_o(\omega)=C(\omega)S_i(\omega)$$

其中，$C(\omega)$依赖于信道特性。对于信号来说，$C(\omega)$可看成是乘性干扰。通常，信道特性 $h(t)$是一个复杂的函数，它可能包括各种线性失真、非线性失真、交调失真、衰落等。同

时，由于信道的迟延特性和损耗特性随时间做随机变化，故 $h(t)$ 往往只能用随机过程来描述。我们使用的物理信道，根据信道传输函数 $C(\omega)$ 的时变特性的不同，可以分为两大类：一类是 $C(\omega)$ 基本不随时间变化，即信道对信号的影响是固定的或变化极为缓慢的，这类信道称为恒定参量信道，简称恒参信道；另一类是传输函数 $C(\omega)$ 随时间随机变化，这类信道称为随机参量信道，简称随参信道。

随参信道对信号传输的影响

2）编码信道模型

编码信道包括调制信道、调制器和解调器，它与调制信道模型有明显的不同，是一种数字信道或离散信道。编码信道输入的是离散的时间信号，输出的也是离散的时间信号，它对信号的影响则是将输入数字序列变成另一种输出数字序列。在传输过程中，由于信道噪声或其他因素的影响，将导致输出数字序列发生错误，因此输入、输出数字序列之间的关系可以用一组转移概率来表征。

二进制数字传输系统的一种简单的编码信道模型，如图 1-13 所示。图中 $P(0)$ 和 $P(1)$ 分别是发送 0 符号和 1 符号的先验概率，$P(0/0)$ 与 $P(1/1)$ 是正确转移的概率，而 $P(1/0)$ 与 $P(0/1)$ 是错误转移概率。信道噪声越大将导致输出数字序列发生的错误越多，错误转移概率 $P(1/0)$ 与 $P(0/1)$ 也就越大；反之，错误转移概率 $P(1/0)$ 与 $P(0/1)$ 就越小。输出的总的错误概率为

$$P=P(0)P(1/0)+P(1)P(0/1)$$

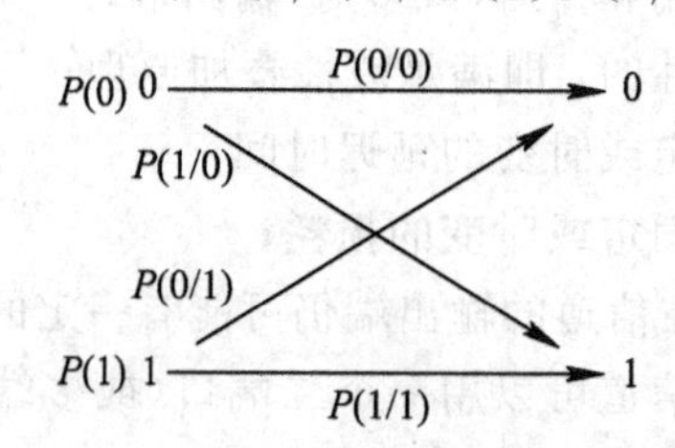

图 1-13　二进制编码信道模型

在图 1-13 所示的编码信道模型中，由于信道噪声或其他因素影响导致的输出数字序列发生错误的概率是统计独立的，因此这种信道是无记忆编码信道，其特殊性质如下：

$$P(0/0)+P(1/0)=1$$

$$P(1/1)+P(0/1)=1$$

如果编码信道是有记忆的，即信道噪声或其他因素影响导致输出数字序列发生错误的概率是不独立的，则编码信道模型要复杂得多，信道转移概率表示式也将变得很复杂，这里不做讨论。

1.3.3　噪声

1. 噪声的定义

噪声，从广义上讲是指通信系统中除有用信号以外的有害干扰信号。习惯上，把有周期性的、有规律的有害信号称为干扰，而把其他有害的信号称为噪声。噪声可以笼统地称为随机的、不稳定的能量。它分为加性噪声和乘性噪声，乘性噪声随着信号的存在而存在，当信号消失后，乘性噪声也随之消失。在这里，我们主要讨论加性噪声。

信道中加性噪声按照来源，一般可以分为三种：

(1) 人为噪声。

人为噪声来源于无关的其他信号源，例如：外台信号、开关接触噪声、工业的点火辐射等。这些干扰一般可以被消除，例如，可通过加强屏蔽、滤波和接地等措施予以消除。

(2) 自然噪声。

自然噪声是指自然界存在的各种电磁波源，例如：闪电、雷击、太阳黑子、大气中的电暴和各种宇宙噪声等。这些噪声所占的频谱范围很宽，并不像无线电干扰那样频率是固定的，所以这种噪声难以消除。

(3) 内部噪声。

内部噪声是系统设备本身所产生的各种噪声，例如：电阻中自由电子的热运动和半导体中载流子的起伏变化等。内部噪声是由无数个自由电子做不规则运动形成的，它的波形变化不规则，通常又称之为起伏噪声。在数学上，可以用随机过程来描述这种噪声，因此又称随机噪声。

另外，根据噪声的性质分类，噪声可以分为三种：

(1) 单频噪声。

单频噪声是一种连续波的干扰(如外台信号)，它可视为一个已调正弦波，但其幅度、频率或相位是事先不能预知的。这种噪声的主要特点是占有极窄的频带，但在频率轴上的位置可以实测。因此，单频噪声并不是在所有通信系统中都存在的。

(2) 脉冲噪声。

脉冲噪声是突发出现的幅度高且持续时间短的离散脉冲。这种噪声的主要特点是其突发的脉冲幅度大，但持续时间短，且相邻突发脉冲之间往往有较长的安静期。从频谱上看，脉冲噪声通常有较宽的频谱(从甚低频到高频)，但频率越高，其频谱强度就越小。脉冲噪声主要来自机电交换机和各种电气干扰、雷电干扰、电火花干扰、电力线感应等。数据传输对脉冲噪声的容限取决于比特速率、调制解调方式以及对差错率的要求。脉冲噪声由于具有较长的安静期，故对模拟话音信号的影响不大。脉冲噪声虽然对模拟话音信号的影响不大，但是在数字通信中，它的影响是不容忽视的。一旦出现突发脉冲，由于脉冲的幅度大，将会导致一连串的误码，对通信造成严重的危害。国际标准组织规定关于租用电话线路的脉冲噪声指标是 15 分钟内，在门限以上的脉冲数不得超过 18 个。在数字通信中，通常可以通过纠错编码技术来减轻这种危害。

(3) 起伏噪声。

起伏噪声是以热噪声、散弹噪声及宇宙噪声为代表的噪声。这些噪声的特点是，无论在时域内还是在频域内它们总是普遍存在和不可避免的。起伏噪声不能避免，且始终存在，它是影响通信系统性能的主要因素。在分析通信系统抗噪声性能时，都是以起伏噪声为重点。

2. 高斯白噪声

1）白噪声

在通信系统中，经常碰到的噪声之一就是白噪声。所谓白噪声，是指它的功率谱密度函数在整个频域内是常数，即服从均匀分布。换句话说，此信号在各个频段上的功率是一样的。由于白光是由各种频率(颜色)的单色光混合而成，因而这种平坦功率谱的性质被称作是“白色的”，此信号也因此被称作白噪声。相对地，其他不具有这一性质的噪声信号被称为有色噪声。

理想的白噪声具有无限带宽，因而其能量是无限大的，但是理想的白噪声在现实世界中是不可能存在的。实际上，我们常常将有限带宽的平整信号视为白噪声，因为这让我们在数学分析上更加方便。由于白噪声在数学处理上比较方便，因此它是系统分析的有力工具。一般，只要一个噪声过程所具有的频谱宽度远远大于它所作用的系统带宽，并且在该带宽中其频谱密度基本上可以作为常数来考虑，就可以把它作为白噪声来处理。例如，热噪声和散弹噪声在很宽的频率范围内具有均匀的功率谱密度，通常可以认为它们是白噪声。

2）高斯白噪声

高斯白噪声，是指噪声的概率密度函数满足正态分布统计特性，同时它的功率谱密度函数是常数的一类噪声。这里值得注意的是，高斯白噪声同时涉及噪声的两个不同方面，即概率密度函数的正态分布性和功率谱密度函数的均匀性，此二者缺一不可。

在通信系统的理论分析中，特别是在分析、计算系统抗噪声性能时，经常假定系统中的信道噪声(即前述的起伏噪声)为高斯白噪声。其原因在于：高斯白噪声可用具体数学表达式表述，便于推导分析和运算；高斯白噪声确实反映了实际信道中加性噪声的情况，比较真实地代表了信道噪声的特性。

在通信系统分析中，经常用到的噪声有：白噪声、高斯噪声、高斯白噪声、窄带高斯噪声等。

1.4 通信系统的主要性能指标

1.4.1 信息及其度量

信号是消息的载体，而信息是其内涵。任何信源产生的输出都是随机的。也就是说，信源输出是用统计方法来定性的。对接收者来说，只有消息中的不确定内容才构成信息；否则，对接收者来说，信源输出已确切知晓，那就没有必要再传输它了。因此，信息含量就是对消息中这种不确定性的度量。

在信息论尚未作为一门学科建立起来之前，信息的度量一直是一个长期未能得到很好解决的问题。自从1948年，C. E. Shannon发表了《通信的数学理论》后，才将信息量的定量描述确定下来，即信息量是衡量信息多少的物理量。由于各种随机事件发生的概率不同，所以它们所包含的不确定性也就不同。因此，一个事件所给予人们信息量的多少是与该事件发生的概率大小有关的。出现概率小的事件包含的信息量大。因此，信息量应该是概率的单调减函数。

若 X 代表一组随机事件 x_1，x_2，…，x_n，其中 $p(x_i)=p_i(0<p_i<1)$是 x_i 出现的概率，且 $p_1+p_2+\cdots+p_n=1$，则定义事件 x_i 的自信息为 $I(x_i)$或者简写成 I，且 $I(x_i)=-\log p_i$。在此定义中，没有指明对数的底，是因为自信息量的单位与所用对数的底有关。当底为 2 时，自信息量的单位为比特(bit)；当底为自然对数 e 时，自信息量的单位为奈特(Nat)；当底为 10 时，自信息量的单位为哈特莱(Hartley)，此单位是为了纪念哈特莱(L. V. R Hartley)在 1928 年最早给出的信息度量方法而取名的。

在实际电系统中，电位的高低、脉冲的有无、信号灯的明灭都是两种状态。目前，电子计算机也是以二电平逻辑来工作的，因此，以 2 为底的信息量的单位比特是信息度量的基本单位。对于连续消息，信息论中有一个重要结论，就是任何形式的待传信息都可以用二进制形式表示而不丢失主要内容。抽样定理可证明一个频带受限的连续信号，可以用每秒一定数目的抽样值代替。而每个抽样值可用若干个二进制脉冲序列来表示。因此，以上信息量的定义和计算同样适用于连续信号。

1.4.2　通信系统的性能指标

在设计或评估通信系统时，往往要涉及通信系统的主要性能指标，否则就无法衡量其质量的好坏。通信系统的性能指标涉及通信系统的有效性、可靠性、适应性、标准性、经济性及维护使用等。如果考虑所有因素，那么通信系统的设计就要包括很多项目，系统性能的评诉工作也就很难进行。因此，尽管对通信系统有很多的实际要求，但是，从消息的传输角度来说，通信的有效性与可靠性才是主要矛盾。这里所说的有效性主要是指消息传输的“速度”问题，而可靠性主要是指消息传输的“质量”问题。显然，这是两个相互矛盾的问题，这对矛盾通常只能依据实际要求取得相对的统一。例如，在满足一定可靠性指标下，尽量提高消息的传输速度；或者，在维持一定有效性的情况下，使消息传输质量尽可能地提高。

1. 模拟通信系统的性能指标

(1) 有效性。

模拟通信系统的有效性可用有效传输频带来度量，同样的消息用不同的调制方式，则需要不同的频带宽度。

(2) 可靠性。

可靠性用接收端最终输出的信噪比来度量。信噪比是接收端信号的平均功率和噪声的平均功率之比。在相同的条件下，系统输出端的信噪比越大，则系统抗干扰的能力越强。不同调制方式在同样信道信噪比下所得到的最终解调后的信噪比是不同的。例如，调频信号抗干扰能力比调幅信号好，但调频信号所需的传输频带却宽于调幅信号。

2. 数字通信系统的性能指标

由于数字通信中传输的是离散信号，因此，这些离散值就可以用数字表示。在计算机和数字通信中最适用的是二进制数字，即“0”和“1”。数字通信系统的有效性可用传输速率来衡量，可靠性则可用差错率来衡量。

1）传输速率

(1) 符号传输速率：也叫码元传输速率，是指单位时间 T 内所传输码元的数目，单位为波特(Baud)，记为B，又称之为传码率或者波特率，记作

$$R_{\mathrm{B}}=\frac{1}{T}(\mathrm{B})$$

通常在给出码元速率时，需要说明码元的进制。由于 M 进制的一个码元可用 $\log_2 M$ 个二进制码元去表示，因此 M 进制的码元速率 R_{B_M} 与二进制的码元速率 R_{B_2} 之间的关系为

$$R_{\mathrm{B}_2}=R_{\mathrm{B}_M}\log_2 M(\mathrm{B})$$

(2) 信息传输速率：以每秒钟所传输的信息量来衡量。信息传输速率的单位是比特/秒，或写成 b/s，即是每秒传输二进制码元的个数，也称之为比特率或者传信率，记作 R_{b}。

对 M 进制系统而言，每码元的信息量为 $\log_2 M(\mathrm{b})$，所以，M 进制数字传输系统中码元传输速率与信息传输速率的关系为

$$R_{\mathrm{b}}=R_{\mathrm{B}}\log_2 M(\mathrm{b/s})$$

由此可见，特别对于二进制系统来说，$R_{\mathrm{b}}=R_{\mathrm{B}}(\mathrm{b/s})$。

从理论上说，在码元传输速率相同的情况下，传输码元的进制数越大，所传送的信息量越大，但是，对应地，系统进制数越大，其技术问题越复杂，实现越困难。另外，传输信道的频带也给传输速率带来一定的限制。

(3) 频带利用率：是指单位频带内的传输速率，可定义为

$$\eta=R_{\mathrm{b}}/B(\mathrm{b/s}\cdot\mathrm{Hz}^{-1})$$

式中，B 为系统传输所需的带宽，R_{b} 为系统的信息传输速率。显而易见，在传输带宽相同时，若信息传输速率越高，则频带利用率越高；反之则越低。此外，通过 R_{b} 和 R_{B} 之间的换算关系，也可得到

$$\eta=R_{\mathrm{b}}/B=(R_{\mathrm{B}}\log_2 M)/B\quad(\mathrm{b/s}\cdot\mathrm{Hz}^{-1})$$

若系统的码元传输速率相同，则通过加大 M 或减小 B 都可以使频带利用率提高。前者可以用多进制调制技术实现，后者可用单边带调制、部分响应等压缩发送信号频谱的方法实现。

2）差错率

衡量数字通信系统可靠性的主要指标是差错率，差错率包括误码率与误信率。

(1) 误码率：在传输过程中发生误码的码元个数与传输的总码元数之比，通常以概率来表示，即

$$p_{\mathrm{e}}=\frac{\text{错误码元数}}{\text{传输总码元数}}$$

(2) 误信率：在传输过程中发生差错的比特数与传输的总比特数之比，记为

$$p_{\mathrm{b}}=\frac{\text{错误比特数}}{\text{传输总比特数}}$$

显然，在二进制系统中有 $p_{\mathrm{e}}=p_{\mathrm{b}}$。

在数字传输系统中，人们最关心的是比特差错率即误信率，即主要用它来说明系统的传输质量。比特差错率越低，传输质量越高。不同场合对系统传输比特误码率要求不同。一般说来，在传送人的书信(如电报、电传等)时，允许的比特误码率约为 10^{-5}～10^{-4}，对数字电话要求其系统比特误码率约为 10^{-6}～10^{-5}，而传送计算机数据时，则要求比特误码率约为 10^{-9}～10^{-8}。

1.4.3　信道容量的概念

信源输出的信息总是要通过信道传送给接收端的受信者，因此需要度量信道传输信息的能力。所谓信道容量，就是单位时间内该信道所能传输的最大信息量(比特数)，也是信道中信息无差错传输的最大速率。显然，如果实际传输的信息量小于信道容量，就会出现信道空闲，造成浪费，使信道的有效性降低；反之，如果实际传输的信息量大于信道容量，就会出现信道溢出，造成信息失真或丢失，使通信的可靠性变差。可见，信道容量是信道一个重要指标。

信道可分为两大类：模拟(连续)信道和数字(离散)信道。模拟信道的输入和输出信号都是连续的模拟信号，而数字信道的输入与输出信号都是离散的数字信号。模拟信号的传输需要调制解调，模拟信道一般是调制信道；数字信号通常需要编码解码，数字信道一般是编码信道。

1. 连续信道的信道容量

对于信噪比为 S/N、带宽为 B 的加性高斯白噪声信道，其信道容量为

$$C = B\log_2\left(1+\frac{S}{N}\right) \quad \text{(b/s)}$$

这就是著名的香农(Shannon)公式，其含义表明当信号与信道加性高斯白噪声的平均功率一定时，在具有一定频带宽度的信道上，理论上单位时间内可能传输信息量的最大值。只要传输速率小于等于信道容量，总可以找到一种信道编码方式，实现无差错传输；若传输速率大于信道容量，则传输就会出错。

由香农公式可以得到，增大信噪比可以提高信道容量，且这可以通过抑制噪声或者增加发射功率实现。假若信噪比无穷大，则信道容量也趋于无穷。不过，由于信道中总存在噪声，而且发射机的功率不可能没有限制，因此这种情况不会出现。

增加信道带宽也可以增加信道容量，但是这种增加不是无限制的。随着信道带宽 B 的增加，噪声功率也随之增加。可见，增加带宽并不是提高信道容量的好方法。信道容量是理论上信道传输信息能力的极限。在目前的各种通信技术中，实际能够达到的信道吞吐量远小于这一极限。通信系统的有效性和可靠性是一对矛盾体，要在两者之间找到平衡点，在保证一定的可靠性前提下，提高有效性。

香农公式是在信道噪声为高斯白噪声的前提下得到的，对于其他噪声类型，需要对香农公式进行修正。

2. 离散信道的信道容量

离散信道的信道容量计算比较复杂，而奈奎斯特(Nyquist)研究了理想信道(无噪声、

无码间干扰)的带宽与速率的关系，并得到以下结论

$$C=2B\log_2 M \qquad (\text{b/s})$$

这就是奈奎斯特定理。其中，B 为带宽，单位是 Hz；M 是传输时数字信号的取值状态，即采用 M 进制传输。根据信息理论，有如下结论：

(1) 奈奎斯特公式指出了码元传输的速率是受限的，不能任意提高，否则接收端就无法正确判定码元是 1 还是 0(因为码元之间有相互干扰)。

(2) 奈奎斯特公式是在理想条件下推导出的。在实际条件下，最高码元传输速率要比理想条件下得出的数值还要小些。技术人员的任务就是要在实际条件下，寻找较好的传输码元波形，将比特转换为较为合适的传输信号。

(3) 需要注意的是，奈奎斯特公式并没有对信息传输速率(b/s)给出限制。要提高信息传输速率就必须使传输的码元能够代表许多个比特的信息，这就需要有很好的编码技术。

1.5 现代通信的发展方向

1.5.1 通信发展历史

人类进行通信的历史已很悠久。早在远古时期，人们就通过简单的语言、绘制壁画等方式交换信息。千百年来，人们一直在用语言、图符、钟鼓、烟火、竹简、纸书等传递信息，古代人的烽火狼烟、飞鸽传信、驿马邮递就是这方面的例子。在现代社会中，交警的指挥手语、航海中的旗语等不过是古老通信方式进一步发展的结果。这些信息传递的基本方式都是依靠人的视觉与听觉。

19 世纪中叶以后，随着电报、电话的发明，以及电磁波的发现，人类通信领域产生了根本性的巨大变革，实现了利用金属导线来传递信息，甚至能通过电磁波来进行无线通信，使神话中的“顺风耳”、“千里眼”变成了现实。从此，人类的信息传递可以脱离常规的视听觉方式，用电信号作为新的载体，由此带来了一系列的技术革新，开始了人类通信的新时代。

1837 年，美国人塞缪乐·莫尔斯(Samuel Morse)成功研制出世界上第一台电磁式电报机。1844 年 5 月 24 日，莫尔斯在国会大厦联邦最高法院会议厅用“莫尔斯电码”发出了人类历史上的第一份电报，从而实现了长途电报通信。1864 年，英国物理学家麦克斯韦(Maxwell)建立了一套电磁理论，预言了电磁波的存在，说明了电磁波与光具有相同的性质，即两者都是以光速传播的。电磁波的发现产生了巨大影响。不到 6 年的时间，俄国的波波夫、意大利的马可尼分别发明了无线电报，实现了信息的无线电传播，其他的无线电技术也如雨后春笋般地涌现出来。1904 年，英国电气工程师弗莱明发明了二极管。1906 年，美国物理学家费森登成功研究出无线电广播。1907 年，美国物理学家德福莱斯特发明了真空三极管。超外差原理最早是由阿姆斯特朗于 1918 年提出。1920 年，美国无线电专家康拉德在匹兹堡建立了世界上第一家商业无线电广播电台，从此广播事业在世界各地蓬勃发展，收音机成为人们了解时事新闻的方便途径。1924 年，第一条短波通信线路在瑙恩

和布宜诺斯艾利斯之间建立。1933年，法国人克拉维尔建立了英法之间的第一条商用微波无线电线路，推动了无线电技术的进一步发展。电磁波的发现也促使图像传播技术迅速发展起来。1922年，16岁的美国中学生菲罗·法恩斯沃斯设计出第一幅电视传真原理图，1929年申请了发明专利，被裁定为发明电视机的第一人。1935年，美国纽约帝国大厦设立了一座电视台，次年就成功地把电视节目发送到70公里以外的地方。1938年，兹沃尔金制造出第一台符合实用要求的电视摄像机。经过人们的不断探索和改进，1945年在三基色工作原理的基础上美国无线电公司制成了世界上第一台全电子管彩色电视机。直到1946年，美国人罗斯·威玛发明了高灵敏度摄像管，同年日本人八本教授解决了家用电视机接收天线问题，从此一些国家相继建立了超短波转播站，电视迅速普及开来。

图像传真也是一项重要的通信。自从1925年，美国无线电公司研制出第一部实用的传真机以后，传真技术不断革新。1972年以前，该技术主要用于新闻、出版、气象和广播行业；1972年至1980年间，传真技术已完成从模拟向数字、从机械扫描向电子扫描、从低速向高速的转变，除代替电报和用于传送气象图、新闻稿、照片、卫星云图外，还在医疗、图书馆管理、情报咨询、金融数据、电子邮政等方面得到应用；1980年后，传真技术向综合处理终端设备过渡，除承担通信任务外，还具备图像处理和数据处理的能力，成为综合性处理终端。

此外，作为信息超远控制的遥控、遥测和遥感技术也是非常重要的技术。随着电子技术的高速发展，军事、科研中迫切需要解决的计算工具问题也得到了大大改进。1946年，美国宾夕法尼亚大学的埃克特和莫希里研制出世界上第一台电子计算机。1977年，美国、日本科学家制成超大规模集成电路，30平方毫米的硅晶片上集成了13万个晶体管。微电子技术极大地推动了电子计算机的更新换代，使电子计算机显示了前所未有的信息处理功能，成为现代高新科技的重要标志。

为了解决资源共享问题，单一计算机很快发展成计算机联网，实现了计算机之间的数据通信、数据共享。通信介质从普通导线、同轴电缆发展到双绞线、光纤导线、光缆，电子计算机的输入输出设备也飞速发展起来，扫描仪、绘图仪、音频视频设备等，使计算机如虎添翼，可以处理更多的复杂问题。20世纪80年代末多媒体技术的兴起，使计算机具备了综合处理文字、声音、图像、影视等各种形式信息的能力，日益成为信息处理最重要和必不可少的工具。

20世纪90年代起，国际互联网Internet在全世界兴起。人们可以在网上快速实现国内和国际通信并获取各种有用信息，而仅需支付低廉的费用。从此，通信网络的数据业务量急剧增长，这使得以互联网协议(IP)为标志的数据通信，在通信网络中逐渐占据更为重要的地位。同时，在光纤通信技术中，波分复用(WDM)技术取得成功，与电信号的时分复用(TDM)技术相结合，线路的传输容量显著加大，足以适应通信业务量急速增长的需要。

20世纪90年代中期起，蜂窝移动通信网进入第二代，即数字式蜂窝移动通信系统。此系统适应了时代发展对个人通信的需求。GSM作为第二代移动通信系统的代表，更是得到了全球性的广泛应用。时分多址(TDMA)和码分多址(CDMA)一同向前发展。除了传送话音信号之外，还开始提供移动数据通信，让无线移动用户能像有线固定用户一样自由地访问国际互联网。

21世纪初，以WCDMA、CDMA2000、TD-SCDMA技术为代表的第三代移动通信系统被广泛应用，大大提高了无线移动用户的访问速率。而自2015年以来，第四代移动通信技术FDD-LTE及TDD-LTE也已经正式投入大规模商用，为用户高速数据业务提供了巨大的便利，同时第五代移动通信的标准也正如火如荼地研究着。在计算机无线通信领域，以802.11a/b/g技术为代表的无线局域网(WLAN)技术等被大量使用，新兴的物联网技术开始崭露头角，各种宽带无线通信技术正逐渐融合。

1.5.2 现代通信发展趋势

通信的最高目标是实现个人通信，即无论任何人(whoever)在任何时间(whenever)、任何地点(wherever)与任何一个人(whomever)能进行任何方式的通信(whatever)。各种通信方式从不同的方向都在不停地朝向这个目标发展。

1. 宽带化

随着互联网通信技术应用的日益普及，网络更加智能化，网络的数据量也呈现爆炸的趋势。大数据的特征就是海量、多样与实时性。近年来，随着宽带中国战略进程的推进，国内电信运营商加快光网城市建设的步伐，为的是得到更高的传输速率和带宽，从而可以更好地开通各种新业务和为用户提供更优质的通信服务。在技术上，国内运营商将统筹接入网、城域网和骨干网建设，综合利用有线技术和无线技术，结合基于互联网协议第6版(IPv6)的下一代互联网规模商用部署要求，分阶段系统推进宽带网络发展，尽快部署新一代移动通信技术、下一代广播电视网技术和下一代互联网。

宽带网络是新时期我国经济社会发展的战略性公共基础设施，发展宽带网络对拉动有效投资和促进信息消费、推进发展方式转变和小康社会建设具有重要支撑作用。从全球范围看，宽带网络正推动新一轮信息化发展浪潮，众多国家纷纷将发展宽带网络作为战略部署的优先行动领域，以及抢占新时期国际经济、科技和产业竞争制高点的重要举措。近年来，我国宽带网络覆盖范围不断扩大，传输和接入能力不断增强，宽带技术创新取得显著进展，完整产业链初步形成，应用服务水平不断提升，电子商务、软件外包、云计算和物联网等新兴业态蓬勃发展，网络信息安全保障逐步加强。

2. 融合化

融合通信，即将通话、消息、联系人三个主要入口功能与移动互联网无缝对接，实现短信、语音与数据流量的完全打通。

随着数字化、宽带化、移动化技术的发展和互联网的普及与创新，通信业的发展将面临新的环境，为此应着力突破新一代移动通信、下一代互联网、物联网、云计算等关键技术。电信新技术不断出现，网络变革步伐加快，移动互联网背景下，不仅个人用户拥有即时消息、聊天、文件传输等多种社交通信需求，企业内部、外部沟通也越来越紧密，通过融合、统一的通信模式实现有效工作协同的诉求已经越来越强烈，全业务服务时代来临，而运营商在为政企、商企客户提供全方位信息化方案的过程中亦面临体系结构改进、支撑重心转移、客户需求导向、技术演进的新挑战。

融合通信在业务融合、网络融合、设备融合方面的优势将成为当前电信运营商业务转型的主要方向之一，强大的基础网和业务网为融合通信的发展奠定了最坚实的基础，庞大的市场需求也为融合通信的发展提供了市场契机。融合通信，将成为运营商构建快捷、丰富、安全的通信体验的重要举措。

3. 移动互联化

在移动互联网大潮的冲击下，移动通信产业发生了颠覆性的变化，其基本的业务模式、商业模式受到了巨大冲击。因此，电信业开始加速步入移动互联网时代，并已从服务于单一应用的传统模式，进入到各种差异性应用共同发展的时代。移动互联网经历了最基础的通信服务、信息内容服务，目前已进入了移动电子商务时代。移动互联网下一步将进入一个高度个性化的时期，比较典型的应用是位置与安全、各类移动应用、移动支付服务等业务。为了能承载多种多样的复杂应用，移动通信行业必须要建立更快捷、更高效、更安全的移动通信系统。

自2008年起，我国移动通信发展便突飞猛进，从2G跟随到3G突破，再到4G同步，我国在移动通信领域完成了一次又一次的跨越。如今，我国移动通信即将迎来5G领跑，截至2016年，我国4G用户达到7.34亿户，形成了4G系统、终端、芯片、仪表等完整产业链，建成了全球规模最大的4G网络。而现在，我国正加快推进5G发展，以5G为重点，以运营商应用为龙头带动整个产业链发展，争取5G时代中国在移动通信领域成为全球领跑者之一。具体来说，我国将推动全球统一的5G标准形成，推动5G芯片、终端、系统设备研发基本完成，推动5G支撑车联网、物联网等应用融合创新发展。

习　　题

1. 模拟信号和数字信号的特点分别是什么？
2. 通信系统由哪几部分组成？
3. 数字通信的特点有哪些？
4. 为什么说数字通信的抗干扰性强，无噪声积累？
5. 信道中加性噪声按照来源，一般可以分为哪几种？
6. 点对点之间的通信工作方式有哪些？请解释其工作方式。
7. 设数字信号码元时间长度为1 μs，如采用四电平传输，求信息传输速率及符号传输速率。
8. 假设数字通信系统的频带宽度为1024 kHz，可传输2048 kb/s的比特数，试问其频带利用率为多少 $\mathrm{b/s \cdot Hz^{-1}}$？
9. 现代通信的发展趋势是什么？

第一章习题答案

第二章 模拟通信技术

学习目的与要求：

通过本章学习，掌握模拟通信的各种调制、解调技术，以及相关技术的实际应用。

重点与难点内容：

1. 调幅系统

(1) AM、DSB、SSB、VSB 信号的定义、产生原理；

(2) 各种调幅波的波形及频谱搬移情况；

(3) 相干解调和非相干解调的区别；

(4) 带宽与调制信号之间的关系。

2. 角度调制系统

(1) FM、PM 信号的定义，及其抗干扰性能；

(2) 调频波、调相波的瞬时频率、瞬时相角与调制信号之间的对应关系。

模拟信号是指幅度取值连续的信号(幅值可由无限个数值表示)。时间上连续的模拟信号有连续变化的图像(电视、传真)信号等，时间上离散的模拟信号是一种抽样信号。

模拟通信是一种以模拟信号传输信息的通信方式。非电的信号(如声、光等)输入到变换器(如送话器、光电管)，然后输出连续的电信号，使电信号的频率或振幅等随输入的非电信号而变化。普通电话所传输的信号就是模拟信号。模拟通信系统主要由用户设备、终端设备和传输设备等部分组成。其工作过程是：在发送端，先由用户设备将用户送出的非电信号转换成模拟电信号，再经终端设备将它调制成适合信道传输的模拟电信号，然后送往信道传输；信号到达接收端后，经终端设备解调，然后由用户设备将模拟电信号还原成非电信号，再送至用户。

2.1 调制与解调

模拟通信系统主要包含两种重要变换。第一种是把连续消息变换成电信号(发送端信源完成)和把电信号恢复成最初的连续消息(接收端信宿完成)。由信源输出的电信号(基带信号)由于具有频率较低的频谱分量，一般不能直接作为传输信号而送到信道中去。因此，模拟通信系统里常用第二种变换，即将基带信号转换成适合信道传输的信号，这一变换由调制器完成，其过程称之为调制；在接收端同样需经相反的变换，它由解调器完成，其过程称之为解调。经过调制后的信号通常称为已调信号。已调信号有三个基本特性：一是携带有消息，二是适合在信道中传输，三是频谱具有带通形式，且中心频率远离零频。因而，已调信号又常称为频带信号。

必须指出，从消息的发送到消息的恢复，事实上并非仅有以上两种变换，通常在一个通信系统里还有滤波、放大、天线辐射与接收、控制等过程。对信号传输而言，由于以上两种变换对信号形式的变化起着决定性作用，它们是通信过程中的重要方面。而其他过程对信号变化来说，没有发生质的作用，只不过是对信号进行了放大和改善了信号特性等。模拟通信系统模型如图 2-1 所示。

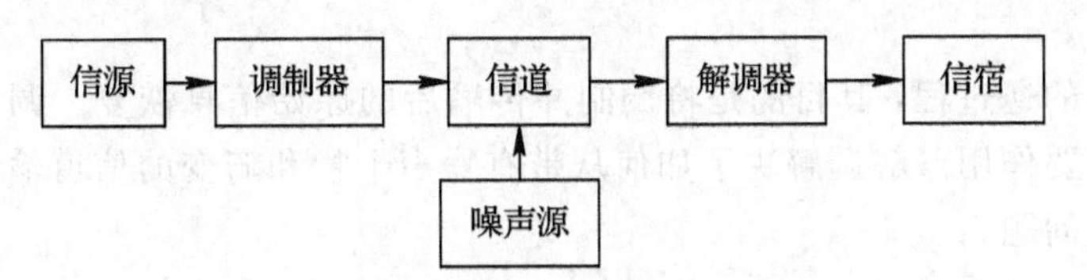

图 2-1　模拟通信系统模型

2.1.1　调制与解调的作用

调制就是把信号转换成适合在信道中传输的形式的一种过程。调制过程对通信系统是至关重要的，在很大程度上决定了系统的性能。具体来说，调制过程的作用有以下几个方面。

(1) 提高无线通信时的天线辐射效率——有效辐射。

人耳能听到的声音的频率范围大约在 300～3000 kHz 之间，通常把这一频率范围叫做音频。声波在空气中传播很慢，约为 340 m/s，且衰减很快，不会传播很远。我们知道，交变的电磁场可以利用天线向天空辐射。但要做到有效的辐射，天线的尺寸应和电磁波的波长相比拟。而音频的波长在 10^5～10^6 m 之间，要制造尺寸相当的天线显然是不可能的。因此，不能直接将音频信号辐射到空中。为了减少信号在传输过程中的耗损，人们一般先对传输信号进行调制，然后再传输。调制过程可将基带信号调制到频率较高的载频上，由于载频的波长较短，因此发射天线易于实现。

(2) 实现信道的多路复用——提高信道利用率。

由于不同基带信号的频谱所占据的频带大致相同，因此如果若干个无线发射台同时工作，则存在相互干扰。如果将不同的基带信号调制到不同的载频上，那么只要这些载频的间隔足够大，使发射的各高频已调信号占据的频谱不相重叠，就不会产生所要传输信号间的相互干扰，从而实现在一个信道里同时传输多路信号，提高信道利用率。

(3) 扩展信号带宽，提高系统抗干扰、抗衰落能力——抗干扰。

在通信系统中，传输的常用信号的频率范围十分宽。这样宽的频率极易受到传输媒介引进来的不可控制的频率干扰作用，使传输信号在传输过程中发生很大变化。利用调制则可以避免这种现象，因为已调信号的频谱被搬移到某个载频附近的频带内，有效带宽相对于最低频率是很小的，此时已调信号是一个窄带信号。因此，调制后的信号就不会受到较大的影响。

(4) 实现传输带宽与信噪比之间的互换——提高系统性能。

通信系统的输出信噪比是一个重要参数，它是信号带宽的函数。一般来说，宽带通信系统具有较好的抗干扰性能。由著名的香农公式可知：对于一定的信道容量来说，信道带宽、信号噪声功率比可以互相转换。若增加带宽，则可以降低信号噪声功率比，反之亦然。如果信号噪声功率比不变，那么增加带宽可以减少传输时间。带宽的变化可使输出信噪功率比也变化，而保持信息传输速率不变。这种信噪比和带宽的互换性在通信工程中有很大的用处。例如，调频信号的传输带宽比调幅信号的大，所以它的抗干扰性能比调幅信号好。因此，在实际应用中，往往利用带宽来换取信噪比的提高，带宽和信噪比的互换就是由各种调制来完成的。

解调是调制的逆过程，其目的是将调制并传输后的原始信息恢复。调制解调在现代通信系统中起着重要作用。解调解决了如何从带有噪声干扰和畸变的信道输出信号中还原原来的基带信号的问题。

2.1.2 调制的分类

调制的种类有很多。当控制载波某个参数变化的基带信号(调制信号)是时间连续函数时，这种类型的调制称为模拟调制；当调制信号是数字信号的时候，这种类型的调制称为数字调制。

模拟信号进行载波调制的前提是：调制信号、载波信号都是模拟信号，已调信号也是模拟信号。与之相对应的调制方式有三种：调幅、调频和调相。

1) 调幅(AM)

调幅就是利用低频的调制信号去控制高频载波的振幅，将低频信号“附加”到高频载波上去，然后通过信道向外传输。也就是说，调幅是通过用调制信号来改变高频信号的幅度大小，使得调制信号的信息包含入高频信号之中，再通过天线把高频信号发射出去，达到把调制信号传播出去的目的。最后，只需在接收端把调制信号解调出来即可，也就是把高频信号的幅度解读出来就可以得到调制信号。

2) 调频(FM)

调频就是利用低频的调制信号去控制高频载波的频率，使高频载波的频率随调制信号的变化而发生变化，但高频载波的振幅不发生改变。

调频波的振幅保持不变，调频波的瞬时频率偏离载波频率的量与调制信号的瞬时值成比例。已调波频率变化的大小由调制信号的大小决定，变化的周期由调制信号的频率决定。已调波的振幅保持不变。调频波的波形，就像是个被压缩得不均匀的弹簧。

3) 调相(PM)

载波的相位对其参考相位的偏离值随调制信号的瞬时值成比例变化的调制方式，称为相位调制，或称调相。调相和调频有密切的关系。调相时，同时有调频伴随发生；调频时，也同时有调相伴随发生，不过两者的变化规律不同。实际使用时很少采用调相制，它主要是用作得到调频的一种方法。

正弦波调制波形图如图 2－2 所示。

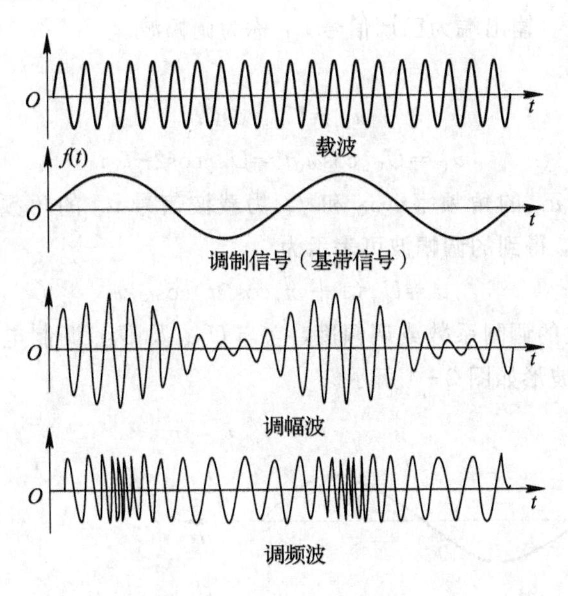

图 2－2　正弦波调制波形图

2.2　幅度调制

幅度调制(AM)是最早开始使用的调制技术，它的优势就是无论调制还是解调从技术上实现都非常简单；当然它也存在一些缺点，比如抗噪性能差以及发射机的功率使用效率低。但是，AM 以其简单的技术和作为最早被确定的调制方式一直被广泛使用。现在仍然在使用 AM 调制的领域有：高频信号的广播，VHF 频带的航空通信及民用无线电等。

幅度调制的过程就是高频正弦波的幅度随调制信号做线性变化的过程。与之相对，接收设备要从已调的高频信号中还原原始低频信号，必须有振幅解调设备，简称检波器。从频谱的角度看，调幅与检波的实质都是频谱搬移，由于这种搬移是线性的，因此，幅度调制通常又称为线性调制。但应注意，这里的“线性”并不意味着已调信号与调制信号之间符合线性变换关系。事实上，任何调制过程都是一种非线性的变换过程。

2.2.1　标准幅度调制(AM)

1. 调制过程

调幅过程可以看做是一个黑盒子，具备两个输入端和一个输出端，如图 2－3 所示。

图 2－3　调幅器示意图

输入端的两个信号：一个是需要传输的原始信号 u_{Ω}，称为调制信号；另一个是高频振荡信号 u_{C}，称为载波。输出端为已调信号 u，称为调幅波。

设

$$u_{\Omega}=U_{\Omega m}\cos\Omega t$$

$$u_{C}=U_{Cm}\cos\omega_{C}t=U_{Cm}\cos2\pi f_{C}t \tag{2-1}$$

式中，Ω 为调制信号 u_{Ω} 的角频率；ω_{C} 和 f_{C} 为载波信号 u_{C} 的角频率和频率，通常满足 $\omega_{C}\gg\Omega$。经过调制后，得到的调幅波可表示为

$$u=U_{m}(1+m_{a}\cos\Omega t)\cos\omega_{C}t \tag{2-2}$$

式中，m_{a} 称为调幅波的调制系数或调幅度，它与 $U_{\Omega m}$ 及 U_{Cm} 调制电路的参数有关。调幅器的输入、输出电压波形如图 2-4 所示。

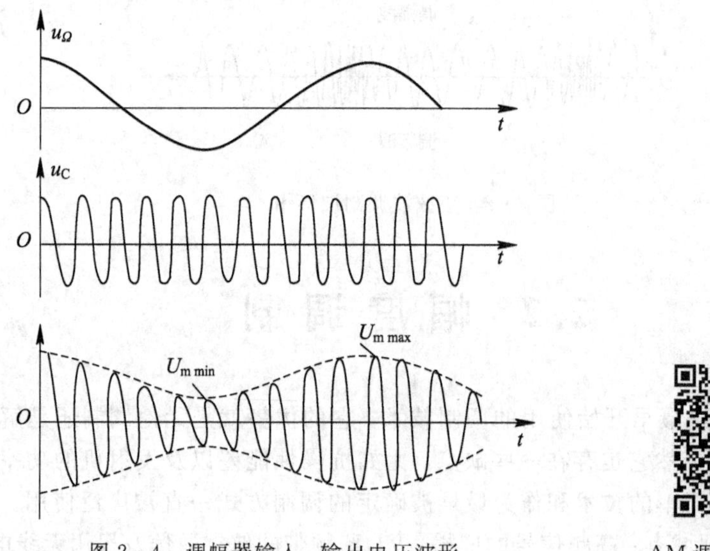

图 2-4　调幅器输入、输出电压波形

AM 调制时域波形图

2. 调制系数

调幅信号的3种情况

由图 2-4 中可以看到，已调波的包络形状，即把已调信号的 $U_{m}(1+m_{a}\cos\Omega t)$ 峰点连接起来得到的波形与调制信号的波形相同，称为不失真调制。调制系数的大小通常可直接从示波器上测量调幅波的波形而得到，测出调幅波包络的最大值和最小值。根据式(2-2)应有

$$U_{m\,max}=U_{m}(1+m_{a})$$

$$U_{m\,min}=U_{m}(1-m_{a})$$

由上两式可以解得

$$m_{a}=\frac{U_{m\,max}-U_{m\,min}}{U_{m\,max}+U_{m\,min}} \tag{2-3}$$

式(2-3)表示 $m_{a}\leqslant1$。m_{a} 越大，表示 $U_{m\,max}$ 与 $U_{m\,min}$ 差别越大，即调制越深。若 $m_{a}>1$，则已调波包络形状与调制信号不同，产生了严重失真，这种情况称为过量调幅，要尽力避免。

3. 已调信号频谱

利用三角公式将式(2-2)展开，可得

$$u = U_m \cos\omega_C t + \frac{m_a}{2} U_m \cos(\omega_C + \Omega)t + \frac{m_a}{2} U_m \cos(\omega_C - \Omega)t \tag{2-4}$$

式(2-4)表明，单一信号调制的调幅波由三个频率分量组成，即载波分量 f_C、上边频分量 f_C+F 和下边频分量 f_C-F，其频谱如图 2-5 所示。

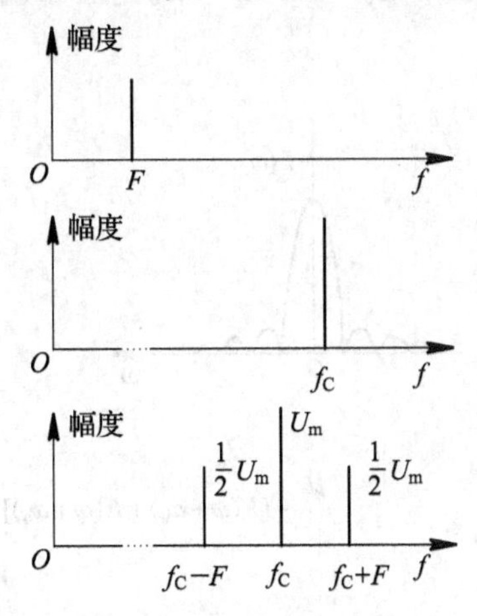

图 2-5　单一调制的调幅波频谱

AM 调制的频谱图

显然，该调幅波所占频带宽度为 $B_a = 2F$(Hz)或 $B_a = 2\Omega$(rad/s)。

载波分量并不包含信息，调制信号的信息包含在上、下边频分量内。边频分量的振幅反映了调制信号幅度的大小，边频分量的频率虽属高频范畴，但却反映了调制信号频率的高低。实际的调制信号是比较复杂的，含有多个频率，经调制后，各频率信号产生各自的上边频和下边频，叠加后形成了上边频带和下边频带。由于上、下边频带幅度相等且成对出现，因此上、下边频带的频谱分布相对载波是对称的。该调幅波所占据的频带宽度为 $B_a = 2\Omega_{max}$ 或 $B_a = 2F_{max}$。

由以上分析可知，调幅过程实质上是一种频谱的搬移过程，经过调制后，调制信号的频谱由低频被搬移到载频附近，成为上、下边频带。这个结论在通信理论中称为调制定理。调制定理在信号与系统中可作如下描述。

若信号 $f(t)$ 的频谱为 $F(\omega)$，用傅里叶变换可得 $f(t)e^{j\omega_0 t}$ 的频谱为 $F(\omega-\omega_0)$，这可表示为：若

$$f(t) \leftrightarrow F(\omega)$$

则

$$f(t)e^{j\omega_0 t} \leftrightarrow F(\omega - \omega_0)$$

上式说明，信号在频率域中搬移 ω_0，等效于在时间域中乘以 $e^{j\omega_0 t}$。

又因欧拉公式：

$$\cos\omega_0 t = \frac{1}{2}(e^{j\omega_0 t} + e^{-j\omega_0 t}) \tag{2-5}$$

$$\sin\omega_0 t = \frac{1}{2j}(e^{j\omega_0 t} - e^{-j\omega_0 t}) \tag{2-6}$$

所以，根据调制定理很容易得到如下关系：若

$$f(t)\leftrightarrow F(\omega)$$

则

$$f(t)\cos\omega_0 t\leftrightarrow \frac{1}{2}[F(\omega-\omega_0)+F(\omega+\omega_0)]$$

$$f(t)\sin\omega_0 t\leftrightarrow \frac{1}{2\mathrm{j}}[F(\omega-\omega_0)-F(\omega+\omega_0)]$$

上述关系可用图 2-6 表示。

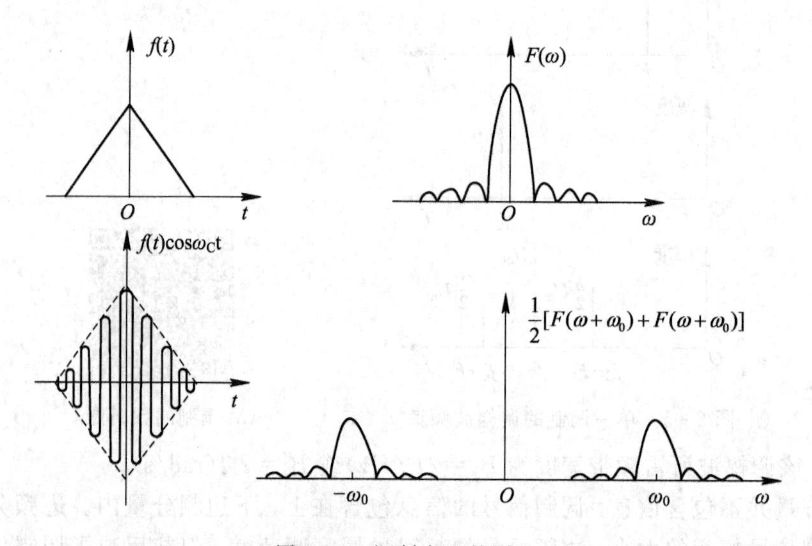

图 2-6　调制定理的图示

由此可得出一重要结论：幅度调制的实质是在频率域内进行频谱搬移，但要完成这一任务必须在时间域内实现调制信号和载波的相乘。

4. 调幅波功率

如果将调幅电压施加于电阻上，则载波和上、下边频产生的平均功率为

$$P_{\mathrm{C}}=\frac{U_{\mathrm{m}}^2}{2R}$$

$$P_1=P_2=\frac{1}{2}\left(\frac{m_{\mathrm{a}}U_{\mathrm{m}}}{2}\right)^2\frac{1}{R}=\frac{m_{\mathrm{a}}^2}{4}P_{\mathrm{C}}$$

式中，P_{C} 为载波功率，P_1、P_2 分别为上、下边频功率。

于是，调幅波在调制信号一个周期内输出的平均总功率为

$$P_{\mathrm{AM}}=P_{\mathrm{C}}+P_1+P_2=\left(1+\frac{m_{\mathrm{a}}^2}{2}\right)P_{\mathrm{C}} \tag{2-7}$$

在式(2-7)中，当 $m_{\mathrm{a}}=1$ 时，P_{AM} 的 1/3 是携带信息的，而 2/3 则为载波占有。而实际调幅波的平均调幅系数小于 1，因此载波功率要占得更多，在传输过程中，载波只是作为运载工具，它本身并不包含信息，信息只存在于边频之中。所以从功率利用率的角度来看，这种振幅调制是很不经济的，所以普通调幅(AM)虽然在收音机中还存在，但在通信领域已被其他调幅制所代替。

2.2.2　双边带调制(DSB)

经过上面的分析可知，在标准双边带调幅中，载波功率是无用的，因为载波不携带任何信息，信息完全由上、下边频传送。所以，可以只发射上、下边频，而不发射载波。这种调制方式称为抑制载波双边带调幅，用DSB表示。

这种已调输出信号的数学表示式为

$$u = U_{\mathrm{m}}[\cos(\omega_{\mathrm{C}} + \Omega)t + \cos(\omega_{\mathrm{C}} - \Omega)t] \tag{2-8}$$

它可以看成是由调制信号和载波信号直接相乘而得到，即

$$\begin{aligned} u &= K u_{\mathrm{C}} U_{\Omega} = K U_{\mathrm{Cm}} U_{\Omega\mathrm{m}} \cos\Omega t \cos\omega_{\mathrm{C}} t \\ &= \frac{1}{2} K U_{\mathrm{Cm}} U_{\Omega\mathrm{m}} [\cos(\omega_{\mathrm{C}} + \Omega)t + \cos(\omega_{\mathrm{C}} - \Omega)t] \end{aligned} \tag{2-9}$$

式中，K 为乘法器电路决定的常数。DSB波形及频谱如图2-7所示。

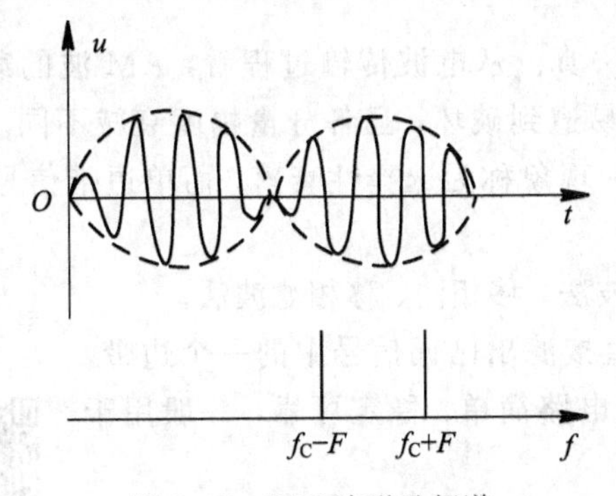

图2-7　DSB波形及频谱

DSB调制时域波形图

由频谱图可知，DSB信号虽然节约了载波功率，但是它的频带带宽仍然是调制信号带宽的两倍，与常规的AM信号的带宽相同。

2.2.3　单边带调制(SSB)

双边带信号(DSB)包含一个上边带和一个下边带。从信息传输的角度来说，这两个边带信号携带着相同的信息，因此，只需传送一个边带就够了，可以是上边带也可以是下边带。这种只传输一个边带的调制方式称为单边带调制，用SSB表示。

这种信号的数学表示式为

$$u = U_{\mathrm{m}} \cos(\omega_{\mathrm{C}} + \Omega)t$$

或

$$u = U_{\mathrm{m}} \cos(\omega_{\mathrm{C}} - \Omega)t$$

SSB波形及频谱如图2-8所示。

单边带调制具有如下优点：

(1) 提高了频带的利用率。单边带调制有助于解决信道拥挤问题，与普通调幅波相比，采用单边带可使传输频带节省一半。

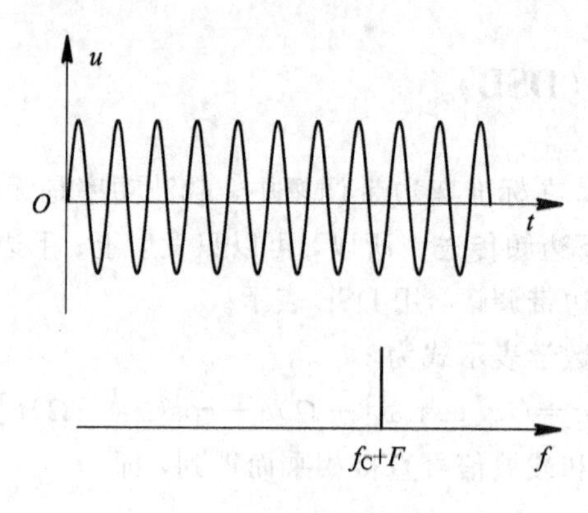

图 2-8　SSB 波形及频谱

(2) 节省功率。采用单边带调制，其发射功率可全部用来传输包含信息的一个边带信号。在与 AM 总功率相等的情况下，接收端的信噪比将明显提高，因而通信距离可大大增加。

(3) 减小由选择性衰落引起的信号失真。从电波传输过程看，AM 波的载频和上、下边带的原始相位关系在传播过程中往往易遭到破坏，且各分量幅度衰减不同。因此，在接收端表现为信号时强时弱，有失真，这一现象称为选择性衰落，而单边带信号只有一个边带分量，因此选择性衰落不太严重。

单边带信号的产生有三种方法：滤波法、移相法、移相滤波法。

(1) 滤波法：用高选择性的滤波器直接滤出已调信号中的一个边带，这要求滤波器具有陡峭特性。这种方法电路简单，稳定可靠，一般用于正规的大型设备。

单边带调制

(2) 移相法：将音频信号和载频信号经过相移网络得到两个幅度相等，但相位相差 90°的信号，然后进行调制，以得到所需要的单边带。这种方法可在射频时直接产生单边带信号，减少发射机放大级数和变频级数，但相移网络用模拟式电路不易做好，工作质量较差，一般用于中小型设备。

(3) 移相滤波法(混合法)：利用相移网络、两对平衡调幅器和低通滤波器，先后滤去载频和一个边带。这种方法在制作上比较方便，但通信质量较差，一般用于小型轻便设备。

2.2.4　残留边带调制(VSB)

单边带调制具有节省功率和频带等优点，但难以产生单边带信号，尤其是在调制信号具有较低频率分量时，上、下边带是连在一起的，实际上无法产生单边带信号。为了解决这个问题，人们采用残留边带调制(VSB)方式。在这种方式中，不是将一个边带完全抑制掉，而是将被抑制的边带残留一小部分。

在传统模拟电视发射机中，图像信号是调幅的，一般采用残留边带调制。图 2-9 是电视图像发射机的幅频特性曲线。载频和上边带全部发射，下边带只将图像中的低频部分(小于 0.75 MHz)发射出去，高频部分(虚线表示)被抑制了。

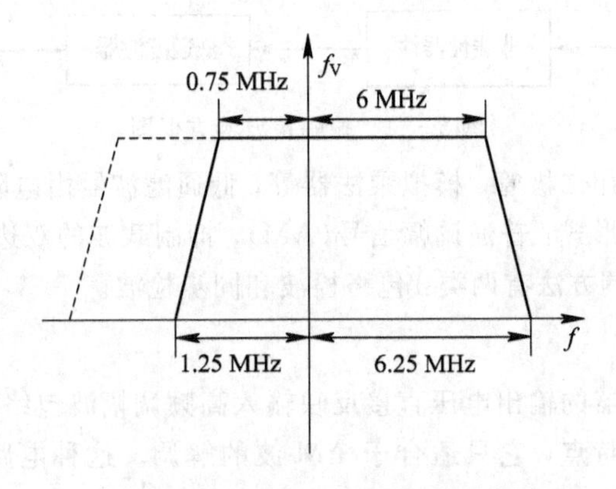

图 2-9　电视图像发射机的幅频特性曲线

在模拟电视发射机中，实现残留边带调幅的方框图如图 2-10 所示。模拟乘法器的输入端除 u_C 和 u_Ω 外，还附加有直流电压 E_0，用以控制载波分量输出的大小。这时，模拟乘法器输出的是带有载波分量的双边带调幅信号，然后经由高通滤波器和低通滤波器组成的残留边带滤波器，便可得到 VSB 信号。

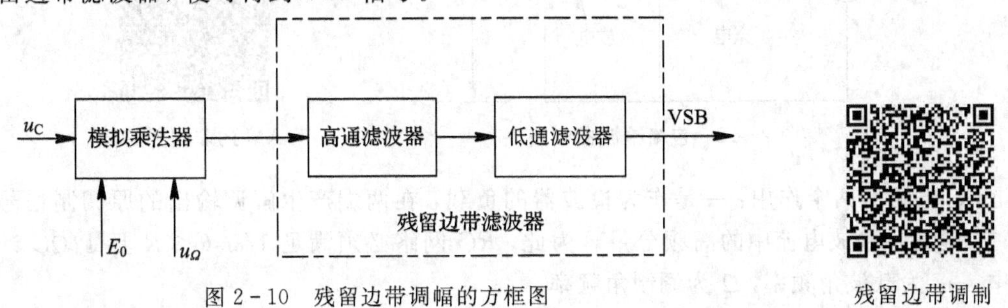

图 2-10　残留边带调幅的方框图

残留边带调制

传统的模拟电视节目从节目制作到信号传递，再到电视接收都采用模拟信号。由于采用了模拟调制，其电视节目容量有限。而数字电视是采用数字信号广播图像和声音的电视系统，它从节目采编、压缩、调制、传输到接收电视节目的全过程都采用数字信号处理。

数字视频变换盒(Set Top Box,STB)，通常称作机顶盒或机上盒，是一个连接电视机与外部信号源的设备。它可以将压缩的数字信号转成电视内容，并在电视机上显示出来。信号可以来自有线电缆、卫星天线、宽带网络以及地面广播。机顶盒接收的内容除了模拟电视可以提供的图像、声音之外，还能够接收数字内容，包括电子节目指南、因特网网页、字幕等。这使得用户能在现有电视机上观看数字电视节目，并可通过网络进行交互式数字化娱乐、教育和商业化活动。

2.2.5　幅度调制信号的解调

针对信号的幅度调制，对应接收设备中要有解调电路，简称检波，即从调幅波中不失真地检出调制信号，它是幅度调制的逆过程，也是一种频谱搬移过程。

已调波中包含有调制信号的信息，但并不包含调制信号本身的分量，因此检波器必须包含有非线性器件，使之产生新的频率分量，然后由低通滤波器滤除不需要的高频分量，进而取出所需要的低频调制信号。振幅检波器方框图如图 2-11 所示。

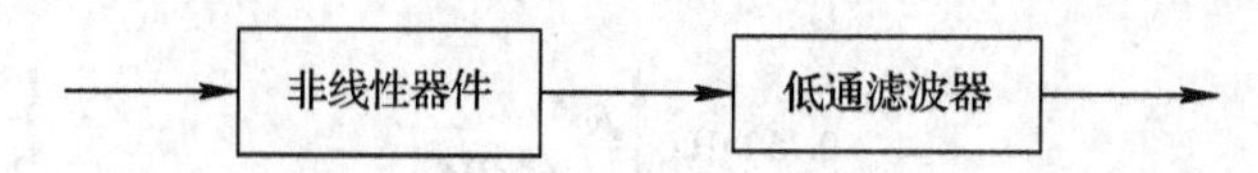

图 2-11　振幅检波器方框图

非线性器件通常采用二极管、模拟乘法器等，低通滤波器由电阻、电容组成。

调幅波有三种信号形式：普通调幅信号(AM)、抑制载波的双边带信号(DSB)、单边带信号(SSB)。相应的解调方法有两类：包络检波和同步检波。

1. 包络检波

包络检波是指检波器的输出电压直接反映输入高频调幅波包络变化规律的一种检波方式。根据调幅波的波形特点，它只适合于 AM 波的解调。这种电路结构简单，性能优越。包络检波器电路如图 2-12 所示。

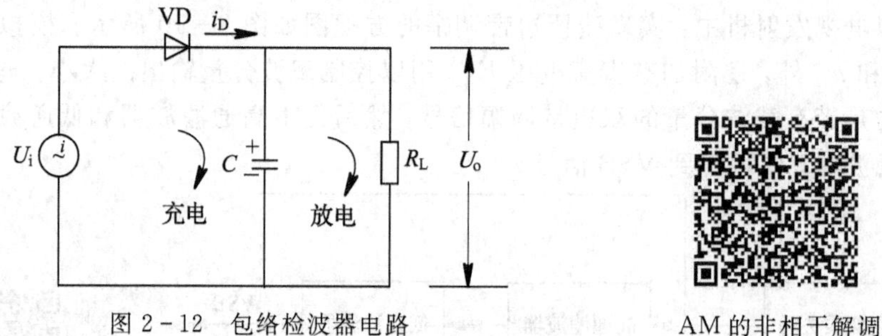

图 2-12　包络检波器电路

AM 的非相干解调

RC 电路有两个作用：一是作为检波器的负载，在两端产生解调输出的原调制信号电压；二是滤除检波电流中的高频分量。为此，RC 网络必须满足 $1/\omega_C C \ll R$ 且 $1/\Omega C \gg R$。式中，ω_C 为载波角频率，Ω 为调制角频率。

① U_i 正半周的部分时间($\varphi<90°$)二极管导通，对 C 充电，$\tau_{充}=R_D C$。因为 R_D 很小，所以 $\tau_{充}$ 很小，$U_o \approx U_i$；

② U_i 的其余时间($\varphi>90°$)二极管截止，C 经 R_L 放电，$\tau_{放}=R_L C$。因为 R_L 很大，所以 $\tau_{放}$ 很大，C 上电压下降不多，仍有 $U_o \approx U_i$。

①②过程循环往复，C 上获得与包络(调制信号)相一致的电压波形，有很小的起伏，故称包络检波。峰值包络检波波形如图 2-13 所示。

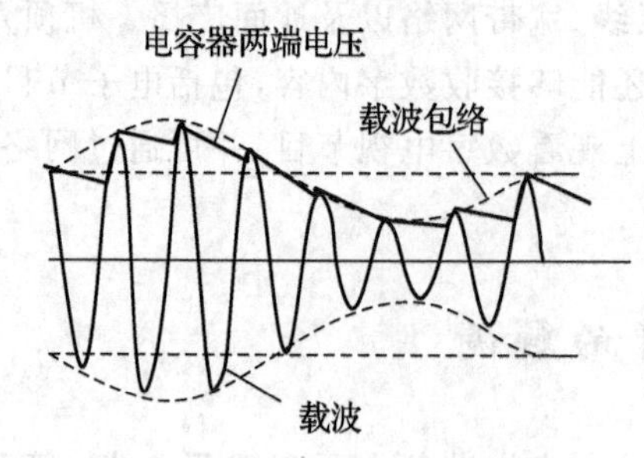

图 2-13　峰值包络检波波形

2. 同步检波

由于 DSB 和 SSB 信号都缺少载频分量，且不正比于调制信号，因此不能用包络检波方法对它们进行检波，必须采用同步检波，AM 也可以用同步检波。同步检波器方框图如图 2-14

所示。

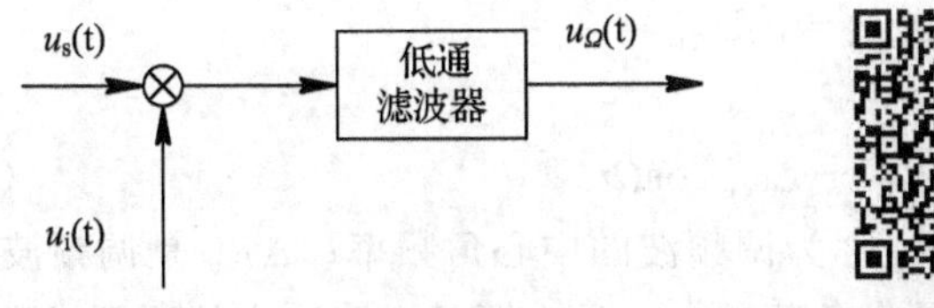

图 2-14 同步检波器方框图

DSB 相干解调

SSB 相干解调

同步检波器的输出信号 $u_o(t)$ 的表达式如下：

$$u_i(t)=U_{im}(1+m_a\cos\Omega t)\cos\omega_C t$$

$$u_s(t)=U_{sm}\cos\omega_C t$$

$$\begin{aligned}u_o(t)&=K_M u_i(t)u_s(t)=K_M U_{im}U_{sm}(1+m_a\cos\Omega t)\cos^2\omega_C t\\&=\frac{1}{2}K_M U_{im}U_{sm}+\frac{1}{2}K_M U_{im}U_{sm}m_a\cos\Omega t+\frac{1}{2}K_M U_{im}U_{sm}m_a\cos 2\omega_C t\\&\quad+\frac{1}{4}K_M U_{im}U_{sm}\cos(2\omega_C+\Omega)t+\frac{1}{4}K_M U_{im}U_{sm}\cos(2\omega_C-\Omega)t\end{aligned}$$

在检波器输入端输入已调信号 $u_i(t)$ 和解调参考信号 $u_s(t)$，它的频率和相位与发射端的已调信号都一样，并保持同步变化，只保留了上式中的第二项，即

$$u_o=\frac{1}{2}K_M U_{im}U_{sm}m_a\cos\Omega t=U_\Omega\cos\Omega t$$

这样就可以检出原调制信号。

2.3 角度调制

前面我们讨论了线性调制方式，即把基带信号频谱线性地进行搬移，这种调制方式是通过改变载波的幅度达到的。AM、DSB、SSB 和 VSB 都是幅度调制，即把欲传送的信号调制到载波的幅值上。而我们知道，一个正弦型信号由幅度、频率和相位(初相)三要素构成，既然幅度可以作为调制信号的载体，那么其他两个要素(参量)也可以承载调制信号。

本节要介绍的是非线性调制，这种调制方式虽然也需要完成频谱搬移，但它所形成的信号频谱不再保持原来基带信号频谱的结构，而是基带信号与已调信号频谱之间存在着非线性变换关系，即频率调制和相位调制。频率调制是用调制信号去控制载波信号的频率，使载波的瞬时频率按调制信号的规律变化；相位调制是用调制信号去控制载波信号的相位，使载波的瞬时相位按调制信号的规律变化。这两种调制都表现为载波信号的总相角受到调制，而幅度保持不变，故统称为角度调制。

2.3.1 频率调制的数学表达式

设调制信号为 $u_\Omega=U_{\Omega m}\cos\Omega t$，载波电压为 $u_C=U_m\cos\omega_C t$，并且 $\omega_C\gg\Omega$。按照频率调制的定义，调频波(已调波)的瞬时角频率 ω 应为调制信号 u_Ω 的线性函数，故有

$$\omega=\omega_C+k_f u_\Omega=\omega_C+k_f U_{\Omega m}\cos\Omega t \tag{2-10}$$

令

$$\Delta\omega_{m}=k_{f}U_{\Omega m}$$

则式(2-10)可改写为

$$\omega=\omega_{C}+\Delta\omega_{m}\cos\Omega t \tag{2-11}$$

上两式中，ω_C 是未调制时的载波角频率，称为调频波的中心角频率；$\Delta\omega_m$ 是调频波瞬时角频率偏离 ω_C 的最大值，称为调频波的最大角频偏；k_f 是由调频电路决定的比例常数，单位是 rad/(s·V)。

由式(2-11)可求出调频波的瞬时相位 φ 为

$$\varphi=\int_{0}^{t}\omega\,dt=\omega_{C}t+\frac{\Delta\omega_{m}}{\Omega}\sin\Omega t$$

令

$$m_{f}=\frac{\Delta\omega_{m}}{\Omega}$$

$$\varphi=\omega_{C}t+m_{f}\sin\Omega t$$

则调频波电压可表示为

$$u=U_{m}\cos\varphi=U_{m}\cos(\omega_{C}t+m_{f}\sin\Omega t) \tag{2-12}$$

式中，m_f 表示调频波的最大相位偏移，又称调频指数，通常 m_f 总是大于1。调频波的波形如图2-15所示。

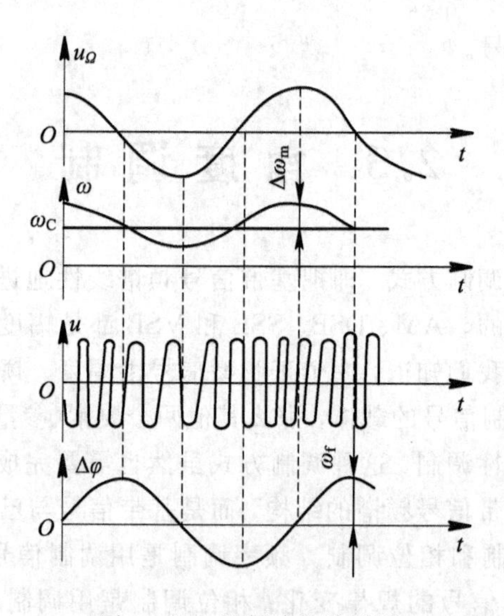

图2-15 调频波的波形图

m_f 和 $\Delta\omega_m$ 是表征调频波的两个重要参数。$\Delta\omega_m$ 与调制信号幅度成正比，而与调制信号频率无关；m_f 与调制信号幅度成正比，而与调制信号频率成反比。

2.3.2 相位调制的数学表示式

设 $u_\Omega=U_{\Omega m}\cos\Omega t$，$u_C=U_m\cos\omega_C t$，并且 $\omega_C\gg\Omega$。按照相位调制的定义，调相波的瞬时相位 φ 应为 u_Ω 的线性函数，即

$$\varphi=\omega_C t+k_p u_\Omega=\omega_C t+k_p U_{\Omega m}\cos\Omega t \tag{2-13}$$

式中，k_p 是由调相电路决定的比例常数，单位为 rad/V。

令 $m_p=k_p U_{\Omega m}$，则式(2-13)可改写为

$$\varphi=\omega_C t+m_p\cos\Omega t$$

于是，调相波电压可表示为

$$u=U_m\cos\varphi=U_m\cos(\omega_C t+m_p\cos\Omega t) \tag{2-14}$$

上两式中，m_p 是调相波的最大相位偏移常数，又称调相指数。由式(2-13)可求出调相波的瞬时角频率 ω 为

$$\begin{aligned}\omega=\frac{\mathrm{d}\varphi}{\mathrm{d}t}&=\omega_C-k_p U_{\Omega m}\Omega\sin\Omega t\\&=\omega_C-m_p\Omega\sin\Omega t\end{aligned}$$

调相波的最大角频偏移为

$$\Delta\omega_m=m_p\Omega=k_p U_{\Omega m}\Omega$$

调相波的波形图如图 2-16 所示。$\Delta\omega_m$ 和 m_p 是表征调相波的两个重要参数，都包含了调制信号的信息。$\Delta\omega_m$ 与调制信号的幅度、频率成正比；m_p 只与调制信号幅度成正比，而与调制信号频率无关。

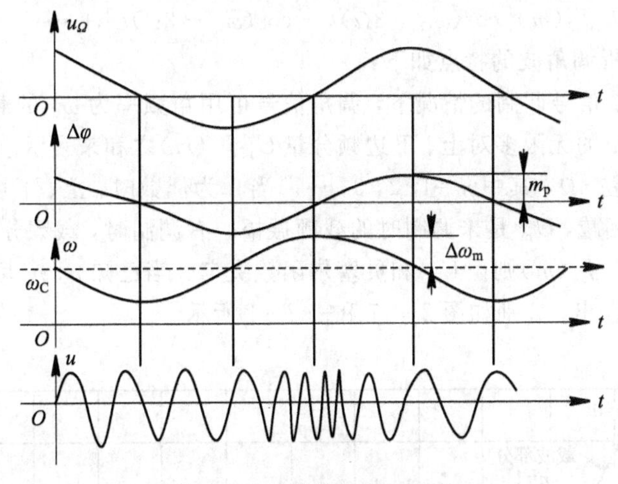

图 2-16　调相波的波形图

由以上分析可知，由于频率与相位之间存在着内在联系(微积分关系)，因此，不管是调频波还是调相波，其瞬时角频率和瞬时相位都是变化的，只是它们的变化规律与调制信号的关系各不相同。对调频波来说，其瞬时角频率 ω 与 u_Ω 呈线性关系，而瞬时相位 φ 与 u_Ω 的积分呈线性关系；对调相波来说，其瞬时相位 φ 与 u_Ω 呈线性关系，而瞬间角频率的 ω 与 u_Ω 的微分呈线性关系。所以说，调频和调相可以互相转化。

2.3.3　调角波的频谱分析

1. 调角信号的频谱

由式(2-12)、式(2-14)可以看出，当调制信号为正弦波时，调频波与调相波的数学表

达式基本上是一样的。由调制信号引起的附加相移是余弦变化或正弦变化并没有根本差别，两者只在相位上差$\frac{\pi}{2}$，所以只要用调制指数 m 代替相应的 m_f 或 m_p，就可以写成统一的调角波表示式，即

$$u = U_m \cos(\omega_C t + m\sin\Omega t) \tag{2-15}$$

利用三角函数公式展开，得

$$u = U_m [\cos(m\sin\Omega t)\cos\omega_C t - \sin(m\sin\Omega t)\sin\omega_C t] \tag{2-16}$$

在贝塞尔理论中，已证明存在下列关系：

$$\cos(m\sin\Omega t) = J_0(m) + 2J_2(m)\cos2\Omega t + 2J_4(m)\cos4\Omega t + \cdots$$

$$\sin(m\sin\Omega t) = 2J_1(m)\sin\Omega t + 2J_3(m)\sin3\Omega t + 2J_5(m)\sin5\Omega t + \cdots$$

式中，$J_0(m)$是以 m 为宗数的 n 阶第一类贝塞尔函数。将上两式代入式(2-16)得

$$\begin{aligned} u &= U_m[J_0(m)\cos\omega_C t - 2J_1(m)\sin\Omega t\sin\omega_C t + 2J_2(m)\cos2\Omega t\cos\omega_C t \\ &\quad - 2J_3(m)\sin3\Omega t\sin\omega_C t + 2J_4(m)\cos4\Omega t\cos\omega_C t - \cdots] \\ &= U_m J_0(m)\cos\omega_C t + U_m J_1(m)[\cos(\omega_C + \Omega)t - \cos(\omega_C - \Omega)t] \\ &\quad + U_m J_2(m)[\cos(\omega_C + 2\Omega)t - \cos(\omega_C - 2\Omega)t] \\ &\quad + U_m J_3(m)[\cos(\omega_C + 3\Omega)t - \cos(\omega_C - 3\Omega)t] + \cdots \end{aligned}$$

根据上式可分析调角波的特点如下：

(1) 在单一余弦信号调制的情况下，调角信号可用角频率为 ω_C 的载频分量 $U_m J_0(m)$ 与角频率为 $\omega_C \pm n\Omega$ 的无限多对上、下边频分量 $U_m J_n(m)$之和来表示。这些边频分量和载频分量的角频率相差 $n\Omega$，其中 $n=1, 2, 3, \cdots$。当 n 为偶数时，上、下边频分量相加；当 n 为奇数时，两分量相减，U_m 是未调制时的载频振幅。有调制时，载频分量和各边频分量的振幅 $U_m J_0(m)$和 $U_m J_n(m)$则由 U_m 和贝塞尔函数决定。当已知 n、m 后，其数值可由贝塞尔函数曲线或表格查出，分别如图 2-17 和表 2-1 所示。

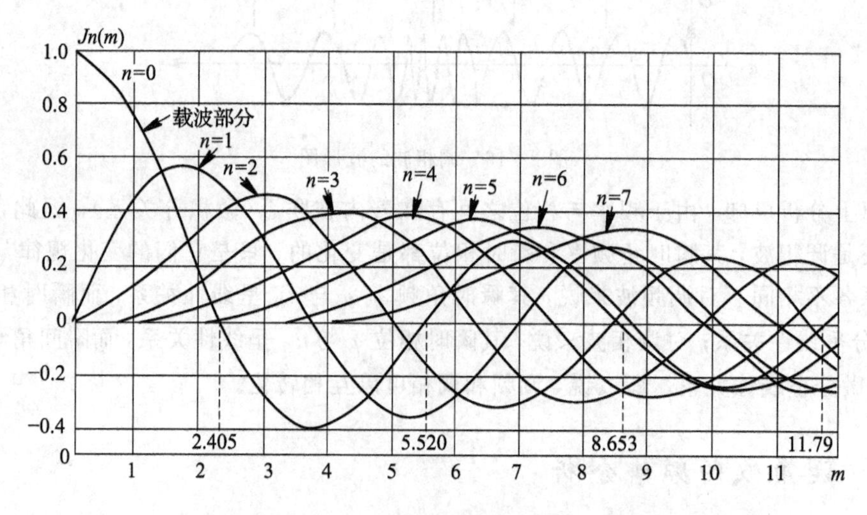

图 2-17　贝塞尔函数曲线

表 2-1　贝塞尔函数表

n \ m	0	0.5	1	2	3	4	5	6
0	100	93.85	76.52	22.39	−26.06	−39.71	−17.76	15.06
1		24.23	44.01	57.67	33.91	−6.60	−32.76	−27.67
2		3.0	11.49	35.28	48.61	36.42	4.66	−24.29
3			1.96	12.89	30.91	43.02	36.48	11.48
4			0.25	3.40	13.20	28.11	39.12	35.76
5				0.70	4.30	13.21	26.11	36.21
6				0.12	1.14	4.91	13.11	24.58
7					0.26	1.52	5.34	12.96
8						0.40	1.84	5.65

(2) 由贝塞尔函数表可以看出，当调制指数 m 增大时，具有较大振幅的边频分量增多，而边频分量功率的增加正是由于载频分量功率下降的结果。若载频振幅 U_m 不变，则调角波的总平均功率是不变的，m 值的变化只是引起各个频率分量之间的功率重新分配。

(3) 由图 2-17 可知，当 m 变到某些特定值时，载频或某边频振幅为零，这一特点可用来测量频偏和调制指数。

2. 调角信号的频谱宽度

根据调制指数的大小，调角信号可分为窄带调制和宽带调制两种。

1) 窄带调制 (NBFM)($m<1$)

当 m 很小时，可近似认为

$$\cos(m\sin\Omega t)\approx 1$$

$$\sin(m\sin\Omega t)\approx m\sin\Omega t$$

$$u=U_m\cos\omega t+\frac{m}{2}U_m\cos(\omega_C+\Omega)t-\frac{m}{2}U_m\cos(\omega_C-\Omega)t$$

可见，当 $m<1$ 时，调角信号的频谱和调幅信号的频谱相似，也是由载频 ω_C 和一对上、下边频 $\omega_C\pm\Omega$ 所组成，差别只是下边频的相位相反。频带宽度仅为 2Ω 的调频波称为窄带调制。窄带调制广泛用于移动通信电台中。

2) 宽带调制 (WBFM)($m>1$)

完整频谱仍由式(2-16)决定，调角信号的边频分量理论上有无限多对，也就是说，它的频谱是无限宽的。但实际上，调角信号的能量绝大部分集中在载频附近的若干边频分量上，而从某一阶边频起，它们的幅度就很小。通常认为，当边频幅度小于载频幅度的10%时，即使忽略这些边频分量，对信号传输质量并没有明显影响。因此，实际调角信号所占的有效频谱宽度仍是有限的。由表 2-1 可以看出，当 $m>1$ 时，$m+1$ 以上各阶边频的幅

度均小于载频幅度的10%，因而可以忽略。在此情况下，调角信号的有效频谱宽度可表示为

$$B=2(m+1)\Omega=2\Delta\omega+2\Omega \tag{2-17}$$

当 $m=4$ 时，若 $n>m+1=5$，即 $n=6$，则6阶以上边频可略去，因此 $B=2(4+1)\Omega=10\ \Omega$。

以上讨论的只是单一调制的情况。实际上调制信号都是包含很多频率的复杂信号，多频率进行调制的结果并不是每个调制频率单独调制时所得频谱的简单和，而是增加了许多新的组合频率，使频谱大为复杂。要对复杂信号进行仔细分析是非常困难的，但实践证明：如果取复杂信号中的最高频率作为调制频率，仍然可以用式(2-17)来估算复杂信号的频谱宽度。例如，在调频广播系统中，按国家标准，$\Delta f_{max}=75$ kHz，$F_{max}=15$ kHz，通过计算可求得

$$B=2\left(\frac{\Delta f_{max}}{F_{max}}+1\right)F_{max}=180\ \text{kHz}$$

实际上，在广播系统中，对于复杂的调频信号，选取的频谱宽度为200 kHz。

频谱宽度与最大频偏是两个不同的概念，不能混淆。最大频偏是指在调制信号作用下，瞬时频率离开中心频率 ω_C 的最大值，即频率摆动的幅度。而频谱宽度则是将长时间稳定的调角信号分解为许多正弦分量，按一定条件(如忽略小于载频振幅10%的边频)得到上、下边频所占的频率范围。宽带调频广泛应用于电视台、调频广播电台等。

2.3.4 角度调制信号的解调

调频波和调相波都是等幅的高频振荡，调制信号的变化规律，分别反映在高频振荡的频率和相位的变化上，因此不能直接利用包络检波器解调调频波和调相波，必须采用频率检波电路和相位检波电路。

频率检波器也称鉴频器，是从输入调频波中检出反映在频率变化上的调制信号，即完成频率-电压的变换作用。鉴频电路大致有以下四种。

(1) 幅度鉴频。

先将等幅调频波的瞬时频率变化规律不失真地变换为调频波的包络变化，即变换成调幅调频波，然后用包络检波器检出所需的调制信号。

(2) 相位鉴频。

先将等幅调频波的瞬时频率变化规律不失真地变换为调频波的相位变化，即变为调相调频波，然后用相位检波器检出所需的调制信号。

(3) 脉冲计数式鉴频。

将调频波瞬时频率的变化直接表现为单位时间调频信号超过零值的数目的变化，利用计数过零值脉冲数目的方法实现。

(4) 利用门电路或锁相环路进行鉴频。

相位检波电路也称鉴相器，是用来检出两个信号之间的相位差，完成相位差-电压的变换作用的。常用的鉴相电路有乘积型鉴相电路和门电路鉴相电路两种。

2.4 模拟通信系统的性能

2.4.1 幅度调制系统的抗噪声能力

1. 通信系统抗噪声分析基本模型

已调信号在传输过程中会受到干扰。一种最常见的分析就是在接收到的已调信号上线性叠加一个干扰，这种干扰称为加性干扰。

加性噪声只对已调信号的接收产生影响，因而幅度调制系统的抗噪声性能可以用接收解调器的抗噪声性能来进行衡量。模拟通信系统的通信质量主要用信噪比来衡量，因而主要考虑对已调信号产生连续影响的起伏干扰。

由起伏噪声的产生机制和试验研究可知，起伏噪声的概率密度函数为正态分布(高斯分布)，功率谱密度是平均分布的(白噪声)，所以它是高斯白噪声。

起伏干扰对解调器的影响模型如图 2-18 所示。$s(t)$是已调信号，$n(t)$是传输过程中叠加的高斯白噪声。经过和已调信号带宽相同的带通滤波器以后，$n(t)$变成了窄带的高斯白噪声 $n_i(t)$。解调器输出有用信号 $s_o(t)$和噪声 $n_o(t)$。在通信系统中，常用解调器的输出信噪比来衡量通信质量。输出信噪比定义为

$$\frac{S_o(t)}{N_o(t)}=\frac{\text{解调器输出有用信号的平均功率}}{\text{解调器输出噪声的平均功率}}$$

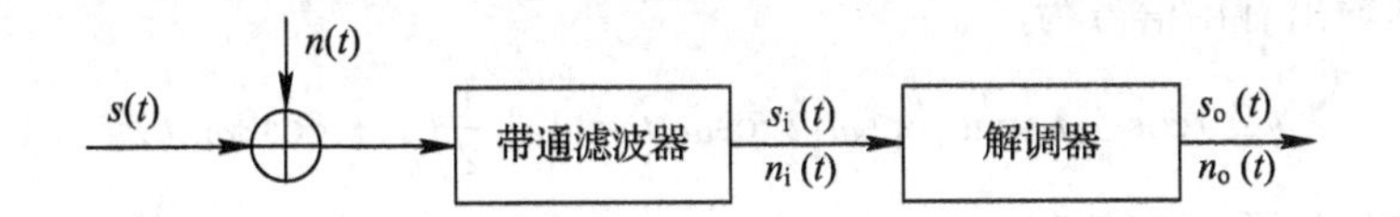

图 2-18　起伏干扰对解调器的影响模型

人们还常用信噪比增益 G 作为不同调制方式下解调器抗噪声性能的度量。信噪比增益定义为

$$G=\frac{S_o(t)/N_o(t)}{S_i(t)/N_i(t)}$$

显然，输出信噪比越高，解调器的抗噪声性能越好。输出信噪比既与调制方式有关，也与解调方式有关。下面将讨论各种解调器的输入、输出信噪比，比较各种调制系统的抗噪声性能。

2. 同步检波信号的抗噪声性能

对 DSB、SSB、VSB 已调信号进行解调只能采用同步检波。同步检波属于线性解调，其模型如图 2-19 所示。

输入解调器的噪声功率为

$$N_i=\overline{n_i^2(t)}=n_oB$$

式中，B 为 $n_i(t)$的带宽，和已调信号、带通滤波器 BPF 的带宽相同；n_o 为噪声单边平均功

率谱密度。

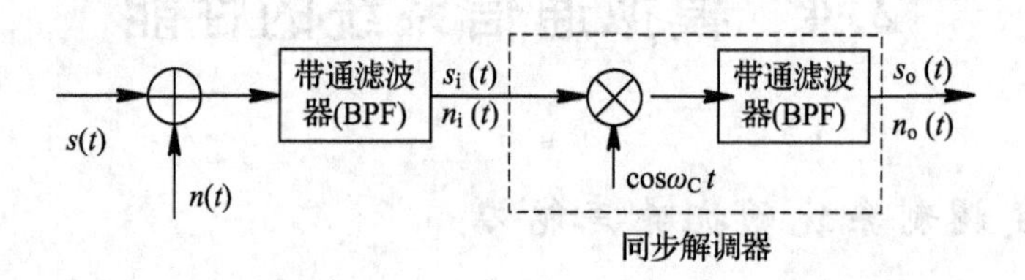

图 2-19　同步检波模型

1) DSB 信号同步检波的信噪比分析

设已调信号 $s(t)=u_\Omega\cos\omega_C t$，其中 u_Ω 为调制信号，$\cos\omega_C t$ 为载波信号。

解调器的输入信噪比为

$$\frac{S_i(t)}{N_i(t)}=\frac{\frac{1}{2}\overline{u_\Omega^2}}{n_o B}$$

解调器的输出噪声信号为

$$\begin{aligned}n_i(t)\cos\omega_C t&=[n_C(t)\cos\omega_C t-n_s(t)\sin\omega_C t]\cos\omega_C t\\&=\frac{1}{2}n_C(t)[1+\cos2\omega_C t]-\frac{1}{2}n_s(t)\sin\omega_C t\end{aligned}$$

根据上式可得，输出噪声的功率为

$$N_o=\overline{n_o^2(t)}=\frac{1}{4}\overline{n_i^2(t)}=\frac{1}{4}N_i=\frac{1}{4}n_o B$$

解调器的输出有用信号为

$$s(t)\cos\omega_C t=u_\Omega\cos\omega_C t\cos\omega_C t=u_\Omega[\frac{1}{2}(1+\cos2\omega_C t)]$$

解调器输出信号的平均功率为

$$S_o=\frac{1}{4}\overline{u_\Omega^2}$$

因为解调器的输出信噪比为

$$\frac{S_o(t)}{N_o(t)}=\frac{\frac{1}{4}\overline{u_\Omega^2}}{\frac{1}{4}n_o B}=\frac{\overline{u_\Omega^2}}{n_o B}$$

所以信噪比增益为

$$G=\frac{S_o(t)/N_o(t)}{S_i(t)/N_i(t)}=2$$

可见，DSB 经过解调，信噪比改善了一倍。其原因是同步检波使输入噪声中的一个正交分量被消除，抑制了噪声。

2) SSB 信号同步检波的信噪比分析

SSB 的解调方法与 DSB 的相同，其区别在于 BPF，因为 SSB 的带通滤波器(BPF)的带宽是 DSB 的一半，所以计算信噪比的方法相同，输入、输出的噪声功率与 DSB 的一样。

解调器的输入信噪比为

$$\frac{S_{\mathrm{i}}(t)}{N_{\mathrm{i}}(t)}=\frac{\overline{\frac{1}{4}u_{\Omega}^{2}}}{\frac{1}{4}n_{\mathrm{o}}B}=\frac{\overline{u_{\Omega}^{2}}}{4n_{\mathrm{o}}B}$$

解调器的输出信噪比为

$$\frac{S_{\mathrm{o}}(t)}{N_{\mathrm{o}}(t)}=\frac{\frac{1}{16}\overline{u_{\Omega}^{2}}}{n_{\mathrm{o}}B}=\frac{\overline{u_{\Omega}^{2}}}{4n_{\mathrm{o}}B}$$

因此，信噪比增益为

$$G=\frac{S_{\mathrm{o}}(t)/N_{\mathrm{o}}(t)}{S_{\mathrm{i}}(t)/N_{\mathrm{i}}(t)}=1$$

根据上述结果可知，DSB的信噪比增益比SSB的大一倍，但不能得出DSB比SSB解调性能好的结论。因为SSB信号所需带宽仅是DSB的一半，在噪声功率密度相同的情况下，DSB解调器的输入噪声功率是SSB的两倍，也使其输出噪声功率比SSB的大一倍，因此，尽管DSB的信噪比增益G比SSB的大，但它的实际解调性能不会优于SSB。

标准的AM系统的性能可以用同步检波和包络检波两种方法进行测量，情况比较复杂，这里不做讨论。

2.4.2　调频系统的抗噪声性能

调频信号的抗噪声分析模型如图2-20所示，抗噪声分析模型主要是从接收端解调器的角度来思考。

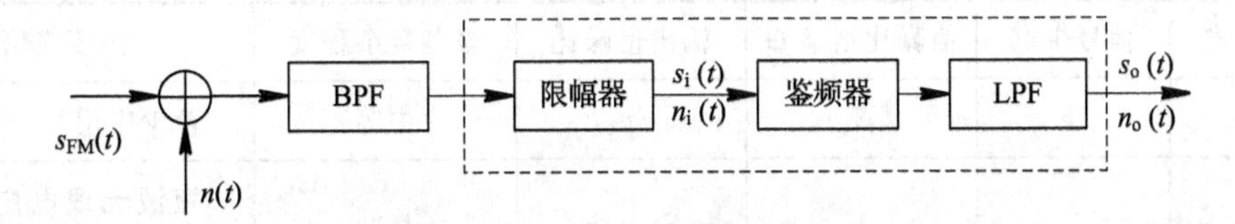

图2-20　调频信号的抗噪声分析模型

限幅器是为了消除接收信号在幅度上可能出现的畸变。BPF(带通滤波器)的作用是抑制信号带宽以外的噪声。$s_{\mathrm{FM}}(t)$是已调信号，$n(t)$是均值为零、单边功率密度为n_{o}的高斯白噪声，经过带通滤波器以后变为窄带高斯噪声$n_{\mathrm{i}}(t)$。

经过计算，解调器的输入信噪比为

$$\frac{S_{\mathrm{i}}}{N_{\mathrm{i}}}=\frac{u_{m}^{2}}{2n_{\mathrm{o}}B_{\mathrm{FM}}}$$

式中，B_{FM}为调频信号的带宽。

至于解调器的输出信噪比，由于解调不满足叠加性，无法分别计算信号与噪声的功率，因此，需要考虑两种情况，即大信噪比情况和小信噪比情况。

在大信噪比情况下，调频系统的信噪比增益为

$$G_{\mathrm{FM}}=3m_{\mathrm{f}}^{2}(m_{\mathrm{f}}+1)$$

当 $m_f \gg 1$ 时，有

$$G_{FM} \approx 3m_f^3$$

上式表明，在大信噪比情况下，宽带调频系统的增益是很高的，它与调制指数的立方成正比。这就意味着，对于调频系统来说，增加传输带宽可以改善抗噪声的性能，实现带宽与信噪比之间的互换。在小信噪比情况下，当 S_i/N_i 低于一定数值时，解调器的输出信噪比 S_o/N_o 急剧恶化，这种现象称为调频信号解调的门限效应。

门限效应所对应的输入信噪比值称为门限值，记为 $(S_i/N_i)_b$。

门限效应是FM系统存在的一个实际问题。尤其在采用调频制的远距离通信和卫星通信等领域中，对调频接收机的门限效应十分关注，希望门限值向低输入信噪比方向扩展。

降低门限值(也称门限扩展)的方法有很多。例如，可以采用锁相环解调器和负反馈解调器，它们的门限值比一般鉴频器的门限值低6～10 dB。还可以采用“预加重”和“去加重”技术来进一步改善调频解调器的输出信噪比，这也相当于降低了门限值。

所谓“去加重”，就是在解调器输出端接一个传输特性随频率增加而滚降的线性网络，将调制频率高频端的噪声衰减，使总的噪声功率减小。但是，由于去加重网络的加入，在有效地减弱输出噪声的同时，必将使传输信号产生频率失真。因此，必须在调制器前加入一个“预加重”网络，人为地提升调制信号的高频分量，以抵消去加重网络的影响。

AM、DSB、SSB和VSB信号频谱比较

2.4.3 各种模拟调制方式的性能比较

在相同条件下比较各种模拟调制方式的性能如表2-2所示。

表2-2 各种模拟调制方式的性能比较

调制方式	信号带宽	信噪比增益 G	输出信噪比	设备复杂程度	主要应用
DSB	$2F$	2	S_i/n_oF	中等	较少应用
SSB	F	1	S_i/n_oF	复杂	短波无线电广播，话音频分多路
VSB	略大于 F	近似SSB	近似SSB	复杂	商用电视广播
AM	$2F$	2/3	S_i/n_oF	简单	中短波无线电广播
FM	$2(m_f+1)F$	$3m_f^2(m_f+1)$	S_i/n_oF	中等	超短波小功率电台

1. 性能比较

抗噪声性能：FM最好，DSB、SSB、VSB抗噪声性能次之，AM抗噪声性能最差。

频带利用率：SSB的带宽最窄，其频带利用率最高；FM占用的带宽随调频指数的增大而增大，其频带利用率最低。

可以说，FM是以牺牲有效性来换取可靠性的，因此，m_f 值的选择要从通信质量和带宽限制两方面考虑。对于高质量通信(高保真音乐广播、电视伴音、双向式固定或移动通信、卫星通信和蜂窝电话系统)采用FM，m_f 值选大些；对于一般通信，要考虑接收微弱信号，带宽窄些，噪声影响小，常选用 m_f 较小的调频方式。

2. 特点及应用

AM 调制：优点是接收设备简单，缺点是功率利用率低，抗干扰能力差，主要用于中波和短波调幅广播。

DSB 调制：优点是功率利用率高，且带宽与 AM 相同，但设备较复杂，应用较少，一般用于点对点专用通信。

SSB 调制：优点是功率利用率和频带利用率都较高，抗干扰能力和抗选择性衰落能力均优于 AM，且带宽只有 AM 的一半，缺点是发送设备和接收设备都复杂，SSB 常用于频分多路复用系统中。

VSB 调制：抗噪声性能和频带利用率与 SSB 相当，在模拟电视广播系统中广泛应用。

FM 调制：抗干扰能力强，广泛应用于长距离高质量的通信系统中，缺点是频带利用率低，存在门限效应。

2.5　无线调制通信系统

2.5.1　无线发射机

在无线通信系统中，发射机是主要设备之一。它的作用是产生一个功率足够大的高频振荡送给发射天线，通过天线转换成空间电磁波辐射出去。

从其用途出发，对发射机有如下要求：

(1) 频率稳定，以避免对邻近信道信号的干扰，并提高接收效果。

(2) 频率占用幅宽应当尽量狭窄。

(3) 信号失真小。

(4) 寄生辐射低，以减小干扰。

(5) 振荡电路不受环境温度、湿度的影响。

衡量发射机优劣的技术指标如下：

1. 输出功率

输出功率是指发射机的载波输出功率。根据输出功率的大小，发射机可以分为大功率发射机(1 kW 以上)、中功率发射机(50 W 到几百 W)和小功率发射机(50 W 以下)。发射机的功率越大，信号可传播的距离就越远。但盲目地增加输出功率不仅会造成浪费，更主要的是会增加对其他通信系统的干扰。

2. 频率范围与频率间隔

频率范围是指发射机的工作频率范围。频率间隔是指相邻两工作频点之间的频率差值。通常要求在频率范围内任一工作频点上，发射机的其他各项电指标均能满足要求。

3. 频率准确度与频率稳定度

设发射机的标称频率为 f_0，实际工作频率为 f_x，则频率准确度的定义为

$$A_f=\frac{f_x-f_0}{f_0}$$

由于发射机内部元件的标准性与老化等因素，不同时刻发射机的频率准确度也不同，因而在说明频率准确度时必须说明测试时间。

频率稳定度反映了发射机载波频率随机变化的波动情况。根据对发射机观察时间的长短，频率稳定度可分为长期频率稳定度、短期频率稳定度和瞬时频率稳定度。

4. 邻道功率

邻道功率是指发射机在规定调制状态下工作时，其输出落入相邻波道内的功率。邻道功率的表示方法是邻道功率和发射机载波功率之比，邻道功率的大小主要取决于已调波频带的扩展和发射机的噪声。

5. 寄生辐射

寄生辐射是指发射机有用频率以外的一切寄生频率的辐射。它包括载波频率的各次谐波以及晶振频率的高次谐波。发射机可能在很宽的频率范围内干扰其他发射机的正常工作，在电台密集的地区，必须严格限制各种发射机的寄生辐射。

6. 调制特性

调制特性包括调制频率特性和调制线性。调制频率特性即发射机的音频响应，它是指当调制信号的输入电平恒定时，已调波振幅(对于线性调制)、频偏(对于调频)或相位偏移(对于调相)与调制信号频率之间的关系。要求在 300～3400 Hz 的频率范围内调制特性平坦，而在 3400 Hz 以上，要求调制频率特性曲线迅速下降，以便使话音中无用的高频分量被充分抑制。调制线性是指在使用规定的调制频率(1000Hz)时，已调波的振幅或相移随调制信号电平变化的函数关系的线性度。调制线性好，可以减少所传输信号的非线性失真。线性程度通常用调制非线性失真系数来表示。

按照信号的调制方式分类，发射机可分为调幅发射机、调频发射机与调相发射机。调幅发射机又可分为双边带(DSB)发射机与单边带(SSB)发射机。

2.5.2 无线接收机

接收无线信号的设备叫做无线接收机。各种无线电台与无线电干扰源都向空中辐射电磁波，并可能在接收天线上感应出电动势，无线接收机的任务就是要从许多电台信号与干扰信号中把需要的信号选出，然后进行放大、解调变换成低频信号(即原来的调制信号)，以推动扬声器或其他终端设备。

衡量接收机性能优劣的技术指标如下：

1. 灵敏度

灵敏度表示接收微弱信号的能力。我们把接收机正常工作（在规定的输出功率与一定的信噪比)时，接收天线上必需的感应电动势叫做接收机的灵敏度。感应电动势越小，能接收到的信号越微弱，则说明该接收机的灵敏度越高。

2. 选择性

在同一时间里，天空中有许多电波，接收机能从许多电波与干扰中选择出所要接收的信号，并排斥其他电波，这种抑制干扰而选择有用信号的能力叫做接收机的选择性。接收机选择信号的作用是靠检波器以前的各级(高频放大、中频放大)调谐电路完成。调谐电路的 Q 值、调谐电路的级数及电路同步调谐的程度等，是决定选择性优劣的重要因素。

选择性是针对抑制干扰而言的，而干扰的种类与情况很复杂，常见的有中频干扰和镜像干扰。

(1) 中频干扰：干扰频率接近或等于接收机的中频频率的干扰称为中频干扰。例如，一接收机的中频为1.5 MHz，而外来干扰频率就在1.5 MHz附近，那么该干扰就会通过各种途径跳过高放、混频，经中频放大、解调输出而形成干扰。

接收机对中频干扰的抑制程度称为中频抗拒比(也称中频抑制比)，用其衡量接收机对中频干扰的抑制能力。短波接收机要求中频抗拒比大于60 dB。

(2) 镜像干扰：干扰频率和信号频率对本振频率成镜像关系。例如，已知接收机中频为500 kHz，当接收2 MHz信号时，本振频率为2.5 MHz，这时有一干扰频率为3 MHz，只要到达变频器输入端，就可与本振电压进行变频，同样可得到中频输出3 MHz－2.5 MHz＝0.5 MHz，并通过中间放大器造成干扰。

接收机对镜像干扰的抑制能力用镜像抗拒比表示。通常要求镜像抗拒比大于80dB。

3. 失真度

失真度是衡量接收机所输出的信号波形与原来传输的信号波形相比是否失真的指标。实际上，信号通过接收机不可避免地会产生失真，失真越小，保真度越高。

接收机产生失真的种类很多，归纳起来可分为以下三种：

(1) 频率失真。对不同频率的振幅响应不同所造成的失真。一般通话用的接收机要求在300～3000 Hz范围内的振幅频率特性的不均匀性小于10～15 dB。

(2) 非线性失真。又叫非线性畸变或谐波失真，是由接收机中的晶体管、电子管、变压器铁芯特性曲线的非线性引起的。它会使输出信号中产生新的谐波成分，改变原信号的频谱。非线性失真系数达到10％时，接收机发出的声音就变得闷塞、嘶哑。接收话音信号时，对非线性失真要求不是很严格，一般不超过10％就可以，对于高保真度的接收机，则必须小于1％。

(3) 相位失真。当信号通过接收机的某一系统时，由元器件的相位移动作用引起信号中各频率分量的相位关系发生变化而形成的失真，叫做相位失真。因为人耳不能分辨相位移动，所以这种失真对话音通信影响不大，可以忽视。但是，在接收图像或脉冲信号时，对相位失真需加以重视。

4. 波段覆盖

接收机的波段覆盖具体要求如下：

(1) 接收机在给定的整个频段范围内，可以调谐在任何一个频率上。

(2) 在整个波段内的任何一个频率上，接收机的主要质量指标都能达到规定要求。

5. 工作稳定性

接收机在正常工作过程中，应能使接收的信号非常稳定地工作。稳定性主要是指工作频率、灵敏度、通带宽度和选择性的稳定性。在使用过程中，引起不稳定的原因主要是接收的参数(如增益通频带等)会因电源电压和环境温度的变化而改变，因此应根据不同情况采取适当预防措施。

2.5.3 幅度调制发射机

单边带发射机一般是先获得普通调幅信号，再在调幅过程中，利用平衡调幅器消去载频得到一个无载频的双边带信号，然后用某种方法去掉一个边带得到单边带信号。

单边带发射机框图如图 2-21 所示，它由音频放大器、单边带调制部分、混频器、功率放大器与自动电平控制电路(ALC)等组成。

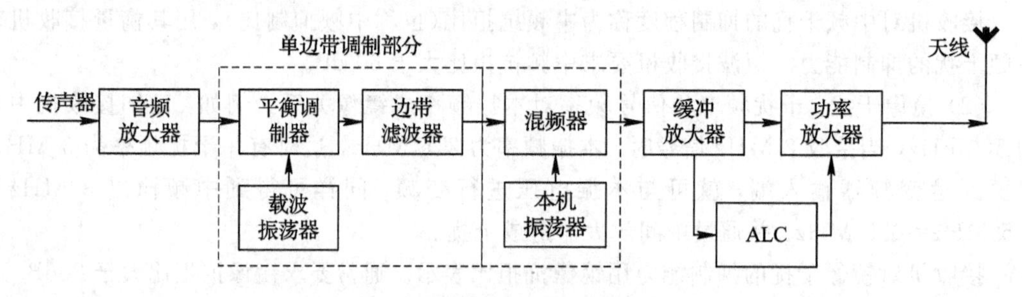

图 2-21 单边带发射机框图

音频放大器把传声器传来的音频信号适当放大，输入到平衡调制器，同时载频振荡器输出的高频振荡信号也送到平衡调制器中，使两者进行调幅。平衡调制器和一般调制器不一样，调幅后载频成分由于平衡电路的抵消作用而消失，只有上、下两个边带输出，这样的信号称为无载频双边带信号。把此信号输入边带滤波器中，这个滤波器是一个带通滤波器，只允许一个特定频率通过，而这个频带以外的其他频带信号都不能通过，所以从边带滤波器输出的是只有一个边带的信号，形成单边带输出。

一般单边带发射机的载频振荡器的工作频率都选择较低，因此，调幅后经过滤波器输出的单边带信号的频率也较低，通过混频器的频率搬移，可将它变到一个足够高的工作频率。在混频器的负荷端还应使用滤波器把原来的单边带信号取出，以阻止变频过程中新产生的频率进入功率放大器，但混频器输出端的功率还很小，需要把它送到功率放大器进行功率放大，再送到天线发射出去。

单边带发射机一般在缓冲放大器与功率放大器间都设有自动电平控制（ALC)电路，其功能是限制本级放大器的输入电平，使发射机输出不发生失真。如果没有 ALC 电路，当讲话声音过大时，输入电平增大，超过发射机的限定输入电平后，电波不仅失真，还会使占用频带变宽，干扰其他电台的工作。

SSB 发射机与 DSB 发射机相比，功率利用率高，占用频带窄，噪声少，但是结构复杂。

2.5.4 幅度调制接收机

1. 直接放大式接收机

直接放大式接收机也叫调谐放大式(TRF)接收机，其方框图如图 2-22 所示。它对天线接收到的高频信号直接进行放大，然后检波，把音频信号从已调的高频信号中取出，再经音频放大器，最后送到扬声器等其他终端设备。

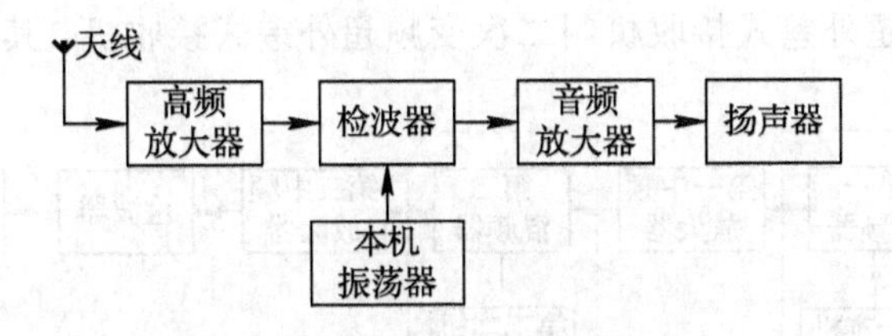

图 2-22　直接放大式接收机方框图

这种电路简单，易于安装，但选择性、灵敏度等性能不够理想。当接收机从接收某一信号频率转换到接收另一个频率较高的信号时，其放大和选择信号的能力会变差。此外，由于输入回路及所有高频放大器都要调谐到被接收信号的频率上，容易产生振荡工作不稳定的问题。因此，现代的无线电接收机几乎都采用超外差式接收机。

2. 超外差式接收机

超外差式接收机方框图如图 2-23 所示。

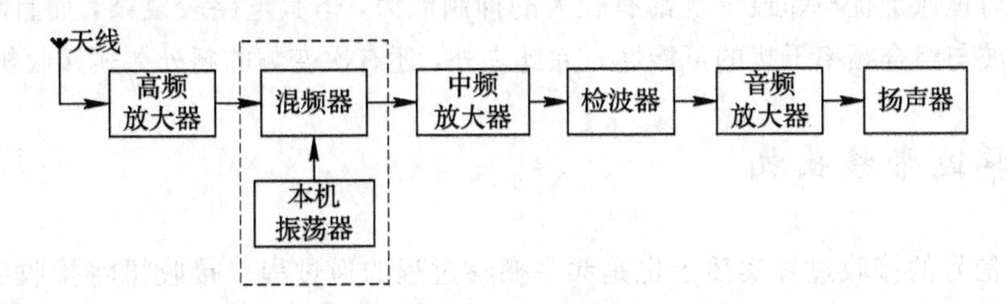

图 2-23　超外差式接收机方框图

与直接放大式接收机相比，超外差式接收机在解调前不但有高频放大，而且还有载波频率变换与中频放大，它的增益与选择性较高，在整个频段内增益比较平稳。其工作原理是：从天线接收到的调幅信号，经过输入电路和高频放大器的选择和放大进入混频器，经过混频器使原来的载波信号变为固定频率的中频信号，随着天线输入频率的改变，本机振荡器频率也发生改变，使中频保持不变；再经过中频放大器进行放大，由于中频放大器的工作频率固定，而且其工作频率通常比接收到的信号频率低，这样便于提高放大量，也便于采用复杂调谐电路，提高接收机的选择性。

载波信号变为中频信号的过程称为变频，这是利用本机振荡器产生一个等幅正弦振荡波，并使之与外来的载波信号在混频器内混频，得到的一个与外来信号调制规律相同、频率固定不变的较低载频的调幅信号，这个载频叫中间频率。但是，这个中频信号仍是调幅信号，必须用检波器把原来的音频调制信号取出来，并滤除残余的中频分量，再由音频放大器放大以驱动扬声器发出声音。

超外差式接收机电路选择性好、增益高、工作稳定。但一次变频的超外差式接收机的增益和邻近波道选择性主要依靠中频放大器。为了得到高的增益和窄的通频带，中频频率不能太高。然而，镜像抗拒比与中频频率有关，中频低，则镜像抗拒比差，尤其是在工作频率较高时更是如此。如果增加高频放大级数，或采用双回路、三回路调谐电路，抗拒比虽可以改善，但不能得到根本性改善，且会使得接收机结构变复杂。为了解决一次变频矛盾，二次变频超外差式接收机应运而生。

3. 二次变频超外差式接收机

经过两次变频的超外差式接收机叫二次变频超外差式接收机，其框图如图 2-24 所示。

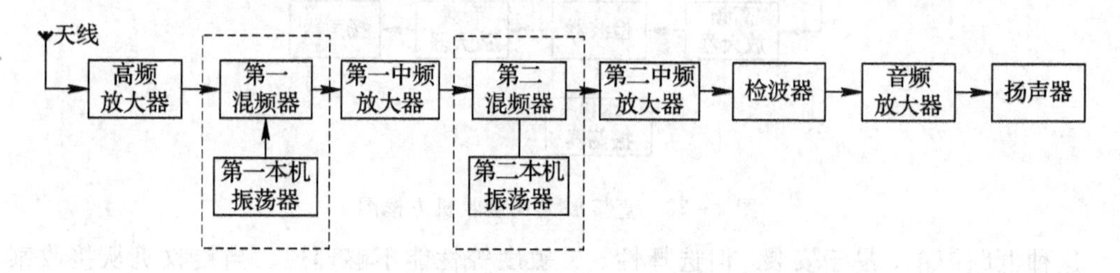

图 2-24　二次变频超外差式接收机框图

这种接收机经过两次变频，有两个不同频率的中频，第一个中频频率较高，第二个中频频率较低。第一个中频频率选得高些，使镜像干扰远离接收机的调谐频率，因而镜像干扰在高频放大器中显著减弱。第二个中频选得低些，便于采用性能良好的带通滤波器，因而在保证通频带的条件下，可以对靠近信号频带附近的邻道干扰有较大的衰减。所以二次变频超外差式接收机对镜像干扰与邻道干扰都有较大的抑制能力，但其电路较复杂，而且增加一次变频会增加谐波与组合频率干扰的可能性。除此之外，还有次变频的超外差式接收机。

2.5.5　单边带接收机

单边带信号的接收过程实质上也是频率搬移过程的逆过程。接收机将接收到的微弱信号放大，并逐步把射频单边带信号搬移到中频，然后再经过解调把中频单边带信号还原成音频信号。

单边带接收机设有只准 SSB 信号通过的带通滤波器。在单边带信号的解调过程中，当工作频率低于 7 MHz 时，使用下边带(LSB)；当工作频率高于 10 MHz 以上时，使用上边带(USB)，根据需要作适当转换。

由于原来发射机在平衡调制器内把载频抵消，因此不能使用一般调幅波的检波法，为了恢复原来的调制信号，要加上一个与发射机原始载频相同频率的载波，这个新加的载频叫恢复载频。SSB 接收机中一般都将准确而稳定工作的晶体振荡器的振荡信号作为恢复频率。

图 2-25 所示为一典型二次变频超外差式单边带接收机方框图。

它采用频率合成器作为本机振荡器和接收机各级的本机振荡源。如果接收机的频率为 3～30 MHz，第一中频选用 1.6 MHz，变频一的本机振荡频率 f_1 比接收信号频率高 1.6 MHz，在 4.6～31.6 MHz 范围内可调。第二中频为 100 kHz，作为频率搬移的变频二的第二本机振荡频率 f_2 为 1.7 MHz。第三本机振荡频率为解调器所需的本地重置载频，其频率为 100 kHz。

解调部分有两个带通滤波器，一个供上边带使用，另一个供下边带使用。所以，上、下边带信号分别通过各自的带通滤波器进入变频三进行解调。以上边带为例，信号在变频器三与第三本振信号 f_3 相混合，取其差，就得到原来第一路调制信号，再通过低频放大器，送入扬声器转换成语音播放出来。

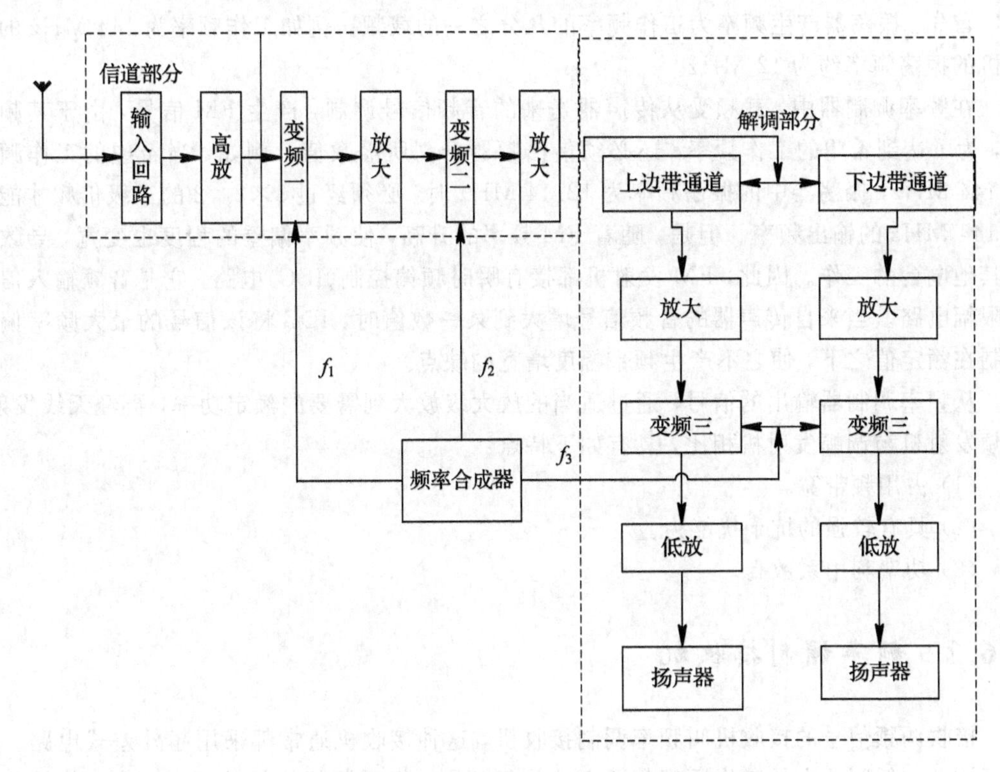

图 2-25　典型二次变频超外差式单边带接收机方框图

2.6　频率调制通信系统

2.6.1　频率调制发射机

利用音频信号来调制高频载波的振荡频率，使其瞬时频率随调制电压而变化，这样获得的调频信号，其幅度保持不变，而其瞬时频率正比于所需传送的音频信号的幅度。使用这种调制的发射机称为频率调制发射机，其方框图如图 2-26 所示。

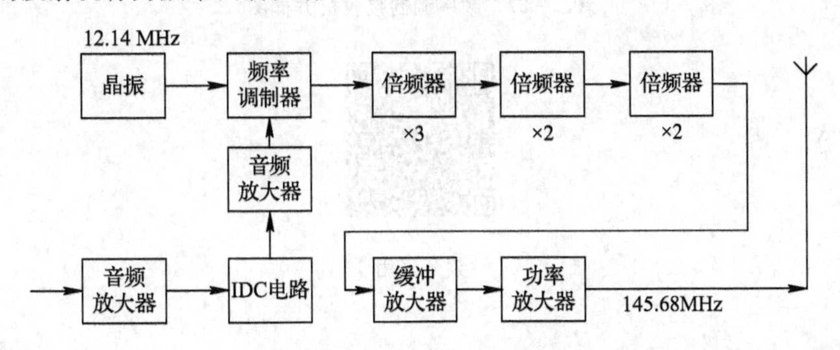

图 2-26　频率调制发射机方框图

首先，振荡器产生频率为工作频率的几分之一的载频。例如工作频率为 144 MHz 的发射机的振荡频率约为 12 MHz。

在频率调制器中，载频受从传声器送来的音频信号调制，产生 FM 信号，由于其频率低，为了达到希望的工作频率，还必须借倍频器升高所需数值。例如，当希望的工作频率为 144 MHz，振荡器中的振荡频率为 12.14 MHz 时，必须经过 3×2×2 的三级倍频才能获得 144 MHz 的输出频率。但是，随着 FM 频率的升高，使频率偏差的程度也变宽，导致干扰其他电台的工作。因此，FM 发射机都接有瞬时频偏控制(IDC)电路，它是音频输入信号的限幅电路。当来自传声器的音频信号增大到某一数值时，IDC 将该信号的最大频率偏移限制在额定值之下，使之不产生频带幅度增宽的缺点。

从频率调制器输出的信号，通过适当的放大级放大到需要的额定功率，再经天线发射。调频发射机与调幅发射机相比，具有如下特点：

(1) 占用频带宽。

(2) 具有较强的抗干扰能力。

(3) 功率利用系数高。

2.6.2 频率调制接收机

接收调频信号的接收机叫频率调制接收机，这种接收机通常都采用超外差式电路。其音频放大和低频放大的工作原理与调幅接收机相同，但因调频信号的振幅不变，信号包含在频率变化中，所以调频信号用鉴频器进行解调。为了去掉调频信号在传输信道中产生的寄生调幅和干扰对信号振幅的影响，在鉴频器之前要使用限幅器对信号进行限幅。其方框图如图 2-27 所示。

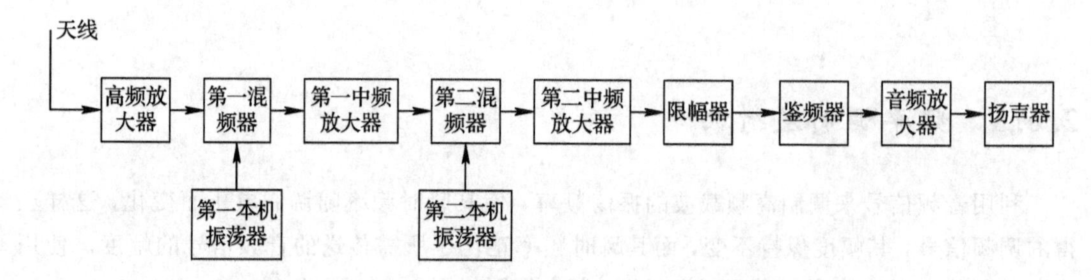

图 2-27 频率调制接收机方框图

频分复用

习　题

1. 试分析标准调幅波、单边带调幅波、双边带调幅波波形在示波器屏幕上的异同。

2. 画出下列已调波的波形和频谱图(设 $\omega_C = 5\ \text{k}\Omega$)，确定各波形的信号带宽，并说明它们是哪种调幅波。

(1) $u(t) = (1 + \sin\Omega t)\sin\omega_C t\,(\text{V})$；

(2) $u(t) = (1 + 0.25\cos\Omega t)\cos\omega_C t\,(\text{V})$；

(3) $u(t) = 3\cos\Omega t\cos\omega_C t\,(\text{V})$。

3. 为什么调幅系数 m_a 不能大于 1?

4. 已知某调幅波的最大振幅为 10 V，最小振幅为 4 V，求其调幅系数。

5. 有一调幅波的频谱图如题 2-1 图所示，试写出它的电压表达式，并计算它在 1 Ω 负载上的平均功率。

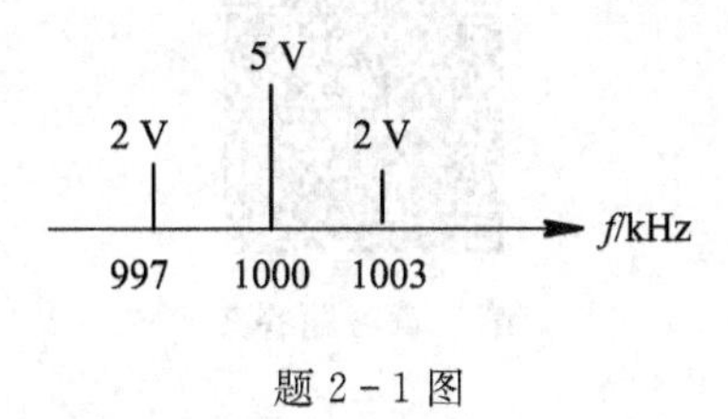

题 2-1 图

6. 已知某调制信号和载波信号的波形如题 2-2 图所示，画出标准调幅波的波形示意图。

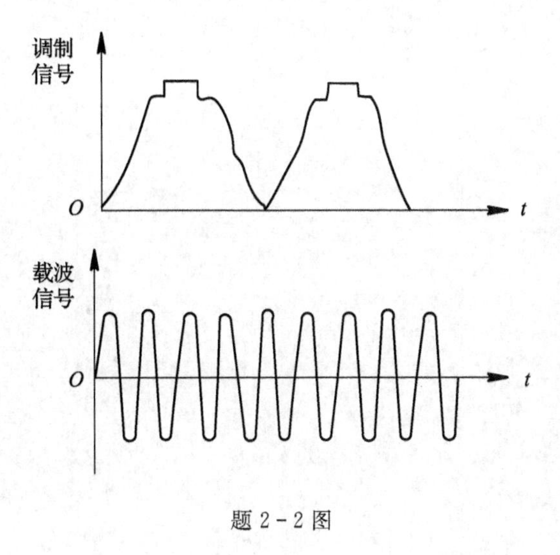

题 2-2 图

7. 简述二极管检波时产生惰性失真和负峰切割失真的原因，以及如何避免失真的发生。

8. 用乘法器进行同步检波时，为什么要求本机同步信号与输入载波信号同频同相?

9. 调频信号的最大频偏为75 kHz，当调制信号频率分别为100 Hz和15 kHz时，求调频信号的m_f和B_W。

10. 某调频设备组成如题2-3图所示，直接调频器输出调频信号的中心频率为10 MHz，调制信号频率为1 kHz，最大频偏为1.5 kHz。试求：

(1) 该设备输出信号$u_o(t)$的中心频率与最大频偏；

(2) 放大器1和放大器2的中心频率和通频带。

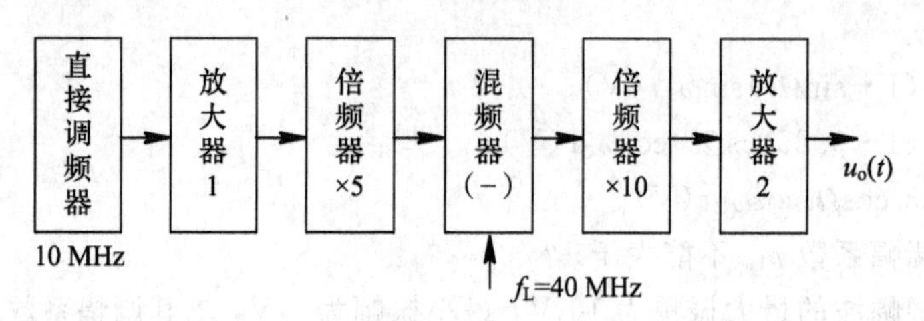

题2-3图

第二章习题答案

第三章　模拟信号的数字化传输

学习目的与要求：

通过本章学习，掌握模拟通信的数字化传输概念、目的及实现方式。

重点与难点内容：

(1) 抽样定理及其应用；
(2) 模拟信号的量化、编码与译码；
(3) PCM 技术与增量调制技术；
(4) 量化过程及 A 律 13 折线编码；
(5) 自适应差分脉冲编码调制的编码过程和解码过程。

数字通信系统具有许多优点，因而它已成为当今通信发展的主流方向。然而，自然界的许多信息经各种传感器感知后都是模拟量，例如电话、电视等通信业务，其信源输出的消息都是模拟信号。利用数字通信系统传输模拟信号一般需要以下三个步骤：

(1) 把模拟信号数字化，即 A/D 变换；
(2) 进行数字方式传输；
(3) 把数字信号还原为模拟信号，即 D/A 变换。

模拟信号不但可以用载波调制后传输，而且可以将其数字化后用数字通信方式传输。模拟信号的数字化传输的好处是，当数字信号经过多次转换、中继、远距离传输后不会使信噪比恶化。而模拟信号经过多次中继后会产生信噪比恶化的问题，降低传输信号的质量。而且，模拟信号数字化以后可以很方便地进行时分或码分多路传输，从而可有效地提高信道的利用率。因此，模拟信号的数字传输技术已广泛应用于现代通信的各个领域，从有线的程控交换机到无线的手机，从卫星数字电视广播到长途光纤通信，到处都有模拟信号数字化的处理。

3.1　信源编码(A/D 变换)

在通信系统中，信源的任务是把原始消息转换为原始电信号。实际上，信源就是一个能量变换器，比如电话的送话器就是把声波信号转换成可以在通信系统中处理的模拟电信号。

信源编码的主要任务有两个：一是将信源送出的模拟电信号数字化，即对其进行 A/D 变换；二是将信源输出的数字信号按实际信息的统计特性进行变换，以提高信号传输的有效性，即在保证一定传输质量的情况下，用尽可能少的数字脉冲来表示信源的信息，减小信息的冗余性。而信道编码则是一种代码变换，主要是解决数字通信传输过程中的可靠性问题。

目前最常用的信源编码方法为脉冲编码调制(PCM)。

3.2 脉冲编码调制(PCM)

3.2.1 PCM 编码概述

PCM(脉冲编码调制)是 Pulse Code Modulation 的缩写。脉冲编码调制是数字通信的编码方式之一。其主要过程是每隔一定时间对话音、图像等模拟信号进行取样，使其离散化，同时将抽样值按分层单位四舍五入取整量化，并用一组二进制码来表示抽样脉冲的幅值，取值为离散数字信号后在信道中进行传输。

PCM 是一种最典型的语音信号数字化的波形编码方式，其系统原理框图如图 3-1 所示。首先，在发送端进行波形编码（主要包括抽样、量化和编码三个过程），把模拟信号变换为二进制码组。编码后的 PCM 码组的数字传输方式可以是直接的基带传输，也可以是调制后的调制传输。在接收端，二进制码组经译码后还原为量化后的样值脉冲序列，然后经低通滤波器滤除高频分量，便可得到重建信号。

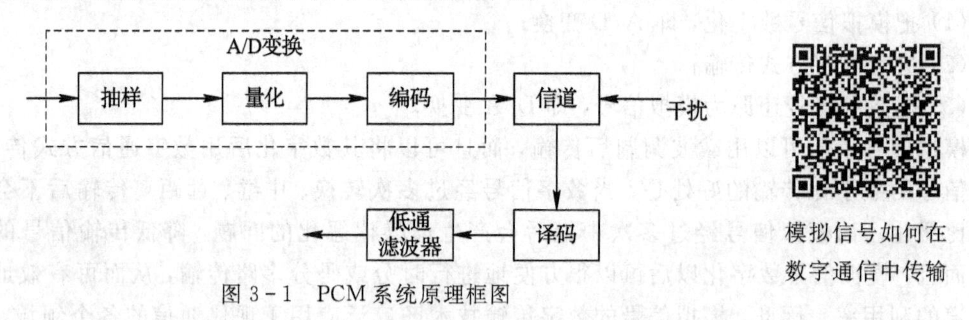

图 3-1　PCM 系统原理框图

3.2.2 取样及取样定理

所谓取样，就是不断地以固定的时间间隔采集模拟信号的瞬时值。图 3-2 是取样示意图。假设一个模拟信号 $f(t)$通过一个开关，则开关的输出与开关的状态有关。当开关处于闭合状态时，开关的输出就是输入，即 $y(t)=f(t)$；若开关处在断开位置，则输出 $y(t)$就为零。可见，如果让开关受一个窄脉冲串(序列)$k(t)$的控制，则脉冲出现时开关闭合，则脉冲消失时开关断开，此时输出 $y(t)$就是一个幅值变化的脉冲串(序列)，每个脉冲的幅值就是该脉冲出现时刻输入信号 $f(t)$的瞬时值。因此，$y(t)$就是对 $f(t)$取样后的信号，称为样值信号或取样信号。

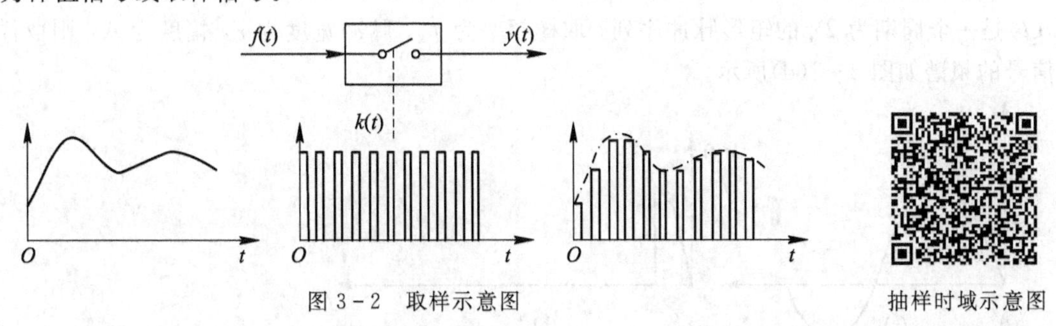

图 3-2　取样示意图

抽样时域示意图

取样也可以看作是一次脉冲的调制过程。其中，取样脉冲作为载波信号，模拟信号作为调制信号，因此，取样输出的样值脉冲序列就是脉冲调幅信号(PAM)。这样就完成了模拟信号的离散化。其中，载波周期就是取样脉冲周期，也称为取样周期，相应的频率称为取样频率。

那么，模拟信号经取样后会不会造成严重的失真呢？能不能从取样后的样值脉冲序列中恢复原模拟信号呢？首先，我们来看一个日常生活中的例子，有人说话非常简练，有人却很啰唆。讲话简练者，往往是忽略了语言中的某些次要词句，抓住核心问题将意思表达清楚。而讲话啰唆者，往往是在讲话时加入了大量的修饰语言，这些修饰语言对于核心问题的表达是“多余”的，这就是“多余度(也称冗余度)”的概念。

如果要提高通信系统的有效性，那么可以采用压缩技术，保留有用信息，去掉“多余”成分，就可以在提高有效性的同时不会丢失主要信息。当然，也可以从取样的样值脉冲数量来理解信息丢失的情况：取样的样值脉冲越多，反映原信号的细节越多；取样的样值脉冲越少，反映的信息就越不完整。换言之，若适当地选取取样频率，使取样频率足够高，将样值脉冲序列恢复为原模拟信号时就不会丢失信息。而如果取样频率过低，样值脉冲在恢复时必然会出现失真，甚至完全不能恢复。

再举一个放电影的例子，自然界中连续运动的物体经过摄像机的拍摄(相当于取样)后得到一张张“离散”的胶片。在放映时，由于人眼的暂留效应，对光线的变化就存在低通特性(人眼对缓慢变化的光线可以察觉到，而对迅速变化的光线则无法察觉)，光线的暂时中断被人眼自动连接上了，所以在屏幕上看到的画面就是一个连续动作的图像。要使“离散”的图像被人眼平滑成连续的图像，要求摄影机在单位时间内能拍摄出足够多的画面(即取样频率要足够高)。如果摄像机在单位时间内拍摄的画面数不够(即取样频率不够高)，在放映时呈现的动作就有跳动的感觉，而不是连续的感觉(早期的电影即如此)，这时就产生了画面的失真。

通过以上介绍，我们可以得到这样的结论：取样后的样值序列含有原模拟信号的信息，如果要把样点恢复成原模拟信号，在取样时一定要满足一定的条件。取样定理就是要告诉我们，究竟需要多高的取样频率，才可以在接收端用低通滤波器不失真地恢复出原信号。

对于上限频率为 f_h 的带限信号，如果用 $f_s \geqslant 2f_h$ 的信号对它进行取样，则原信号将被所得到的取样值完全地确定，且可以通过截止频率为 f_h 的理想低通滤波器完全地恢复原信号。这就是著名的奈奎斯特取样定理。

奈奎斯特取样定理是模拟信号进行数字编码的主要理论依据。

设模拟信号具有图 3-3(a)的波形和图 3-3(b)的频谱，其最高频率为 f_h，取样脉冲 $s(t)$是一个周期为 T_s 的矩形脉冲序列，取样频率为 f_s，脉冲宽度为 τ，幅度为 A，则取样信号的频谱如图 3-3(d)所示。

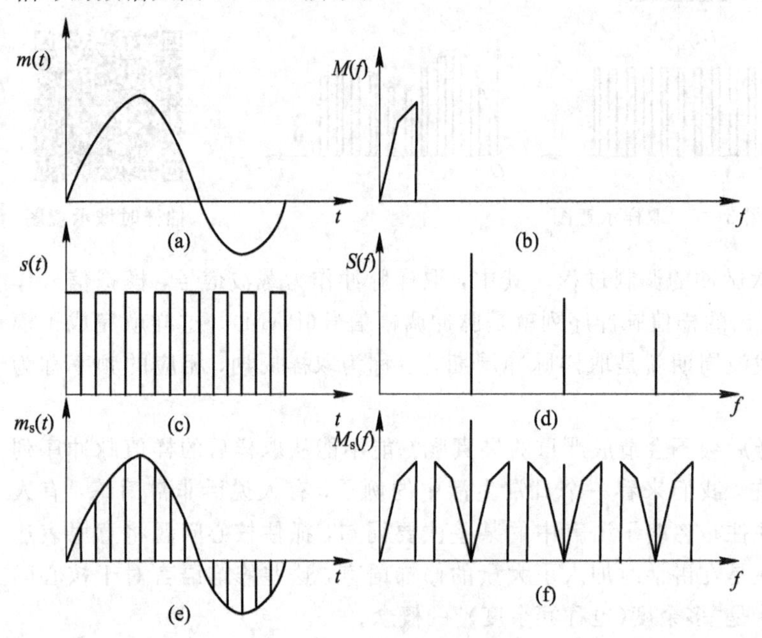

图 3-3　取样定理示意图

抽样频率的变化对样值频谱的影响

当取样脉冲对模拟信号进行取样时，相当于将 $m(t)$与 $s(t)$相乘，从而获得如图 3-3(e)所示的波形，从频谱上看，这是将 $m(t)$的频谱搬到 $s(t)$的各项谐波的两边的结果。

从图 3-3(f)不难看出，只要各频带之间不发生重叠，则每一个频带都包含了 $m(t)$的信息。如果将已取样的信号通过截止频率为 f_h 的理想低通滤波器，就可获得原信号$m(t)$。显然，各频带要不发生重叠，则需满足条件 $f_s \geqslant 2f_h$。

由取样定理知，要传输一个模拟基带信号，不需要传输模拟基带信号本身，而只需传输其取样值即可。这种取样过程相当于进行了调制，所以也称为脉冲振幅调制(PAM)。

脉冲调制.mp4

抽样定理的全过程

抽样恢复的时域示意图

3.2.3　量化

所谓量化，就是把经过取样得到的瞬时值的幅度离散化，即用一组规定的电平，把瞬时抽样值用最接近的电平值来表示。取样后的 PAM 虽然在时间上是离散的，但信号幅度仍然是连续变化的，仍然属于模拟信号，不能对其进行编码，因此，还必须进行数字化的第二个步骤——量化，即对信号幅度进行离散化处理。

1. 均匀量化

在数字通信过程中，对模拟信号进行取样后，可用 2^n 个离散电平值来表示 PAM 的样值幅度变化，每一个连续样值都将被这些离散值所取代，这些电平被称为量化电平，用量化电平取代每个取样值的过程称为量化。图 3-4 是量化过程的原理示意图。图中，横坐标表示取样电压，从幅度上看，它仍是连续的，纵坐标表示量化电平，即幅度被离散处理后的电压。

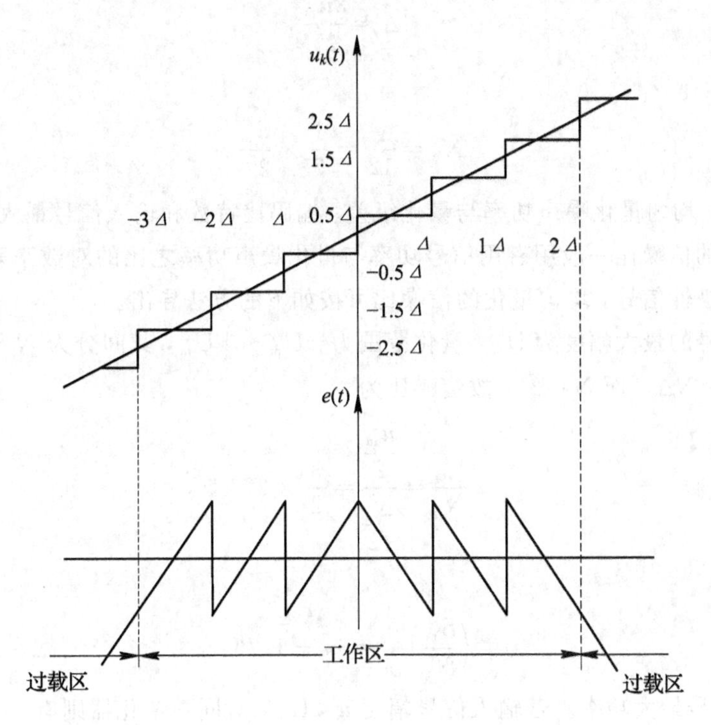

图 3-4　均匀量化

可以看出，均匀量化采用四舍五入的量化方式，有以下特点：

设输入电压 $u(t)=0\sim1\Delta$，对应输出 $u_k(t)=0.5\Delta$；如果 $u(t)=0\sim2\Delta$，则对应输出 $u_k(t)=1.5\Delta$，这说明这种量化特性的量化值依次为 $\pm0.5\Delta$，$\pm1.5\Delta$，…，而对应的判断值依次为 $\pm1\Delta$，$\pm2\Delta$，…。

量化后的信号 $u_k(t)$ 是原信号 $u(t)$ 的近似，当取样速率一定，量化电平数增加并且量化电平选择适当时，可以提高 $u_k(t)$ 与 $u(t)$ 的近似程度。均匀量化的量化误差为

$$e(t)=u_k(t)-u(t)$$

可见，随输入电压的不同，量化电平 $u_k(t)$ 将不同，量化误差也不同。在线性输入信号的情况下，其量化误差波形如图 3-4 所示，显然最大量化误差为 $\pm0.5\Delta$。

图 3-4 中同时标出了过载区和工作区两个范围。在工作区内，量化值随输入信号的变化呈离散状变化。在过载区，尽管输入信号继续变化，但输出信号将不再发生变化。

对于语音、图像等随机信号，量化误差也是随机的，它像噪声一样影响通信质量，因此又称为量化噪声。实际分析中，常用均匀量化的均方根值来表示量化噪声功率，现参照图 3-4 来进行计算。

$$N_q=\frac{1}{\Delta}\int_0^{\Delta}e^2(t)\,du=\frac{1}{\Delta}\int_0^{\Delta}(-u+0.5\Delta)^2\,du=\frac{\Delta^2}{12}$$

因此，工作区均匀量化的平均量化噪声功率为

$$N_q=\frac{\Delta^2}{12}$$

设工作区的量化范围为$-U_m \sim +U_m$，量化级数为$N=2^n$，则有

$$\Delta=\frac{2u_m}{2^n}$$

根据上式有

$$N_q=\frac{\Delta^2}{12}=\frac{1}{3}\times\frac{u_m^2}{2^{2n}}$$

上式说明：均匀量化噪声功率与量化级差、编码比特数和输入信号最大幅度有关。

均匀量化的信噪比一般用有用信号功率与量化噪声功率之比的对数来表示。对于声音之类的常用双极性信号，均匀量化的信噪比可按如下的方法导出。

设输入信号的最大幅度为U_m，量化范围为$-U_m \sim +U_m$，其间分为N个量化级，阶距为Δ，则$2U_m=N\Delta$。而$N=2^n$，故信噪比为

$$\frac{S_m}{N_q}=\frac{\dfrac{u_m^2}{2}}{\dfrac{\Delta^2}{12}}=\frac{3}{2}\times 2^{2n}$$

即

$$\left(\frac{S_m}{N_q}\right)_{dB}=6n+1.76$$

式中，S_m为信号最大功率。若输入信号幅度$u<U_m$，对同一量化器则有

$$\left(\frac{S}{N_q}\right)_{dB}=\left(\frac{S_m}{N_q}\right)_{dB}+20\lg\frac{u}{U_m}=6n+1.76+20\lg\frac{u}{U_m}$$

根据上面的分析可知：取样信号量化后的信噪比与量化比特数n成正比。n增加或减小1 bit，信噪比将相应地变化6 dB。这是因为n越大，量化级数越多，量化分层越密，量化误差越小。

随着输入信号幅度的下降，信噪比将严重恶化。因为在量化器确定后，N和Δ确定，输入信号幅度的下降相当于被量化的级数小于N，因此量化误差增大，噪声增大。当输入为小信号时，因信噪比严重恶化，将使小信号的复原极为困难，这是均匀量化的严重缺点。

2. 非均匀量化

为克服均匀量化在小信号量化方面信噪比严重恶化的缺点，非均匀量化被提出。所谓非均匀量化，是指当信号幅度小时，量化台阶也小，信号幅度大时，量化台阶也大，以改善量化性能。

例如，在电话系统中，一种非均匀量化器为对数量化器。该量化器在出现频率高的低幅度语音信号处运用小的量化间隔，而在不经常出现的高幅度语音信号处则运用大的量化间隔。

实现非均匀量化的方法之一是对输入量化器的信号 x 先进行压缩处理，再对压缩的信号 y 进行均匀量化处理。所谓压缩器，就是一个非线性变换电路，微弱的信号被放大，强的信号被压缩。压缩器的输入输出关系可表示为

$$y = f(x)$$

接收端采用与压缩特性相反的扩张器来恢复原信号 x。广泛采用的两种对数压缩特性是 μ 律压缩和 A 律压缩。美国采用 μ 律压缩，我国和欧洲各国均采用 A 律压缩。压缩与扩张示意图如图 3-5 所示。

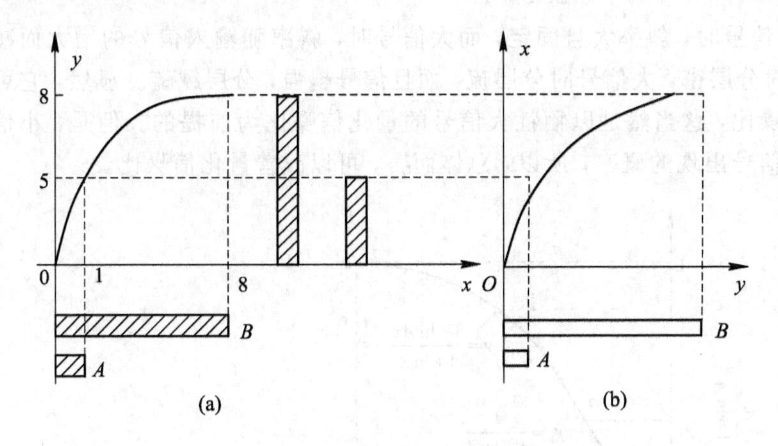

图 3-5　压缩与扩张示意图

非均匀量化.mp4

μ 律压缩特性：

$$Y = \frac{\ln(1+\mu x)}{\ln(1+\mu)}, \ 0 \leqslant x \leqslant 1$$

式中，x 为归一化输入，Y 为归一化输出。归一化是指信号电压与信号最大电压之比，所以归一化的最大值为 1。μ 为压缩参数，表示压缩程度。$\mu=0$ 时，没有压缩。由图 3-6 可见，$\mu=0$ 时，压缩特性是一条通过原点的直线，故而没有压缩效果。μ 值越大，压缩效果越明显，一般当 $\mu=100$ 时，压缩效果就比较理想了。

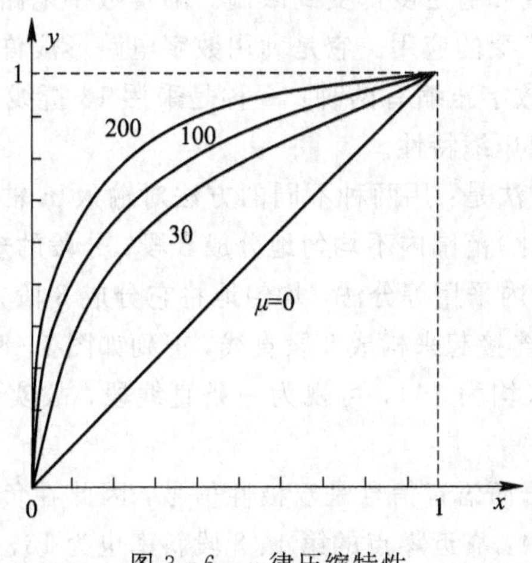

图 3-6　μ 律压缩特性

对比而言，当μ取值较大时，小信号的斜率大，大信号的斜率小，即小信号的分层密，大信号的分层疏，从而可改善小信号的量化信噪比。当然，它是以牺牲大信号的量化信噪比为前提的，但小信号出现的概率远大于大信号，所以总体而言对量化信噪比有明显的改善。

A律压缩特性：

$$Y=\begin{cases}\dfrac{Ax}{1+\ln A}, & 0\leqslant x\leqslant \dfrac{1}{A}\\ \dfrac{1+\ln Ax}{1+\ln A}, & \dfrac{1}{A}\leqslant x\leqslant 1\end{cases}$$

由图3-7可见，小信号时，斜率大且固定，而大信号时，斜率随输入信号的增大而减小。也就是说，小信号时分层密，大信号时分层疏，而且信号越强，分层越疏。显然，它可以改善小信号的量化信噪比，这当然是以牺牲大信号的量化信噪比为前提的。但是，小信号出现的概率远大于大信号出现的概率，所以，总体而言，可以改善量化信噪比。

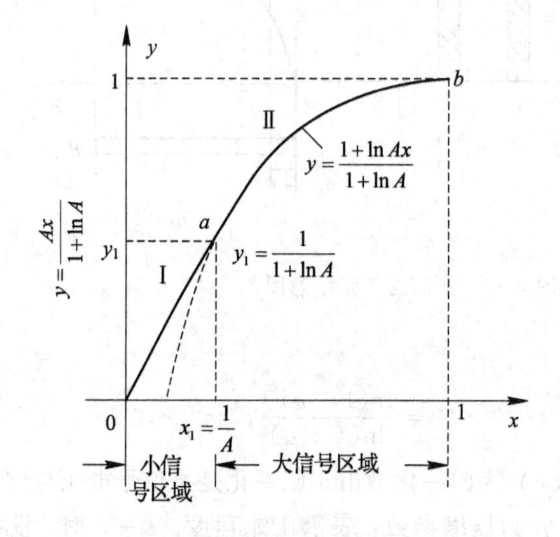

图3-7　A律压缩特性

早期的A律和μ律压缩特性是用非线性模拟电路获得的。在电路上实现这样的函数规律是相当复杂的，因而精度和稳定度都受到限制。随着数字电路特别是大规模集成电路的发展，数字压缩日益获得广泛的应用。它是利用数字电路形成许多折线来逼近对数压缩特性的。在实际中常采用的数字压缩有两种：一种是采用13折线近似A律压缩特性，另一种是采用15折线近似μ律压缩特性。

A律13折线的具体方法是：用两种不同的方法对输入x轴和输出y轴进行划分。首先，将x轴在0～1(归一化)范围内不均匀地分成8段，分段的规律是每次以1/2对分；对y轴在0～1(归一化)范围内采用等分法，均匀地将它分成8段，每段间隔均为1/8。然后把x和y各对应段的交点连接起来构成8段直线，得到如图3-8所示的折线压缩特性。其中，第1、2段的斜率相同(均为16)，可视为一条直线段，故实际上只有7根斜率不同的折线。

以上分析的是正方向，而语音信号是双极性信号，因此在负方向也有与正方向对称的一组折线，也是7根。其中，靠近零点的第1、2段斜率也为16，与正方向的第1、2段折线斜率相同，因此可以合并为一根，故而正负方向一共有13根折线组成，称之为13折线。

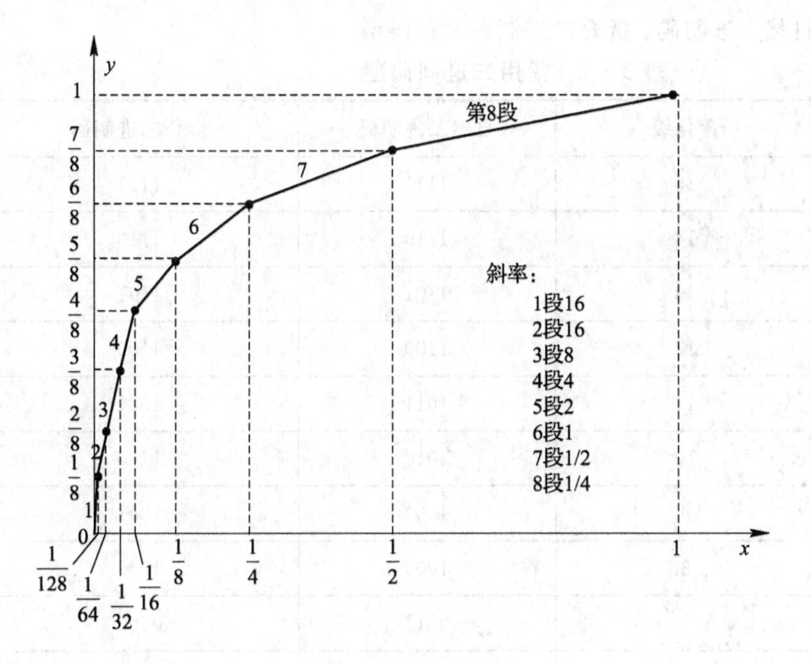

图 3-8　*A* 律 13 折线　　　　*A* 律 13 折线.mp4

3.2.4　编码与解码

把量化后的信号电平值变换成二进制码组的过程称为编码，其逆过程称为解码或译码。编码器的任务就是要根据输入的样值脉冲编出相应的 8 位二进制码，除第一位极性码外，其他 7 位二进制码是通过类似于天平称重物的过程来逐次比较确定的。这种编码器就是通信中常用的逐次比较型 PCM 编码器，由取样器、整流器、保持电路、比较器、本地译码器等单元组成，如图 3-9 所示。

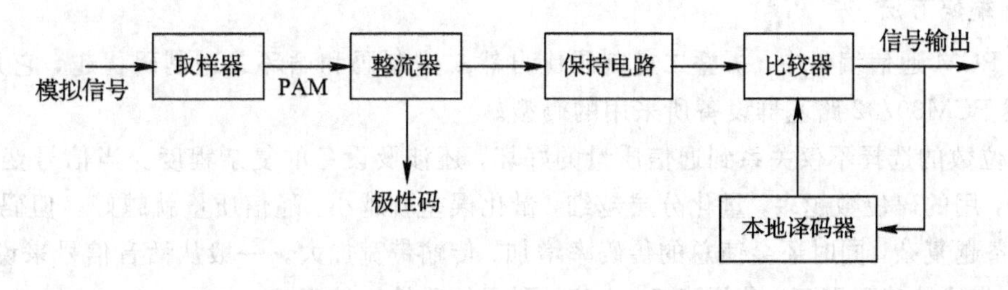

图 3-9　逐次比较型 PCM 编码器

1. 码字与码型

话音信号多采用二进制数字编码。编码时，每个量化级都用若干比特的二进制码组表示，这一组二进制数字称为码字信号。把所有的量化级按其量化电平大小的次序排列起来，并列出各自对应的码字信号，这个整体就称为码型。对于 M 个量化电平，可以用 N 位二进制码来表示，其中的每一个码组称为一个码字。

在 PCM 中，常用的二进制码型有三种：自然二进制码、折叠二进制码和循环二进制码。表 3-1 列出了自然二进制码、折叠二进制码两种码型。

表 3-1 常用二进制码型

极性	量化级	自然二进制码	折叠二进制码
+	15	1111	1111
	14	1110	1110
	13	1101	1101
	12	1100	1100
	11	1011	1011
	10	1010	1010
	9	1001	1001
	8	1000	1000
−	7	0111	0000
	6	0110	0001
	5	0101	0010
	4	0100	0011
	3	0011	0100
	2	0010	0101
	1	0001	0110
	0	0000	0111

2. 编码方法

在 PCM 通信编码中，折叠二进制码比自然二进制码和循环二进制码优越，它是 A 律 13 折线 PCM30/32 路基群设备所采用的码型。

码位数的选择不仅关系到通信质量的好坏，还涉及设备的复杂程度。当信号变化范围一定时，用的码位数越多，量化分层越细，量化误差就越小，通信质量就越好。但码位数越多，设备越复杂，同时还会使总的传码率增加，传输带宽加大。一般从话音信号来说，采用 3～4 位非线性编码即可，若增至 7～8 位，则通信质量比较理想。

在 13 折线编码中，普遍采用 8 位二进制码，对应有 $M=2^8=256$ 个量化级，即正、负输入幅度范围内各有 128 个量化级，这需要将 13 折线中的每个折线段再均匀地划分为 16 个量化级。由于每个段落长度不均匀，因此正或负输入的 8 个段落被划分成 8×16＝128 个不均匀的量化级。按折叠二进制码的码型，这 8 位码的安排如下：

极性码	段落码	段内码
P_1	$P_2P_3P_4$	$P_5P_6P_7P_8$

由于语音信号具有正负两种极性，因此输入的语音信号分别送入极性判决和整流电路

(相当于取绝对值),它一方面将正或负编成 P_1="1"码或 P_1="0"码,另一方面将双极性信号整流成单极性信号(取绝对值后)再送入编码器编码。这样只要考虑13折线中正方向的8段折线就行了。这8段折线共包含128个量化级,正好用剩下的7位,即 $P_2P_3P_4P_5P_6P_7P_8$ 表示。

第2位至第4位码为段落码,表示信号绝对值处在哪个段落,3位码的8种可能状态分别代表8个段落的起点电平。但应注意,段落码的每一位均不表示固定的电平,只是用它们的不同排列码组表示各段的起始电平。第5位至第8位码为段内码,这4位码的16种可能状态分别用来代表每一段落的16个均匀划分的量化级。

在13折线编码方法中,虽然各段内的16个量化级是均匀的,但因段落长度不等,故不同段落间的量化级是非均匀的。小信号时,段落短,量化间隔小;反之,量化间隔大。13折线中的第1、2段最短,只有归一化的1/128,再将它等分16小段,则每一小段的长度为 $\frac{1}{128}\times\frac{1}{16}=\frac{1}{2048}$。这是最小的量化级间隔,它仅有输入信号归一化值的1/2048,代表一个量化单位,记为Δ;第8段最长,它是归一化值的1/2,将它等分16小段后,每一小段归一化的长度为1/32,包含64个最小量化间隔,记为64Δ。如果以非均匀量化时的最小量化间隔Δ=1/2048作为输入 x 轴的单位,那么各段的起始电平分别是0、16、32、64、128、256、512、1024个量化单位。

表3-2列出了每一量化段的起始电平、量化电平,并且根据该表可以确定段落码及段内码。

表3-2 段落码

段落	1	2	3	4	5	6	7	8
起始电平	0	16Δ	32Δ	64Δ	128Δ	256Δ	512Δ	1024Δ
量化电平(Δ)	0,1,2,3,…,15	16,17,18,19,…,31	32,34,36,38,…,62	64,68,72,…,124	128,136,…,243	256,272,…,496	512,544,…,992	1024,1088,…,1984
量化台阶(Δ)	1	1	2	4	8	16	32	64

逐次比较

段落码的编码方法如下:

段落码按顺序通过逐次比较产生,首先本地译码器产生一个大小为128Δ的比较电平,判定 P_2 时,由本地译码器产生的比较电平与 $m_s(t)$ 比较,如果 $m_s(t)>128\Delta$,则 P_2 判决为 1，反之判决为 0。然后，本地译码器产生一个大小为 512Δ 或 32Δ 的比较电平（$P_2=1$ 时，比较电平为 512Δ；$P_2=0$ 时，比较电平为 32Δ），$m_s(t)$再与第二个比较电平进行比较，如果 $m_s(t)$大，则 P_3 判决为 1，反之判决为 0。最后，本地译码器根据收到的 P_2P_3 位确定第三个比较电平（当 P_2P_3 为 11 时，比较电平为 1024Δ；当 P_2P_3 为 00 时，比较电平为 16Δ；当 P_2P_3 为 01 时，比较电平为 64Δ；当 P_2P_3 为 10 时，比较电平为 256Δ）。确定了第三个比较电平后，$m_s(t)$和它进行比较，如果 $m_s(t)$大，则 P_4 判决为 1，反之判决为 0，这样就确定了段落码。

段内码的编码方法和段落码的类似，其比较电平可按下列公式计算：

(1) 第 5 个比较电平＝本段的起始电平$+\frac{1}{2}\times$本段长度；

(2) 第 6 个比较电平＝本段的起始电平$+(\frac{1}{2}P_5+\frac{1}{4})\times$本段长度；

(3) 第 7 个比较电平＝本段的起始电平$+(\frac{1}{2}P_5+\frac{1}{4}P_6+\frac{1}{8})\times$本段长度；

(4) 第 8 个比较电平＝本段的起始电平$+(\frac{1}{2}P_5+\frac{1}{4}P_6+\frac{1}{8}P_7+\frac{1}{16})\times$本段长度。

确定 $P_5P_6P_7P_8$ 时，用 $m_s(t)$分别与第 5、6、7、8 个比较电平进行比较，如果 $m_s(t)$大，则相应码编为“1”，反之则编为“0”。经上述 4 项比较后，可获得段内码。

3. 解码方法

解码的作用是把收到的 PCM 信号还原成相应的 PAM 样值信号，即进行 D/A 变换。*A* 律 13 折线 PCM 解码器原理框图如图 3－10 所示。它与逐次比较型编码器中的本地译码器基本相同，所不同的是 P_8 在本地译码器中不作为反馈信号，而在解码器中还需考虑。

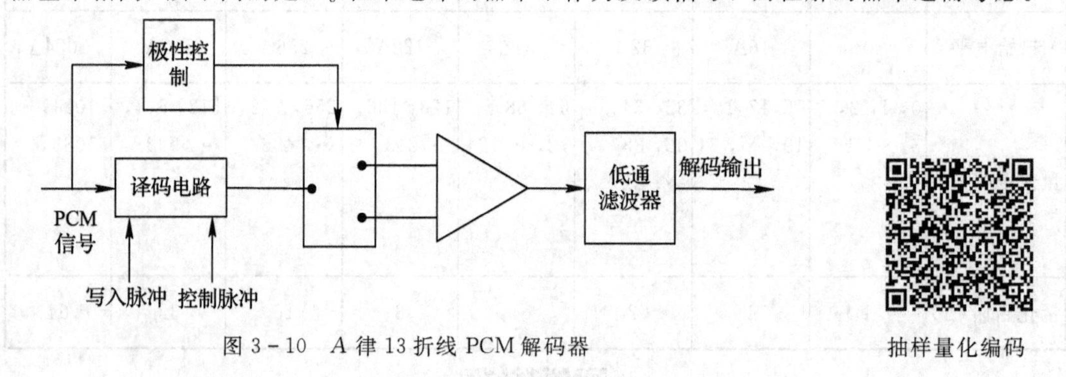

图 3－10　*A* 律 13 折线 PCM 解码器

抽样量化编码

3.2.5　自适应差分脉冲编码调制(ADPCM)

1972 年，CCITT(国际电报电话咨询委员会)制定了 G.711 64kb/s PCM 语音编码标准，CCITT G.711A 规定了 *A* 律和 *μ* 律 PCM 采用非线性量化，以及在 64 kb/s 的速率下语音质量能够达到的网络等级，并且该标准当前已广泛应用于各种数字通信系统中。由于它是一维统计语音信号，当速率进一步减小时，将达不到网络等级所要求的语音质量。对于许多应用，尤其长途传输系统来说，64 kb/s 的速率所占用的频带太宽以致通信费用昂贵，因此人们一直寻求能够在更低的速率上获得高质量语音编码的方法。于是，在 1984 年 CCITT 又提出了 32 kb/s 标准的 G.721 ADPCM 编码。ADPCM 充分利用了语音信号样点间的相关性，以及自适应预测和量化，解决了语音信号的非平稳特点，并在 32 kb/s 速率上能够给出符合公用网要求的网络等级语音质量。

ADPCM 是在差分脉冲编码调制(DPCM)的基础上发展起来的，下面先介绍 DPCM 的编码原理。

1. 差分脉冲编码调制(DPCM)

在 PCM 中，每个波形样值都独立编码，与其他样值无关，因此样值的整个幅值编码需要较多位数，比特率较高，易造成数字化的信号带宽大大增加。然而，大多数以奈奎斯特或更高速率取样的信源信号在相邻抽样间表现出很强的相关性，有很大的冗余度。利用信源的这种相关性，可以对相邻样值的差值而不是对样值本身进行编码。由于相邻样值的差值比样值本身小，可以用较少的比特数表示差值。这样，用差值编码可以在量化台阶不变(即量化噪声不变)的情况下，使编码位数显著减少，信号带宽大大压缩。差值的 PCM 编码称为差分 PCM(DPCM)。

差分 PCM 记录的不是信号的绝对大小而是相对大小。因为信号相对大小的变化通常比信号本身要小，编码时所用的码位也就少。如果取样频率足够高，大多数连续的样值之间会有很大的相关性。差分系统就是利用这种信息冗余，不记录信号的大小，而是记录相邻值之间差值的大小。

差分编码采用预测编码技术，从输入中减去预测值，然后对预测误差进行量化，最终的编码就是预测值与实际值之间的差值。解码器用以前的数据对当前样值进行预测，然后用误差编码重构原始样值。这种方法使用的比特数较少，但它的性能决定于预测编码方法以及它对信号变化的适应能力。

根据以上原理构成的 DPCM 系统如图 3-11 所示，可依据前面的 k 个样值预测当前时刻的样值。编码信号只是当前样值与预测值之间差值的量化编码。图中 x_n 表示当前信源样值，预测器的输入 $\hat{x}_n$ 为重建语音信号，预测器的输出为 $\tilde{x}_n$，则差值为

$$e_n = x_n - \tilde{x}_n$$

e_n 作为量化器输入；e_{qn} 为量化器输出，代表量化后的每个预测误差，它们被编码成二进制序列，通过信道传递到目的地。误差 e_{qn} 同时被加到本地预测值 $\tilde{x}_n$ 而得到 $\hat{x}_n$，然后 $\hat{x}_n$ 被送入预测器用于产生下一次预测值。

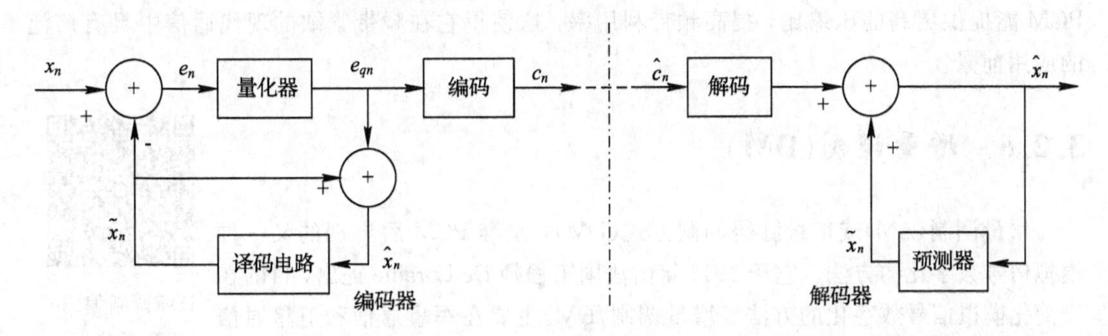

图 3-11　DPCM 系统原理

在接收端，有与发送端相同的预测器，其输出 $\tilde{x}_n$ 与 e_{qn} 相加产生 $\hat{x}_n$。信号 $\hat{x}_n$ 既是所要求预测器的激励信号，也是所要求解码器输出的重建信号。在无传输误码的条件下，解码器输出的重建信号 $\hat{x}_n$ 与编码器中的 $\hat{x}_n$ 相同。

DPCM 系统的总量化误差应该定义为输入信号样值 x_n 与解码器输出样值 $\hat{x}_n$ 之差，即

$$n_q = x_n - \hat{x}_n = (e_n + \tilde{x}_n) - (\tilde{x}_n + e_{qn}) = e_n - e_{qn}$$

由上式可知，DPCM 的总量化误差 n_q 只和差值信号 e_n 的量化误差有关，即误差来源是发送端的量化器，而与接收端无关。另一方面，某一时刻的输出样值与输入信号样值之间的误差，只与该时刻的量化误差有关，而与以前时刻的误差无关。也就是说，DPCM 系统不会产生量化误差的积累。

2. 自适应差分脉冲编码调制(ADPCM)

DPCM 系统性能的改善是以最佳的预测和量化为前提的。但对语音信号进行预测和量化是个复杂的技术问题，这是因为语音信号在较大的动态范围内变化。为了能在相当宽的变化范围内获得最佳的性能，只有在 DPCM 基础上引入自适应系统才能实现。具有自适应系统的 DPCM 称为自适应差分脉冲编码调制 ADPCM（Adaptive Differential Pulse Code Modulation），简称 ADPCM。

自适应差分脉冲编码调制用预测编码来压缩数据量，是一种性能比较好的波形编码。它的核心思想是：利用自适应方式改变量化台阶的大小，即使用小的量化台阶去编码小的差值，使用大的量化台阶去编码大的差值，从而使得量化误差最小；使用过去的样本值估算下一个输入样本的预测值，使实际样本值和预测值之间的差值总是最小，以提高预测信号的精度。

ADPCM 编码的核心思想是对差值进行编码和预测，采用非均匀量化，并使不同幅值的信号信噪比接近一致，避免大幅值语音信号信噪比大，而小幅值语音信号信噪比小的问题，可大幅度提高输出信噪比和编码动态范围。

如果 DPCM 的预测增益为 6～11 dB，自适应预测可使信噪比改善 4 dB，自适应量化可使信噪比改善 4～7 dB，则 ADPCM 相比 PCM 可改善 16～21 dB，相当于编码位数可以减少 3～4 位。因此，在维持相同语音质量的条件下，ADPCM 允许用 32 kb/s 比特率编码，这是标准 64 kb/s PCM 的一半。在相同信道条件下，32 kb/s 的 ADPCM 方式能使传输的话路加倍，使数字通信系统的每路信道价格减半。

ADPCM 算法思路清晰，实现方便，具有良好的语音跟踪性能，能够很好地压缩语音信号，从而大大缩减数据存储空间，并且提高数据的传输速度。与其他编码方式相比，ADPCM 能提供更高的压缩比，提高频带利用率，这使得它在频带紧缺的现代通信中具有广泛的应用前景。

3.2.6 增量调制(DM)

DM 调制编码译码示意图

增量调制(ΔM)或增量脉码调制方式(DM)，是继 PCM 后出现的又一种模拟信号数字化的方法。它于 1946 年由法国工程师 De Loraine 提出，目的在于简化模拟信号数字化的方法。增量调制(DM)主要在军事通信和卫星通信中广泛使用，有时也作为高速大规模集成电路中的 A/D 转换器使用。

图 3-12 是一个简单 ΔM 系统的原理框图。由图可见，发送端编码器是由相减器、判决器、积分器及脉冲发生器（极性变换电路）组成的一个闭环反馈电路。积分器和脉冲发生器组成本地译码器，它的作用是根据 $c(t)$ 形成预测信号 $m'(t)$。判决器的作用是对差值 $e(t)$ 的极性进行判断，以便在取样时刻输出增量 $c(t)$。

接收端解码电路由译码器(包括积分器和脉冲发生器)和低通滤波器组成。其中，译码器的电路结构和作用与发送端的本地译码器相同，用来根据 $c(t)$ 恢复 $m'(t)$。为了区别收、发两端完成同样作用的部件，我们称发送端的译码器为本地译码器。低通滤波器的作用是滤除 $m'(t)$ 中的高次谐波，使输出波形平滑，更加逼近原来的模拟信号 $m(t)$。

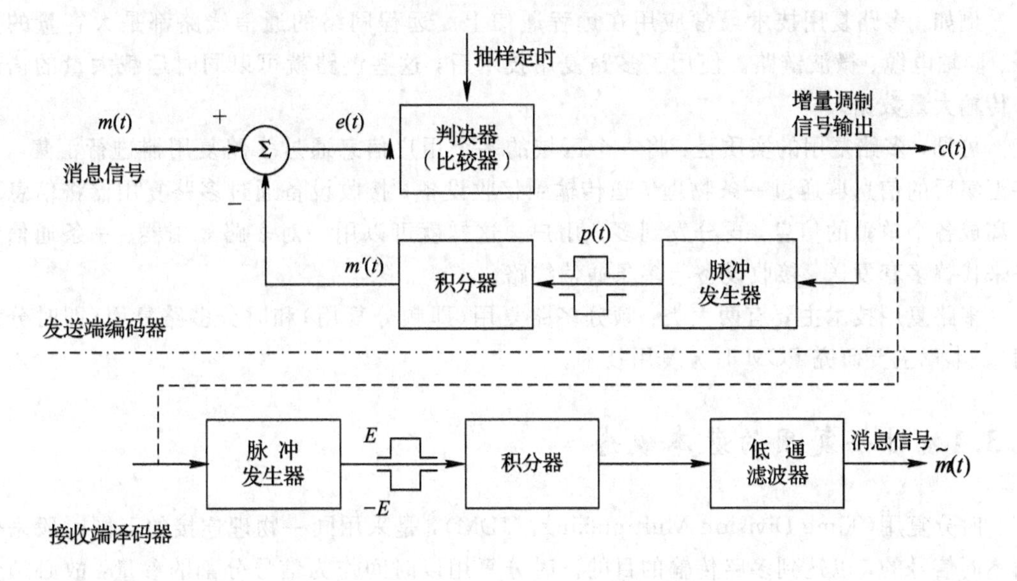

图 3-12　简单 ΔM 系统的原理框图

增量调制可以看成是 DPCM 的一个特例，它是一种把信号上某一取样的样值作为预测值的单纯预测编码方式。它将信号瞬时值与前一个取样时刻的量化值之差进行量化，而且只对这个差值的符号进行编码，而不对差值的大小编码。因此，量化只限于正和负两个电平，只用 1 比特传输一个样值。如果差值是正的，就编“1”码，反之就编“0”码。因此，数码“1”和“0”只是表示信号相对于前一时刻的增减，不代表信号的绝对值。在接收端，每收到一个“1”码，译码器的输出相对于前一个时刻的值上升一个量阶，每收到一个“0”码就下降一个量阶。当收到连“1”码时，表示信号连续增长。当收到连“0”码时，表示信号连续下降。译码器的输出再经过低通滤波器滤去高频量化噪声，从而恢复原信号，只要抽样频率足够高，量化阶距大小适当，接收端恢复的信号就与原信号非常接近，量化噪声可以很小。

在简单增量调制编码中，由于量化台阶是固定的，必然存在量化噪声。为减小量化噪声，应该减小量化台阶。但减小量化台阶后，当信号快速变化时，又会使接收端恢复的阶梯波跟不上信号的变化速度而出现失真，这种失真称为过载失真。

由此可见，简单增量调制方式具有过载特性不好、动态范围不大等缺点，所以在实际中一般不采用，而大多采用自适应增量调制(ADM)。

3.3 多路复用技术

随着通信技术的飞速发展，人们对通信的要求越来越高，往往需要更高的通信速度、更大的通信容量等，而无论是有线信道还是无线信道，资源都是有限的，所以人们需要充分利用有限的信道资源，因而采用了多路复用技术，以实现在同一信道中同时传输多路信号。

例如，多路复用技术最常应用在远程通信上。远程网络的通信线路都是大容量的光纤、同轴电缆、微波链路。使用了多路复用技术后，这些链路就可以同时运载大量的语音和传输大量数据。

可见，多路复用的实质是：将一个区域的多个用户信息通过多路复用器进行汇集，再将汇集后的信息群通过一条物理信道传输到接收设备；接收设备通过多路复用器将信息群分离成各个单独的信息，再分发到多个用户。这样就可以用一对多路复用器、一条通信线路来代替多套发送、接收设备与多条通信线路。

多路复用技术主要有两大类：频分多路复用(即频分复用)和时分多路复用(即时分复用)。本章主要研究 PCM 时分复用技术。

3.3.1 时分复用的基本概念

时分复用(Time Division Multiplexing，TDM)，是采用同一物理连接的不同时段来传输不同信号的，以达到多路传输的目的。时分复用以时间作为信号分割的参量，故必须使各路信号在时间轴上互不重叠。时分复用就是将提供给整个信道传输信息的时间划分成若干时间片(简称时隙)，并将这些时隙分配给每一个信号源使用。

例如，可以对一个传输通道进行时间分割，以传送若干话路的信息。把 N 个话路设备接到一条公共通道上，按一定的次序轮流给各个设备分配一段使用通道的时间。当轮到某个设备时，这个设备与通道接通，执行操作。与此同时，其他设备与通道的联系均被切断。待指定的使用时间间隔一到，通过时分多路转换开关把通道连接到下一个要连接的设备上去。时分制通信也称时间分割通信，它是数字电话多路通信的主要方法，因而PCM通信常称为时分多路通信。假设每个输入的数据比特率是 9.6 kb/s ，线路的最大比特率为 76.8 kb/s，则该线路可传输 8 路信号。在接收端，复杂的解码器通过接收一些额外的信息来准确区分出不同的数字信号。

时分复用在 PAM 和 PCM 条件下都可以实现，下面以 PAM 为例介绍 TDM 的实现原理。

首先，将 3 路模拟信号通过相应的低通滤波器，使输入信号变为带限信号。然后，每 T_S 时间将各路信号依次取样一次，取样值之间留有一定的时间空隙，3 个取样值按先后顺序错开纳入取样间隔之内，这样不同信号的取样值在时间上不会重叠，合成的复用信号是 3 个取样消息之和，从而实现时分复用，如图 3-13 所示。由各个消息构成单一取样的一组脉冲叫做一帧，一帧中相邻两个取样脉冲之间的时间间隔叫做时隙，未能被取样脉冲占用的时隙部分称为防护时间。

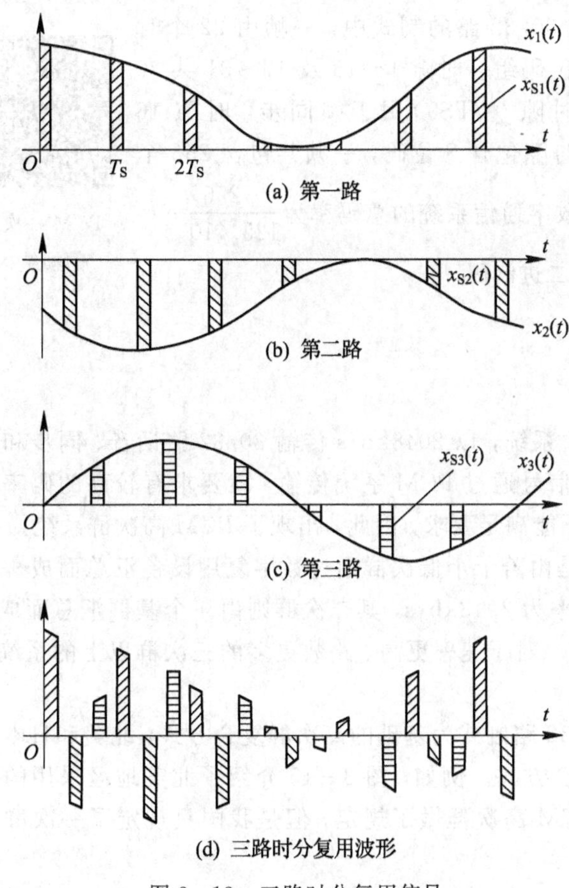

时分多路复用
原理举例

图 3-13　三路时分复用信号

3.3.2　32路PCM帧结构

数字复接是指将几个低次群在时间空隙上叠加合成高次群。在数字通信中，常将多路信源信码组合成不同数码率的群路信号，以适应各种传输条件和不同介质的传输。为了便于各国通信业务的发展，国际电报电话咨询委员会(CCITT)推荐了两类群路数码率系列和数字复接等级，并建议以24路或30/32路为基础群。我国采用与欧洲各国相一致的组群制式，即以30/32路为基础群，简称基群或一次群。基群可独立使用，也可组成更多路数的高次群，以与市话电缆、数字微波、光缆等传输信道连接。30/32路PCM基群的帧结构如图3-14所示。

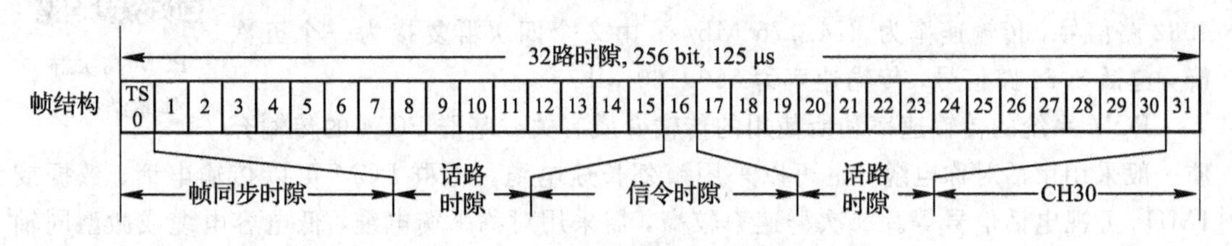

图 3-14　30/32路PCM基群的帧结构

从图 3-14 中可以看到，在 PCM 30/32 路的制式中，一帧由 32 个时隙(TS0～TS31)组成，一个时隙为 8 位码组。时隙 1～15 及 17～31 共 30 个时隙用做话路，传送话音信号。时隙 0(TS0)用于帧同步，时隙 16(TS16) 用于传送各话路信令。每路时隙包含 8 位码，一帧共包含 256 个比特，而每帧时间为 125 μs，则 32 路数字通信系统的总码率为 $\frac{256}{125\times10^{-6}}=$ 2048 kb/s，即每秒可传输 2 048 000 个二进制码。

PCM 一次群的帧结构

3.3.3 PCM 的高次群

目前，我国和欧洲等国采用 PCM 系统，以 2048kb/s 传输 30/32 路话音、同步和状态信息作为一次群。为了使电视等宽带信号通过 PCM 系统传输，就要求有较高的码率。而上述的 PCM 基群(或称一次群)显然不能满足要求，因此，出现了 PCM 高次群系统。

在时分多路复用系统中，高次群是由若干个低次群通过数字复用设备汇总而成。对于 PCM 30/32 路系统来说，其基群的速率为 2048kb/s，其二次群则由 4 个基群汇总而成，速率为 8448kb/s，话路数为 4×30=120。对于速率更高、路数更多的三次群以上的系统，目前在国际上尚无统一的建议标准。

我国和欧洲各国采用以 PCM 30/32 路制式为基础的高次群复合方式，北美和日本采用以 PCM 24 路制式为基础的高次群复合方式。例如，图 3-15 介绍了北美地区采用的各个高次群的速率和话路数。我国也对 PCM 高次群做了规定，但是我国只规定了一次群至四次群，没有规定五次群。

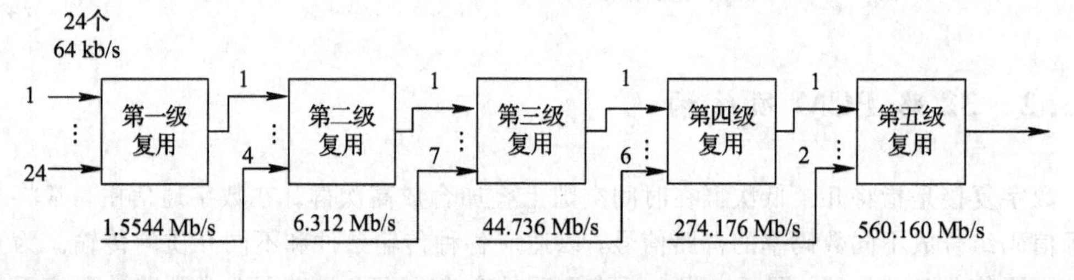

图 3-15　北美采用的数字 TDM 等级结构

每路 PCM 速率为 64 kb/s，由 24 路 PCM 复接的一次群传输速率为 1.5544 Mb/s；由 4 个一次群复接为一个二次群，包括 96 路数字信号，传输速率为 6.312 Mb/s；由 7 个二次群复接为一个三次群，包括 672 路信号，传输速率为 44.736 Mb/s；由 6 个三次群复接为一个四次群，包括 4032 路信号，传输速率为 274.176 Mb/s；由 2 个四次群复接为一个五次群，包括 8064 路信号，传输速率为 560.160 Mb/s 。

PCM 高次群体系结构图

PCM 系统的传输速率和所使用的传输介质有关。基群 PCM 的传输介质一般采用市话对称电缆，也可以采用市郊长途电缆。基群 PCM 可以传输电话、数据或 1MHz 可视电话信号等。二次群速率较高，需采用对称平衡电缆、低电容电缆或微型同轴电缆。二次群 PCM 可传送可视电话、会议电话或电视信号等。三次群以上的传输需要采用同轴电缆或毫米波波导等，它可传送彩色电视信号。

3.4 压缩编码

3.4.1 压缩编码的概念

现代通信系统的一个重要标志是信源信号、传输系统、交换系统和信号处理等诸环节均实现了数字化。而语音和图像等未经处理的信源信号都是模拟的，在将模拟信号数字化传输的时候，可以采用压缩编码技术，用最少的数据来表示信号，从而减少在信道上传递的消息，提高信道利用率。压缩编码的作用如下：

(1) 能较快地传输各种信号，如传真、Modem 通信等；

(2) 可在现有的通信干线并行开通更多的多媒体业务，如各种增值业务；

(3) 降低发信机功率，这对于多媒体移动通信系统尤为重要。

3.4.2 压缩编码的基本原理

首先，数据之间常存在一些多余成分，即冗余。如在一份计算机文件中，某些符号会重复出现、某些符号比其他符号出现得更频繁、某些字符总是在各数据块中可预见的位置上出现等，这些冗余部分便可在数据编码中除去或减少。冗余度压缩是一个可逆过程，因此叫做无失真压缩，或称为保持型编码。

其次，数据之间尤其是相邻的数据之间，常存在着相关性。如图片中常常有色彩均匀的背影，电视信号的相邻两帧之间可能只有少量的变化景物是不同的，声音信号有时具有一定的规律性和周期性等。因此，有可能利用某些变换来尽可能地去掉这些相关性。但这种变换有时会带来不可恢复的损失和误差，因此叫做不可逆压缩，或称为有失真编码。

此外，人们在欣赏音像节目时，由于耳、目对信号的时间变化和幅度变化的感受能力都有一定的极限，如人眼对影视节目有视觉暂留效应，人眼或人耳对低于某一极限的幅度变化已无法感知等，故可将信号中这部分感觉不出的分量压缩掉或“掩蔽掉”。这种压缩方法同样是一种不可逆压缩。

一种非常简单的压缩方法是行程长度编码。这种方法使用数据及数据长度这样简单的编码代替同样的连续数据，这是无损数据压缩的一个实例。这种方法经常用于办公计算机，以更好地利用磁盘空间或者更好地利用计算机网络中的带宽。对于电子表格、文本、可执行文件等这样的符号数据来说，无损是一个非常关键的要求，因为除了一些有限的情况，大多数情况下即使是一个比特的变化都是无法接受的。

对于视频和音频数据，只要不损失数据的重要部分，一定程度的质量下降是可以接受的。通过利用人类感知系统的局限，有损数据压缩方法能够大幅度节约存储空间，并且得到的结果质量与原始数据质量相比并没有明显的差别。这些有损数据压缩方法通常需要在压缩速度、压缩数据大小以及质量损失这三者之间进行权衡。

有损图像压缩用于数码相机中，能够大幅度地提高其存储能力，同时图像质量几乎没有降低。用于 DVD 的有损 MPEG-2 编解码视频压缩也实现了类似的功能。

在有损音频压缩中，心理声学的方法用来去除信号中听不见或者很难听见的成分。人类语音的压缩经常使用更加专业的技术，因此人们有时也将“语音压缩”或者“语音编码”作为一个独立的研究领域与“音频压缩”区分开来。不同的音频和语音压缩标准都属于音频编解码范畴，例如语音压缩用于 IP 电话，而音频压缩被用于 CD 翻录并且使用 MP3 播放器解码。

3.4.3 音频压缩技术

音频压缩指的是对原始数字音频信号流(例如 PCM 编码)运用适当的数字信号处理技术，实现在不损失有用信息量的情况下降低(压缩)其码率，也称为压缩编码。它必须具有相应的逆变换，称为解压缩或解码。音频信号在通过一个编解码系统后可能引入大量的噪声和一定的失真。研究发现，直接采用 PCM 码流进行存储和传输存在非常大的冗余。事实上，在无损的条件下对声音至少可进行 4∶1 压缩，即只用 25%的数字量保留所有的信息，而在视频领域压缩比甚至可以达到几百倍。因而，为更好地利用有限的资源，压缩技术从一出现便受到了广泛的重视。

对音频压缩技术的研究和应用由来已久，如 A 律、μ 律编码就是简单的准瞬时压扩技术，并在 ISDN 话音传输中得到应用。对语音信号的研究较早，也较为成熟，并已得到广泛应用，如自适应差分 PCM(ADPCM)、线性预测编码(LPC)等技术。在广播领域，NICAM(Near Instantaneous Companded Audio Multiplex，准瞬时压扩音频复用)等系统中都使用了音频压缩技术。

一般来讲，可以将音频压缩技术分为无损压缩及有损压缩两大类，而按照压缩方案的不同，又可将其划分为时域压缩、变换压缩、子带压缩，以及多种技术相互融合的混合压缩等。各种不同的压缩技术，其算法的复杂程度(包括时间复杂度和空间复杂度)、音频质量、算法效率(即压缩比例)，以及编解码延时等都有很大的不同。各种压缩技术的应用场合也因而各不相同。

1. 时域压缩(或称为波形编码)技术

时域压缩技术直接针对音频 PCM 码流的样值进行处理，通过静音检测、非线性量化、差分等手段对码流进行压缩。此类压缩技术的共同特点是算法复杂度低，声音质量一般，压缩比小(CD 音质＞400 kb/s)，编解码延时最短(相对其他技术)。此类压缩技术一般多用于语音压缩，低码率应用(源信号带宽小)的场合。时域压缩技术主要包括 G.711、ADPCM、LPC、CELP，以及在这些技术上发展起来的块压扩技术，如 NICAM、子带 ADPCM(SB-ADPCM)技术。

2. 子带压缩技术

子带编码理论最早是由 Crochiere 等于 1976 年提出的。其基本思想是将信号分解为若干子频带内的分量之和，然后对各子带分量根据其不同的分布特性采取不同的压缩策略以降低码率。子带压缩技术通常是根据人对声音信号的感知模型(心理声学模型)，并通过对信号频谱的分析来决定子带样值或频域样值的量化阶数和其他参数的，因此又可称为感知型压缩编码。这两种压缩方式相对时域压缩技术而言要复杂得多，编码延时相应增加，但是编码效率、声音质量大幅提高。一般来讲，子带编码的复杂度要略低于变换编码，编码延时也相对较短。

由于数字音频压缩技术具有广阔的应用范围和良好的市场前景，因而一些研究机构和公司都不遗余力地开发自己的专利技术和产品。这些音频压缩技术的标准化工作就显得十分重要。在音频压缩标准化方面取得巨大成功的是 MPEG－1 音频(ISO/IEC 11172－3)。在 MPEG－1 中，对音频压缩规定了三种模式，即层Ⅰ、层Ⅱ(即 MUSICAM，又称 MP2)、层Ⅲ(又称 MP3)。由于在制订标准时对许多压缩技术都进行了认真的考察，并充分考虑了实际应用条件和算法的可实现性(复杂度)，因而三种模式都得到了广泛的应用。VCD 中使用的音频压缩方案就是 MPEG－1 层Ⅰ；而 MUSICAM 由于其适当的复杂程度和优秀的声音质量，在数字演播室、DAB、DVB 等数字节目的制作、交换、存储、传送中得到广泛应用；MP3 是在综合 MUSICAM 和 ASPEC 的优点的基础上提出的混合压缩技术，在当时的技术条件下，MP3 的复杂度显得相对较高，编码不利于实时，但由于 MP3 在低码率条件下具有高水准的声音质量，使得它成为软解压及网络的宠儿。可以说，MPEG－1 音频标准的制订方式决定了它的成功，这一思路甚至也影响到 MPEG－2 和 MPEG－4 音频标准的制订。

习　　题

1. 要利用数字通信系统传输模拟信号需要几个步骤？各步骤分别是什么？
2. 模拟信号为什么要数字化传输？模拟信号数字化传输的优点是什么？
3. 在信源编码中，信源的任务和信源编码的任务分别是什么？
4. PCM 脉冲编码调制的工作原理是什么？
5. PCM 脉冲编码调制包括哪三个过程？画出 PCM 脉冲编码调制系统的原理框图。
6. 什么是取样定理？取样需满足什么条件？
7. 什么是量化及量化的分类？
8. 什么是编码与解码？
9. 什么是多路复用技术？
10. 什么是时分复用？时分复用的特点是什么？
11. 采用 A 律 13 折线编码电路，设接收端收到的码组为“01010010”，最小量化阶为 1 个量化单位，并且已知段内码改用折叠二进制码。

(1) 试问译码器输出多少量化单位？

(2) 写出对应于该 7 位码(不包括极性码)的均匀量化 1 位码。

第三章习题答案

第四章　数字基带传输系统

学习目的与要求：

通过本章的学习，掌握数字基带传输的概念、目的以及实现方式。

重点与难点内容：

(1) 数字基带传输的定义、常用码型及功率谱；
(2) 码间串扰的定义、无码间串扰的传输系统；
(3) 眼图的概念及观测方法；
(4) 时域均衡的原理及应用；
(5) 信道编码规则；
(6) 差错控制编码的控制及纠错方式、线性分组码的编码及特点。

在数字通信系统中，未经调制的数字信号所占据的频谱从零频或很低频率开始，称为数字基带信号。数字基带信号是数字信息的电波表示，它可以用不同的电平或脉冲来表示相应的消息代码。数字基带信号(简称基带信号)的类型有很多，例如，来自数据终端的原始数据信号、计算机输出的二进制序列、电传机输出的代码，或者是来自模拟信号经数字化处理后的 PCM 码组等都是数字信号。这些信号往往包含丰富的低频分量，甚至直流分量，因而称之为数字基带信号。在某些具有低通特性的有线信道中，特别是传输距离不太远的情况下，数字基带信号可以直接传输，我们称之为数字基带传输。而大多数信道如各种无线信道和光信道是带通型的，故数字基带信号必须经过载波调制，把频谱搬移到高频处才能在信道中传输，我们把这种传输称为数字频带(调制或载波)传输。

4.1　数字基带传输系统概述

图 4-1 是一个典型的数字基带传输系统方框图。它主要由信道信号形成器(发送滤波器)、信道、接收滤波器和抽样判决器组成。为了保证系统能进行可靠、有序的工作，还应有同步系统(同步提取)。

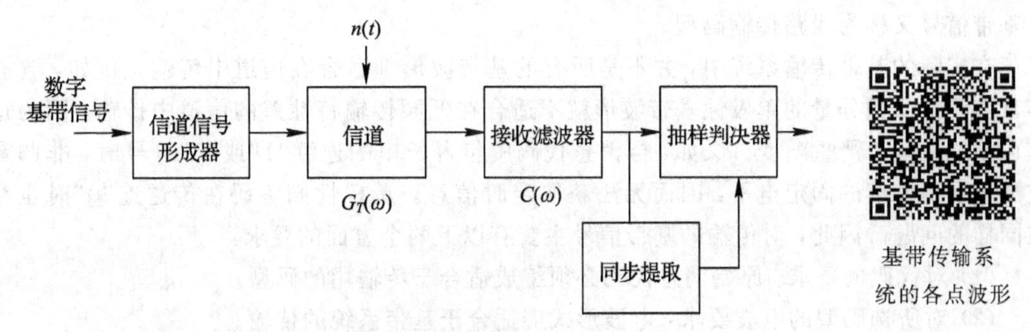

图 4-1　数字基带传输系统方框图

图 4-1 中，各方框的功能和信号传输的物理过程简述如下：

(1) 信道信号形成器(发送滤波器)。

信道信号形成器的功能是产生适合于信道传输的基带信号波形。由于信道信号形成器的输入一般是经过码型编码产生的传输码，相应的基本波形通常是矩形脉冲，其频谱很宽，不利于传输。发送滤波器用于压缩输入信号频带，把传输码变成适宜于信道传输的基带信号波形。

(2) 信道。

信道即允许基带信号通过的媒质，通常为有线信道，如双绞线、同轴电缆等。信道的传输特性一般不满足无失真传输条件，因此会引起传输波形的失真。另外，信道还会引入噪声 $n(t)$，假设它是均值为零的高斯白噪声。

(3) 接收滤波器。

接收滤波器用来接收信号，尽可能滤除信道噪声和其他干扰，对信道特性进行均衡，使输出的基带波形有利于抽样判决。

(4) 抽样判决器。

抽样判决器是在传输特性不理想及噪声背景下，在规定时刻(由位定时脉冲控制)对接收滤波器的输出波形进行抽样判决，以恢复或再生基带信号。

(5) 同步提取。

同步提取是用位定时脉冲依靠同步提取电路从接收信号中提取的，位定时脉冲的准确与否将直接影响判决效果。

4.2　数字基带传输的码型

4.2.1　数字基带传输的码型原则

原理上，数字信息可以表示成一个数字代码序列。例如，计算机中的信息是以约定的二进制代码“0”和“1”的形式存储。但是，在实际传输中，为了匹配信道的特性以获得令人满意的传输效果，需要选择不同的传输波形来表示“0”和“1”。数字基带信号可用不同形式的电脉冲表示，电脉冲的存在形式称为码型。数字信号用电脉冲表示的过程称为码型编码或码型变换，由码型还原为原来数字信号的过程称为码型译码。在有线信道中，传输的数字基带信号又称为线路传输码型。

在实际的基带传输系统中，并不是所有的基带波形都适合在信道中传输。例如，含有丰富直流及低频分量的单极性基带波形就不适合在低频传输特性差的信道中传输，因为这有可能造成信号严重畸变。又如，当消息代码中包含长串的连续"1"或"0"符号时，非归零波形呈现出连续的固定电平，因而无法获取定时信息。单极性归零码在传送连"0"时也存在同样的问题。因此，对传输的基带信号主要有以下两个方面的要求：

(1) 对代码的要求：原始消息代码必须编成适合于传输用的码型。

(2) 对所选码型的电波要求：电波形式应适合于基带系统的传输。

码型选择原则：传输码(或称线路码)的结构取决于实际信道特性和系统工作的条件。在选择传输码型时，一般应考虑以下原则：

(1) 不含直流，且低频分量尽量少。

(2) 应含有丰富的定时信息，以便于从接收码流中提取定时信号。

(3) 功率谱主瓣宽度窄，以节省传输频带。

(4) 不受信息源统计特性的影响，即能适应于信息源的变化。

(5) 具有内在的检错能力，即码型应具有一定规律性，以便利用这一规律性进行宏观监测。

(6) 编译码简单，以降低通信延时和成本。

4.2.2 常用码型

数字基带信号的码型种类很多，但没有一种码型能满足上述所有要求。在实际应用中，往往是根据需要全盘考虑，有取有舍，合理选择。下面介绍一些目前广泛应用的重要码型。

1. 单极性不归零码

单极性不归零码的波形如图 4-2 (a)所示，这是一种最简单、最常用的基带信号形式。这种信号脉冲的零电平和正电平分别对应着二进制代码 0 和 1，或者说，它在一个码元时间内用脉冲的有或无来对应表示"1"码或"0"码。在表示一个码元时，电压均无需回到零，故称为不归零码。

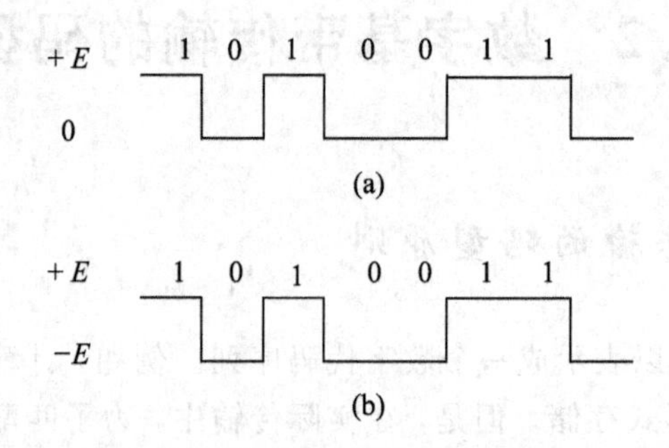

图 4-2　单极性和双极性不归零码的波形

不归零码的特点是极性单一，存在直流分量。这将导致信号的失真与畸变，且由于直流分量的存在，使之无法使用一些交流耦合的线路和设备，也不能直接提取位同步信息。

2. 双极性不归零码

在双极性不归零码中，脉冲的正、负电平分别对应于二进制代码 1、0，如图 4-2(b)所示。由于它是幅度相等、极性相反的双极性波形，故当 0、1 符号等概率出现时无直流分量。这样，恢复信号的判决电平为 0，因而不受信道特性变化的影响，抗干扰能力也较强，故双极性波形有利于在信道中传输。但当“1”和“0”出现概率不相等时，仍有直流成分。

3. 单极性归零码

单极性归零码在传送“1”码时发送一个宽度小于码元持续时间的归零脉冲，在传送“0”码时不发送脉冲。其特征是所用脉冲宽度比码元宽度窄，即还没有到一个码元终止时刻就回到零值，因此，称为单极性归零码，如图 4-3 (a)所示。

单极性归零码除仍具有单极性码的一般特点外，其主要优点是可以直接提取同步信号。此优点虽不意味着单极性归零码能广泛应用到信道传输上，但它可以直接提取位定时信息，是其他波形提取位定时信息时需要采用的一种过渡码型。

4. 双极性归零码

它是双极性波形的归零形式，如图 4-3 (b)所示。每个码元内的脉冲都回到零点，即相邻脉冲之间必定留有零电位的间隔。它除了具有双极性不归零波形的特点外，还有利于同步脉冲的提取。

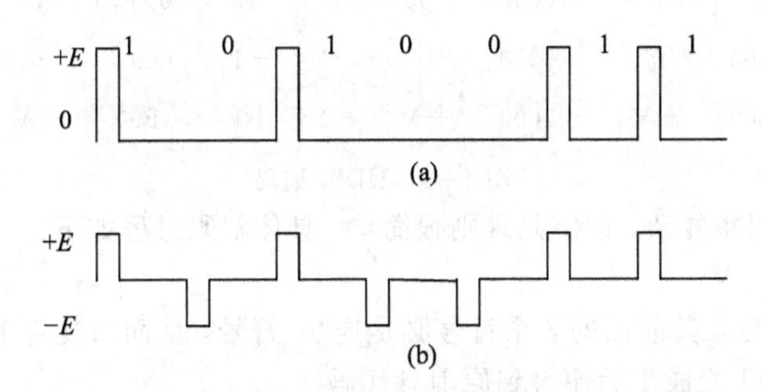

图 4-3 单极性和双极性归零码的波形

5. AMI 码

AMI 码的 1 码通常称为传号，0 码则叫做空号。AMI 码是传号交替反转码。其编码规则是将二进制消息代码“1”交替地变换为传输码的“+1”或“−1”，而“0”保持不变，如图 4-4 所示。

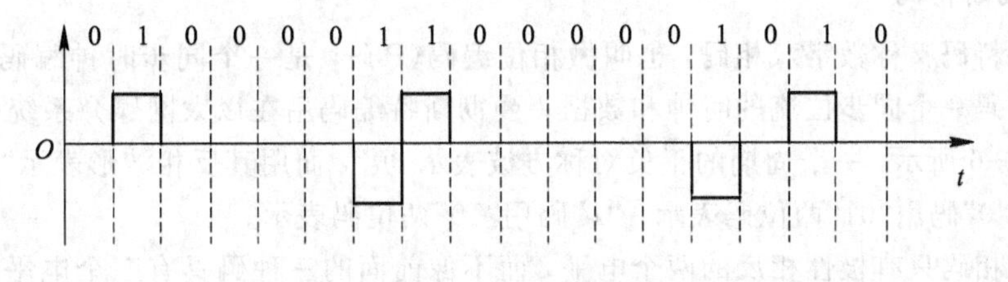

图 4-4 AMI 编码

由 AMI 码确定的基带信号中正负脉冲交替，而零电位保持不变，所以由 AMI 码确定的基带信号无直流分量，且只有很小的低频分量。AMI码具有检错能力，如果在整个传输过程中，因传号极性交替规律受到破坏而出现误码，则在接收端很容易发现这种错误。但是，由于它可能出现长的连零串，故在接收端不易提取定时信号。

6. HDB_3 码

HDB_3（演示）

三阶高密度双极性码（简称 HDB_3 码）是一种适用于基带传输的编码方式。它是为了克服AMI码的缺点而出现的，具有能量分散、抗破坏性强等特点。其编码规则为：

(1) 先将消息代码变换成AMI码，若AMI码中连0的个数小于4，此时的AMI码就是 HDB_3 码；

(2) 若AMI码中连0的个数大于3，则将每4个连0小段的第4个0变换成与前一个非0符号（+1或−1）同极性的符号，用（+V，−V）表示；

(3) 为了不破坏极性交替反转，当相邻V符号之间有偶数个非0符号时，再将该小段的第1个0变换成+B或−B，符号的极性与前一非零符号的相反，并让后面的非零符号从该符号处开始交替变化。

如图4-5所示，其中B码和V码各自都应始终保持极性交替的变化规律，V码与前一个非0码同极性，B码与前一个非0码反极性。±V脉冲和±B脉冲与±1脉冲波形相同，用V或B符号的目的是为了示意是将原码的“0”码变换成“1”码。

代码	1000	0	1000	0	1	1	000	0	1	1
AMI码	−1000	0	+1000	0	−1	+1	000	0	−1	+1
HDB_3 码	−1000	−V	+1000	+V	−1	+1	−B00	−V	+1	−1

图4-5 HDB_3 编码

HDB_3 虽然编码很复杂，但解码规则很简单，具体解码过程如下：

(1) 找到破坏点V；

(2) 断定V符号及其前面的3个符号必是连“0”符号，从而恢复4个连“0”码；

(3) 再将所有-1变成1后便得到原消息代码。

HDB_3 码除保持了AMI码的优点外，还有如下特点：

(1) 由 HDB_3 码确定的基带信号无直流分量，或只有很小的低频分量；

(2) HDB_3 中连0串的数目至多为3个，易于提取定时信号；

(3) 编码规则复杂，但译码较简单。

HDB_3 码是应用最为广泛的码型，*A* 律PCM四次群以下的接口码型均为 HDB_3 码。

7. 曼彻斯特码

曼彻斯特码又称数字双相码，也叫做相位编码（PE），是一个同步时钟编码技术，被物理层用来编码一个同步位流的时钟和数据。曼彻斯特编码用在以太网媒介系统中。

如图4-6所示，一个周期的正负对称方波表示“0”，而用其反相波形表示“1”。编码规则之一是：“0”码用“01”两位码表示，“1”码用“10”两位码表示。

数字双相码只有极性相反的两个电平，而不像前面的三种码具有三个电平。因为数字双相码在每个码元周期的中心点都存在电平跳变，所以富含位定时信息。又因为这种编码的正、负电平各半，所以无直流分量，编码过程也简单。与不归零编码相比，曼彻斯特编码提供了一种同步机制，保证发送端与接收端信号同步，但带宽比原码型大1倍。

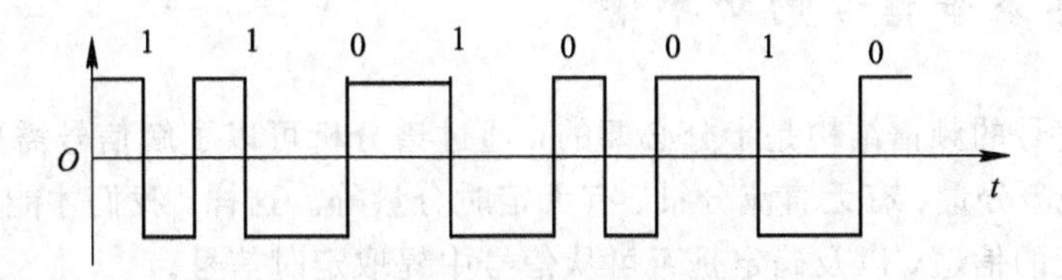

图4-6　曼彻斯特码

8. 密勒码

密勒(Miller)码又称延迟调制码，它是数字双相码的一种变形。其编码规则是："1"码用码元间隔中心点出现跃变来表示，即用"10"或"01"表示；"0"码有两种情况：单个"0"时，在码元间隔内不出现电平跃变，且与相邻码元的边界处也不跃变；连"0"时，在两个"0"码的边界处出现电平跃变，即"00"与"11"交替，如图4-7(b)所示。如图4-7所示，数字双相码的下降沿正好对应于密勒码的跃变沿。因此，用数字双相码的下降沿去触发双稳电路，即可输出密勒码。密勒码最初用于气象卫星和磁记录，现在也用于低速基带数传机。

9. CMI码

CMI码是传号反转码的简称。与数字双相码类似，它也是一种双极性二电平码。其编码规则是："1"码交替用"11"和"00"两位码表示；"0"码固定地用"01"表示，其波形图如图4-7(c)所示。

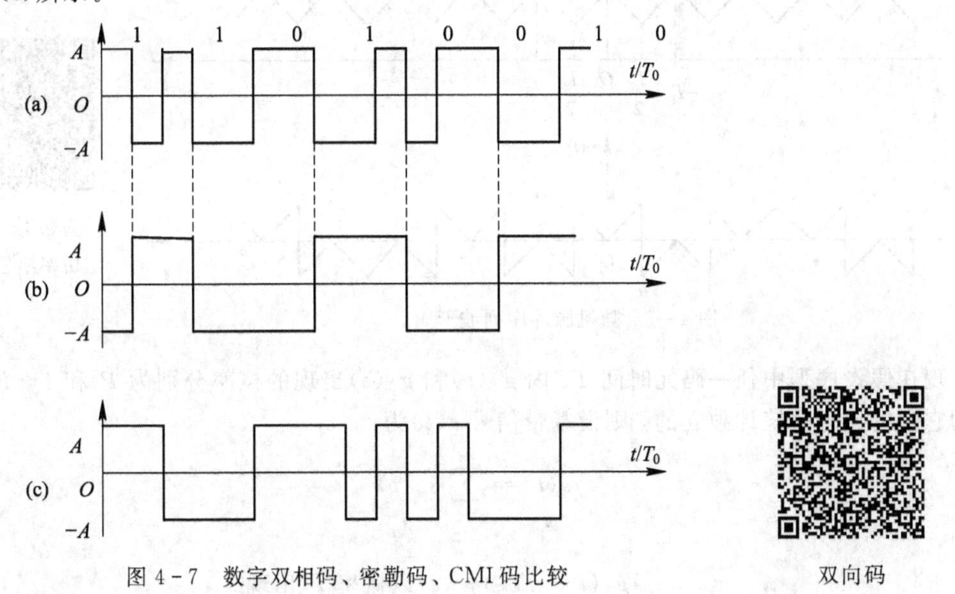

图4-7　数字双相码、密勒码、CMI码比较

双向码

CMI码有较多的电平跃变，因此含有丰富的定时信息。此外，由于10为禁用码组，不会出现3个以上的连码，故可用这个规律来宏观检错。

由于CMI码易于实现，且具有上述特点，因此是CCITT推荐的PCM高次群采用的接口码型，在速率低于8.448 Mb/s的光纤传输系统中有时也用作线路传输码型。

4.2.3 数字基带信号的功率谱

研究基带信号的频谱结构是十分必要的，通过谱分析可以了解信号需要占据的频带宽度、所包含的频谱分量、有无直流分量、有无定时分量等。这样，我们才能针对信号谱的特点来选择相匹配的信道，以及确定是否可从信号中提取定时信号。

数字基带信号是随机的脉冲序列，没有确定的频谱函数，所以只能用功率谱来描述它的频谱特性。数字基带信号的功率谱计算相当复杂，一种比较简单的方法是以随机过程功率谱的原始定义为出发点，求出数字随机序列的功率谱公式。

设二进制的随机脉冲序列如图 4-8(a)所示，其中，假设 $g_1(t)$表示“0”码，$g_2(t)$表示“1”码。$g_1(t)$和 $g_2(t)$在实际中可以是任意的脉冲波形，但为了便于在图上区分，这里我们把 $g_1(t)$画成宽度为 T_S 的方波，把 $g_2(t)$画成宽度为 T_S 的三角波。

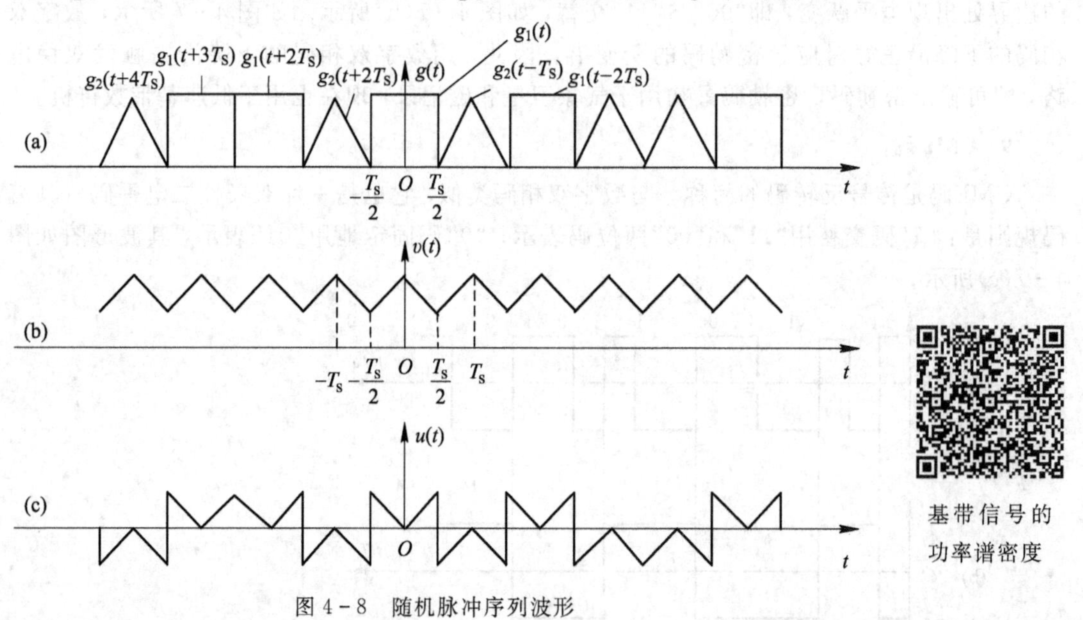

基带信号的功率谱密度

图 4-8 随机脉冲序列波形

现在假设序列中任一码元时间 T_S 内 $g_1(t)$和 $g_2(t)$出现的概率分别为 P 和 $1-P$，且认为它们的出现是统计独立的，则设基带信号 $s(t)$为

$$s(t) = \sum_{n=-\infty}^{\infty} s_n(t)$$

其中，

$$s(t) = \begin{cases} g_1(t - nT_S), & \text{以概率 } P \text{ 出现} \\ g_2(t - nT_S), & \text{以概率 } 1 - P \text{ 出现} \end{cases}$$

为了使频谱分析的物理概念清楚，推导过程简化，我们可以把 $s(t)$分解成稳态波 $v(t)$和交变波 $u(t)$。所谓稳态波，即是随机序列 $s(t)$的统计平均分量，它取决于每个码元内出现 $g_1(t)$和 $g_2(t)$的概率的加权平均，且每个码元统计平均波形相同，因此可表示成

$$v(t) = \sum_{n=-\infty}^{\infty} [Pg_1(t - nT_S) + (1 - P)g_2(t - nT_S)] = \sum_{n=-\infty}^{\infty} v_n(t)$$

其波形如图 4-8(b)所示。显然，$v(t)$是一个以 T_S 为周期的周期函数，则交变波 $u(t)$为

$$u(t)=s(t)-v(t)$$

其中，第 n 个码元为

$$u_n(t)=s_n(t)-v_n(t)$$

则有

$$u(t)=\sum_{n=-\infty}^{\infty}u_n(t)$$

交变波 $u(t)$是随机脉冲序列，图 4-8(c)是其一种可能的波形。若分别求出稳态波 $v(t)$和交变波 $u(t)$的功率谱，则可以得到随机基带信号 $s(t)$的频谱特性，即有

$$P_s(f)=P_u(f)+P_v(f)$$

其中，$P_s(f)$、$P_u(f)$和 $P_v(f)$分别为 $s(t)$、$u(t)$和 $v(t)$的功率谱。经过相关数学计算可知，稳态波的功率谱 $P_v(f)$是表明冲击强度的离散谱，根据离散谱可以确定随机序列是否包含直流分量和定时分量；交变波的功率谱 $P_u(f)$是连续谱，它与 $g_1(t)$和 $g_2(t)$的频谱以及出现概率 P 有关，根据连续谱可以确定随机序列的带宽。由于代表数字信息的 $g_1(t)$和 $g_2(t)$不能完全相同，因而连续谱总是存在的，而离散谱是否存在，则取决于 $g_1(t)$和$g_2(t)$的波形及其出现的概率 P，故有如下结论：

(1) 随机序列的带宽主要依赖单个码元波形的频谱函数 $G_1(f)$或 $G_2(f)$，两者之中应取较大带宽的一个作为序列带宽。时间波形的占空比越小，频带越宽。通常以谱的第一个零点作为矩形脉冲的近似带宽，它等于脉宽 τ 的倒数，即 $B=1/\tau$。由图 4-9 可知，若不归零脉冲的 $\tau=T_S$，则 $B=f_S$；若半占空归零脉冲的 $\tau=T_S/2$，则 $B=1/\tau=2f_S$。其中 $f_S=1/T_S$ 是位定时信号的频率，在数值上与码元传输速率 R_B 相等。

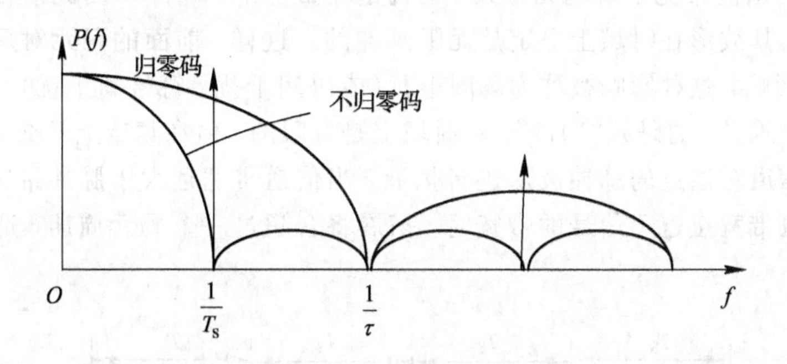

图 4-9　二进制基带信号的功率谱密度

(2) 单极性基带信号是否存在离散线谱取决于矩形脉冲的占空比。单极性归零信号中有定时分量，可直接提取；单极性不归零信号中无定时分量，若想获取定时分量，要进行波形变换。0、1 等概的双极性信号没有离散谱，也就是说无直流分量和定时分量。

综上分析，研究随机脉冲序列的功率谱是十分有意义的。一方面，我们可以根据它的连续谱来确定序列的带宽，另一方面，根据它的离散谱是否存在这一特点，使我们明确能否从脉冲序列中直接提取定时分量，以及采用怎样的方法可以从基带脉冲序列中获得所需的离散分量。这一点在研究位同步、载波同步等问题时将是十分重要的。

数字基带系统
误码率比较

单极性基带系统的
抗噪声性能

双极性基带系统的
抗噪声性能

4.3 无码间串扰的基带传输系统

码间干扰

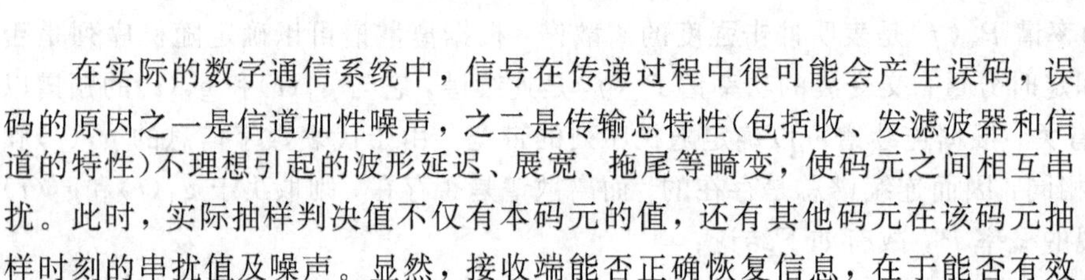

在实际的数字通信系统中，信号在传递过程中很可能会产生误码，误码的原因之一是信道加性噪声，之二是传输总特性(包括收、发滤波器和信道的特性)不理想引起的波形延迟、展宽、拖尾等畸变，使码元之间相互串扰。此时，实际抽样判决值不仅有本码元的值，还有其他码元在该码元抽样时刻的串扰值及噪声。显然，接收端能否正确恢复信息，在于能否有效地抑制噪声和减小这些可能的串扰。

无码间干扰传输

4.3.1 码间串扰

由于通信信道的带宽不可能无穷大，也就是频带受限(带限)，因此信号经过频带受限的系统传输后，其波形在时域上必定是无限延伸的。这样，前面的码元对后面的若干码元就会造成不良影响，这种影响被称为码间串扰(或码间干扰、符号间干扰)。如图 4-10 所示，几个固定间隔 T_S 的码元“1011”，在时域上是有限的，但在频域上是交叉的。信道总是带限的，带限信道对通过的脉冲波形进行拓展，当信道带宽远大于脉冲带宽时，脉冲的拓展很小；当信道带宽接近于信号的带宽时，拓展将会超过一个码元周期，造成信号脉冲的重叠。

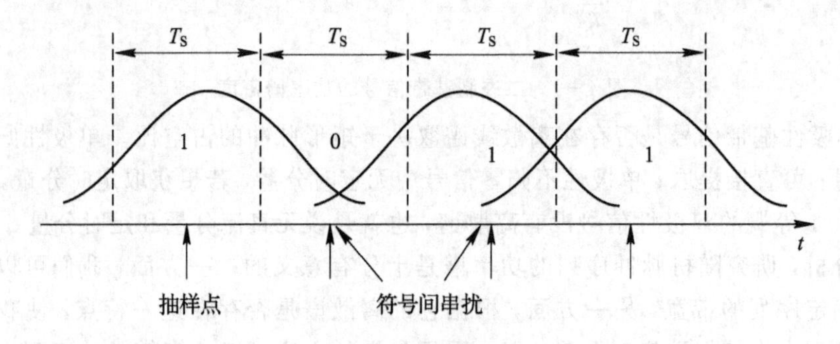

图 4-10　码间串扰

码间串扰是数字通信系统中除噪声干扰之外最主要的干扰，它与加性噪声干扰不同，它是一种乘性干扰。造成码间串扰的原因有很多，实际上，只要传输信道的频带是有限的，就会造成一定的码间串扰。码间串扰和信道噪声是影响基带信号进行可靠传输的主要因素，而它们都与基带传输系统的传输特性有密切的关系。这就需要考虑如何设计基带系统的总传输特性，才能够把码间串扰和噪声的影响减到足够小。

4.3.2　消除码间串扰

由于数字信息序列是随机的，想通过接收滤波器输出的取样信号间各项相互抵消的方式，使码间串扰为零是行不通的，这就需要对基带传输系统的总传输特性 $h(t)$ 的波形提出要求。如果相邻码元的前一个码元的波形到达后，后一个码元在取样判决时刻时已经衰减到 0，如图 4-11(a)所示，就能满足要求。但是，这样的波形不易实现，因为现实中的 $h(t)$ 波形有很长的"拖尾"，也正是由于每个码元的"拖尾"造成了相邻码元的串扰，但只要让它在 t_0+T_S，t_0+2T_S 等取样判决时刻上正好为 0，就能消除码间串扰，如图 4-11(b)所示，这也是消除码间串扰的基本思想。

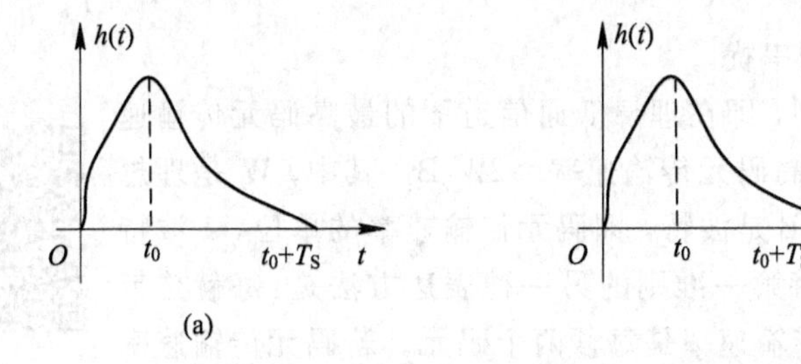

图 4-11　消除码间串扰原理

根据上面的原理，假设信道和接收滤波器所造成的延迟 $t_0=0$ 时，无码间串扰的基带系统的冲激响应应满足下式

$$h(kT_S)=\begin{cases}1, & k=0\\ 0, & k\ \text{为其他整数}\end{cases}$$

上式说明，无码间串扰的基带系统的冲激响应除 $t_0=0$ 时取值不为零外，其他取样时刻上的取样值均为零，则系统传输特性的传递函数可表示为

$$H(\omega)=\begin{cases}T_S, & |\omega|\leqslant\dfrac{\pi}{T_S}\\ 0, & |\omega|>\dfrac{\pi}{T_S}\end{cases}$$

如图 4-12(a)所示，$H(\omega)$ 是一个理想的低通滤波器，它的冲击响应如图 4-12(b)所示，即为

$$h(t)=\frac{\sin\dfrac{\pi}{T_S}t}{\dfrac{\pi}{T_S}t}$$

则由表达式可知 $h(t)$ 有周期性零点。当发送序列间隔为 T_S 时，正好可利用这些零点，如图 4-12(b)所示的虚线，实现了无码间串扰传输。同时还可以看出，输入序列若以 $\dfrac{1}{T_S}$ B 的

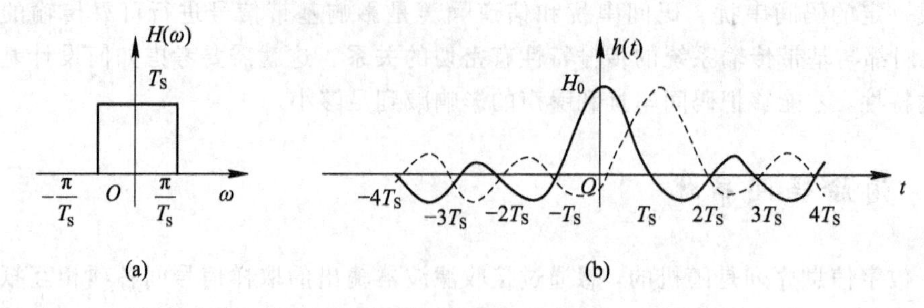

图 4-12　理想低通系统的传输特性和冲击响应

速率进行传输，则所需的最小传输带宽为$\frac{1}{2T_S}$Hz。这是在抽样时刻无码间串扰条件下，基带系统所能达到的极限情况。通常把$\frac{1}{2T_S}$称为奈奎斯特带宽，记为W，则该系统无码间串扰的最高传输速率为$2W$ B，称为奈奎斯特速率。显然，如果该系统用高于$\frac{1}{T_S}$ B的码元传输速率传送信号，则将存在码间串扰。

这里提出奈奎斯特第一准则，即在理想低通信道下的最高码元传输速率的公式：理想低通信道下的最高码元传输速率＝$2W$ B。其中，W是理想低通信道的带宽，单位为赫兹；B是波特，即码元传输速率的单位，1波特为每秒传送1个码元。奈奎斯特第一准则的另一种表达方法是：每赫兹带宽的理想低通信道的最高码元传输速率是每秒两个码元。若码元传输速率超过了奈奎斯特第一准则所给出的数值，则将出现码元之间的互相干扰，以致在接收端就无法正确判定码元是1还是0。

奈奎斯特
第一准则

4.3.3　无码间串扰的滚降系统

理想低通在实际中是不可实现的。因此，要寻求一个传输系统，使它既可以进行物理实现，又能满足奈奎斯特传输的基本要求。由于理想低通滤波器的截止频率特性非常陡峭，故理想低通滤波器也需要进行一个缓变的过程，好比飞机降落时都要提前开始缓慢下降一样，因此也就提出了滚降特性。

设理想低通滤波器系统传输特性为$H_{eq}(\omega)$，考虑到理想冲激响应$h(t)$的尾巴衰减慢的原因是系统的截止频率特性过于陡峭，这启发我们可以按图4-13所示的波形去设计$H(\omega)$的特性。只要图中的$Y(\omega)$具有对W_1成奇对称的振幅特性，则$H(\omega)$即为所要求的合理传输特性。这种设计也可看成是理想低通特性按奇对称条件进行“圆滑”的结果，常常被称为“滚降”。

设滚降系数为

$$\alpha=\frac{W_1}{W_2}$$

其中，W_1是理想低通无滚降时的截止频率，W_2为滚降部分的截止频率。

具有滚降系数α的余弦滚降特性可表示为

$$H(\omega)=\begin{cases} T_S, & 0\leqslant|\omega|<\dfrac{(1-\alpha)\pi}{T_S} \\ \dfrac{T_S}{2}\left[1+\sin\dfrac{T_S}{2\alpha}\left(\dfrac{\pi}{T_S}-\omega\right)\right], & \dfrac{(1-\alpha)\pi}{T_S}\leqslant|\omega|<\dfrac{(1+\alpha)\pi}{T_S} \\ 0, & |\omega|\geqslant\dfrac{(1+\alpha)\pi}{T} \end{cases}$$

其相应的冲击响应 $h(t)$ 为

$$h(t)=\frac{\sin\pi t/T_S}{\pi t/T_S}\cdot\frac{\cos\alpha\pi t/T_S}{1-4\alpha^2t^2/T_S^2}$$

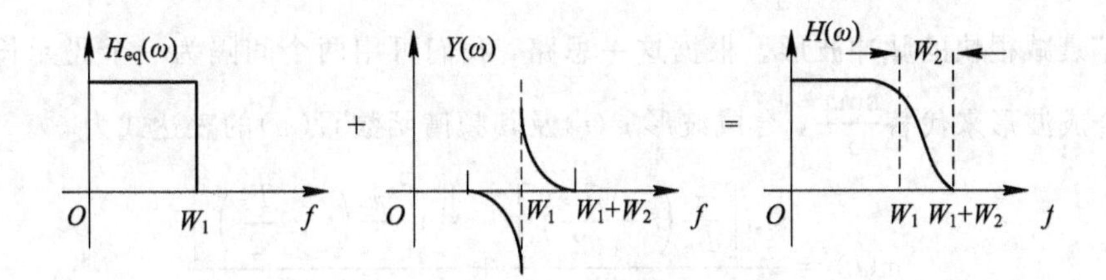

图 4-13　滚降特性构成

图 4-14 画出了余弦滚降系统频谱及响应的波形图。

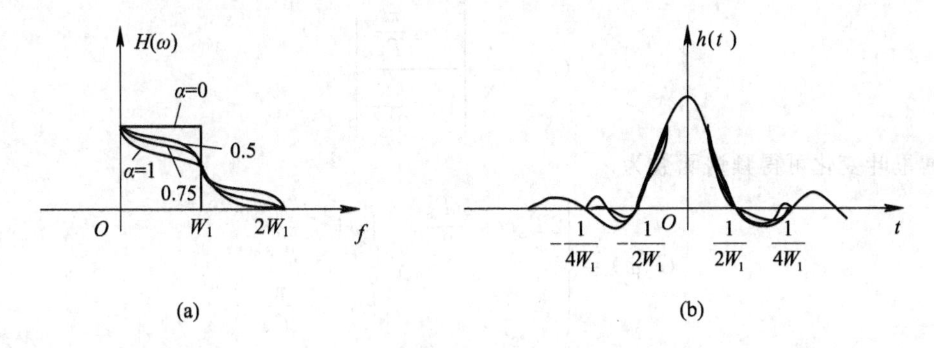

图 4-14　余弦滚降系统频谱及响应

由传输特性和波形图可知有以下结论：

(1) 当滚降系数 $\alpha=0$ 时，系统为理想低通特性，$\alpha\leqslant1$ 时为升余弦滚降特性。

(2) 对于 $\alpha>0$ 的升余弦特性，其冲击响应 $h(t)$ 的值，除在 $t=0$ 时不为零外，其余各点取样值都为零，且在 $t>0$ 后，各样值点之间又增加了一个零，使滚降随时间的延长而衰减加快。

(3) 由图 4-14 可知，升余弦特性的冲击响应在除 $t=0$ 时刻的各取样值均为零，因此满足无失真传输条件。α 越小，波形的振荡幅度越大，但可减小传输频带；α 越大，波形的振荡幅度越小，但传输频带相应展宽，对频带的利用率不利。所以，减小波形拖尾的振荡幅度和提高频带的利用率是矛盾的，实际中 α 的取值一般为 $\alpha\geqslant0.2$。

4.3.4　部分响应基带传输系统

前面讨论了理想低通和升余弦特性的传输系统，由前面的分析可知：具有理想低通特性的传输系统虽然频带利用率可以达到最高，但其冲击响应的波形拖尾太大；而具有升余弦特性的传输系统虽然可以减小波形拖尾的幅度，但是以牺牲频带利用率为代价的，那么能否找到一种既能达到最高的系统频带利用率，又能消除码间串扰的方法？事实上，存在这类系统，称为部分响应系统，它既能使频带利用率提高到理论上的最大值，又可以形成尾部衰减大、收敛快的传输波形，从而降低对定时取样精度的要求，其传输波形称为部分响应波形。

我们已经熟知，波形$\frac{\sin x}{x}$的“拖尾”严重，但通过观察如图 4-12 所示的$\frac{\sin x}{x}$波形，可发现相距一个码元间隔的两个$\frac{\sin x}{x}$的波形“拖尾”刚好正负相反，利用这样的波形组合可以构成“拖尾”衰减很快的脉冲波形。根据这一思路，我们可用两个间隔为一个码元长度 T_S 的$\frac{\sin x}{x}$的合成波形来代替$\frac{\sin x}{x}$，合成波形 $g(t)$及其频谱函数 $G(\omega)$的表达式为

$$g(t)=\frac{\sin\left[\frac{\pi}{T_S}\left(t+\frac{T_S}{2}\right)\right]}{\frac{\pi}{T_S}\left(t+\frac{T_S}{2}\right)}+\frac{\sin\left[\frac{\pi}{T_S}\left(t-\frac{T_S}{2}\right)\right]}{\frac{\pi}{T_S}\left(t-\frac{T_S}{2}\right)}$$

经过简化后可得

$$g(t)=\frac{4}{\pi}\left[\frac{\cos\frac{\pi t}{T_S}}{1-\frac{4t^2}{{T_S}^2}}\right]$$

进行傅里叶变化可得频谱函数为

$$G(\omega)=\begin{cases}2T_S\cos\frac{\omega T_S}{2}, & |\omega|\leqslant\frac{\pi}{T_S}\\ 0, & |\omega|>\frac{\pi}{T_S}\end{cases}$$

可见，除了在相邻的取样时刻 $t=\pm\frac{T_S}{2}$处，$g(t)=1$，其余的取样时刻上，$g(t)$具有等间隔零点，波形图如图 4-15 所示。

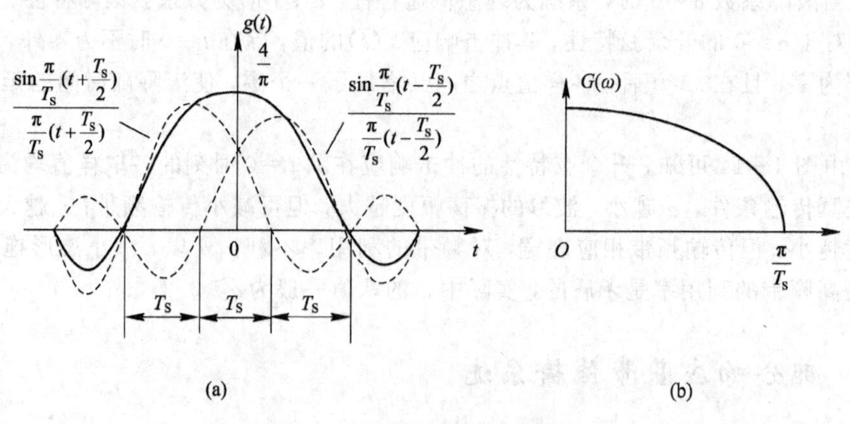

图 4-15　部分响应波形及频谱

由波形图可知部分响应信号具有如下特点：

(1) 合成的部分响应信号在相同进制的条件下，其频带利用率与理想低通特性传输系统的频带利用率相同。用部分响应信号的脉冲波形作为系统的传输波形，当以码元宽度为间隔进行判决时，只会在相邻的两个码元之间发生串扰，其他判决时刻不会发生串扰。这样，如果前一码元已知，则此码元对后一码元的串扰就是已知的，所以后一码元就可以通过该时刻的取样值减前一码元的串扰值得到。所以部分响应的传输特性可以达到极限频带利用，同时可以消除码间串扰。或者可以说，它的码间串扰是已知的，是可以控制的，接收端可以将它消除掉。

(2) 部分响应具有缓慢的滚降过渡特性，其冲击响应的波形“拖尾”按$\frac{1}{t^2}$衰减，这是因为相距一个码元周期的$\frac{\sin x}{x}$波形正负“拖尾”相互抵消。显然，部分响应可以改善理想低通特性传输系统的拖尾幅度。

(3) 部分响应虽然弥补了理想低通特性的缺点，但它是以相邻两个码元取样时刻出现一个与收发端取样值相同幅度的串扰为代价的。由于存在固定幅度的串扰，使部分响应信号序列中出现了新的取样值，故称为“伪电平”。这个伪电平会造成误码的扩散，即一个码元错判，会造成后几个码元的错判。

上面讨论的属于第Ⅰ类部分响应波形，其系统组成方框图如图 4-16 所示。

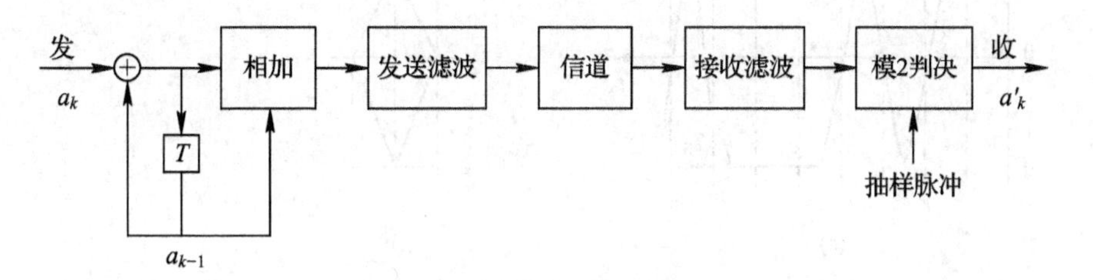

图 4-16　第Ⅰ类部分响应系统组成方框图

4.4　眼　　图

从理论上讲，只要基带传输总特性 $H(\omega)$满足奈奎斯特第一准则，就可实现无码间串扰传输。但在实际中，由于滤波器部件调试不理想或信道特性的变化等因素，都可能使 $H(\omega)$特性改变，从而使系统性能恶化。计算由这些因素所引起的误码率非常困难，尤其是在码间串扰和噪声同时存在的情况下，系统性能的定量分析更是难以进行。因此，在实际应用中需要用简便的实验方法来定性测量系统的性能，其中一个有效的实验方法是观察接收信号的眼图。

4.4.1 眼图的概念

数据信号经过实际传输系统后，仍会或多或少地产生波形畸变。在实际工作中，通常采用观察眼图的方法来衡量这种畸变的严重程度。所谓眼图，就是把示波器调到外同步，扫描周期调整到码元(符号)间隔 T_S 的整数倍，在这种情况下示波器荧光屏上就能显示出一种由多个随机码元波形所共同形成的稳定图形，类似于人眼，因此称为数据信号的眼图。

4.4.2 眼图的形成原理及模型

不考虑噪声的影响情况，图 4-17(a)是接收滤波器输出的无码间串扰的双极性基带波形，用示波器观察它，并将示波器扫描周期调整到码元周期 T_S，由于示波器的余辉作用，扫描所得的每一个码元波形将重叠在一起，形成如图 4-17(b)所示的迹线细而清晰的大“眼睛”。图 4-17(c)是有码间串扰的双极性基带波形，由于存在码间串扰，此波形已经失真，示波器的扫描迹线就不完全重合，于是形成的眼图线迹杂乱，“眼睛”张开得较小，且眼图不端正，如图 4-17(d)所示。对比图 4-17(b)和 4-17(d)可知，眼图的“眼睛”张开得越大，眼图越端正，表示码间串扰越小；反之，表示码间串扰越大。

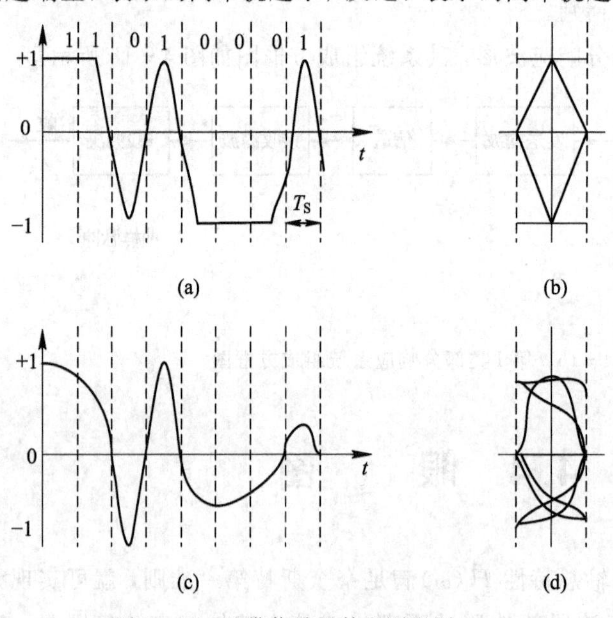

图 4-17　基带信号及其观测眼图

眼图的形成原理

可见，只要示波器扫描频率和信号同步，系统就不存在码间串扰和噪声，每次重叠上去的迹线都会和原来的重合，此时的迹线既细又清晰；若系统存在码间串扰，序列波形被破坏，就会造成眼图迹线杂乱，“眼皮”厚重，甚至部分闭合，噪声越大，线条越宽，眼图越模糊，“眼睛”张开得越小。不过，应该注意，从图形上并不能观察到随机噪声的全部形态，例如出现机会少的大幅度噪声，由于它在示波器上一晃而过，因而用人眼是观察不到的。所以，在示波器上只能大致估计噪声的强弱。

从以上分析可知，眼图可以定性反映码间串扰的大小和噪声的大小。眼图可以用来指示接收滤波器的调整，以减小码间串扰，改善系统性能。为了说明眼图和系统性能之间的关系，我们把眼图简化为一个模型，如图 4－18 所示。由该图可以获得以下信息：

(1) 最佳抽样时刻：眼睛张开得最大时刻代表最佳抽样时刻。

(2) 门限电平：图中央的横轴位置应对应判决门限电平。

(3) 抽样时刻畸变(幅度畸变范围)：如图 4－18 所示的垂直高度表示信号幅度畸变范围。

(4) 过零点畸变：反映了传输系统的过门限点失真。许多数据传输系统接收机的定时信号是从过门限点的平均位置提取的，过门限点失真越大，对定时信号的提取越不利。

(5) 噪声容限：在抽样时刻上，上下两阴影区间隔距离的一半为噪声容限(或称噪声边际)，即若噪声瞬时值超过这个容限，则可能发生错误判决。

(6) 定时误差灵敏度：可由眼图斜边的斜率来决定。斜率越大，对定时误差就越灵敏，则要求系统定时准确度越高。

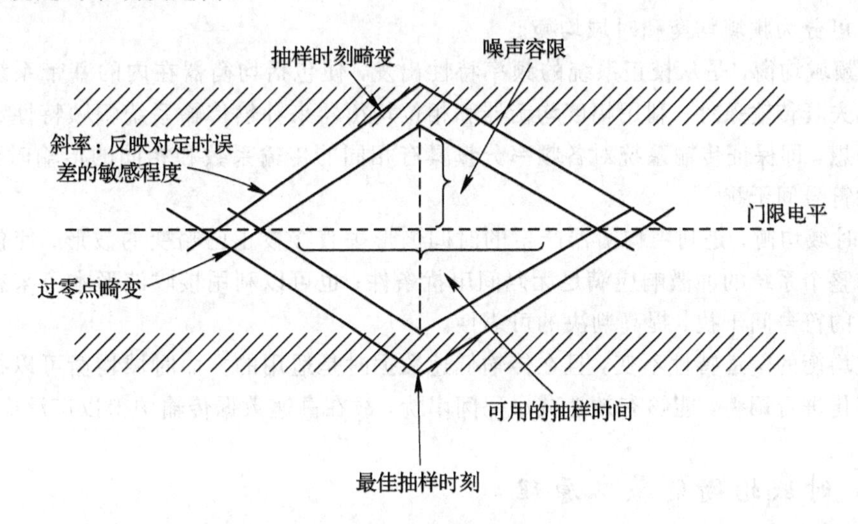

图 4－18　标准眼图模型

图 4－19(a)和图 4－19(b)分别是二进制升余弦频谱信号在示波器上显示的两张眼图照片。图 4－19(a)是在几乎无噪声和无码间串扰下得到的，而图 4－19(b)则是在一定噪声和码间串扰下得到的。

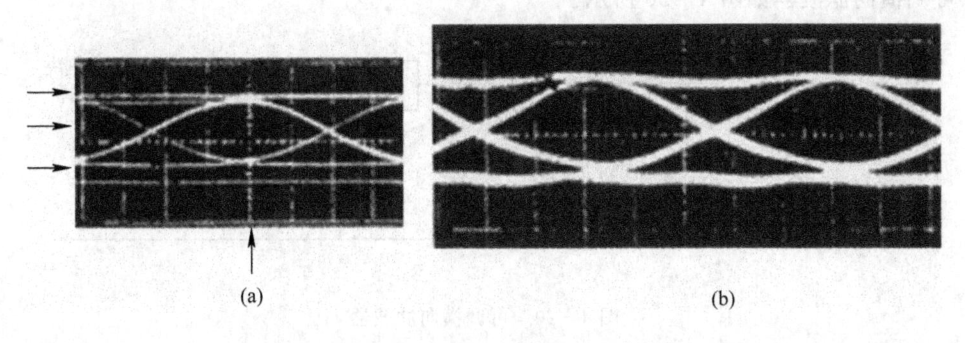

图 4－19　实际眼图

4.5 均衡技术

在信道特性确知条件下，可以精心设计接收和发送滤波器以达到消除码间串扰和尽量减小噪声影响的目的。但在实际实现时，由于难免存在滤波器的设计误差和信道特性的变化，所以无法实现理想的传输特性，因而引起波形的失真，从而产生码间串扰，系统的性能也必然下降。理论和实践均证明，在基带系统中插入一种可调(或不可调)滤波器可以校正或补偿系统特性，减小码间串扰的影响。这就是均衡技术，这种起补偿作用的滤波器被称为均衡器。

4.5.1 均衡的概念

均衡可分为频域均衡和时域均衡。

(1) 频域均衡，是从校正系统的频率特性出发，使包括均衡器在内的基带系统的总特性满足无失真传输条件；利用幅度均衡器和相位均衡器来补偿传输系统幅频特性和相频特性的不理想，即保证传输系统对各频率分量具有相同的传输系数和相同的传输时延，这样就可消除符号间干扰。

(2) 时域均衡，是利用均衡器产生的时间波形去直接校正已畸变的波形，使包括均衡器在内的整个系统的冲激响应满足无码间串扰条件；也可以利用接收波形本身来补偿以消除取样点的符号间干扰，提高判决的可靠性。

频域均衡的信道特性不变，且在传输低速数据时是适用的。而时域均衡可以根据信道特性的变化进行调整，能够有效地减小码间串扰，故在高速数据传输中得以广泛应用。

4.5.2 时域均衡的基本原理

由于缺少信道的统计特性，因此，设计最佳的有限滤波器较难，一般可利用可调网络形式的横向滤波器来实现均衡。如果在接收滤波器和抽样判决器之间插入一个称之为横向滤波器的可调滤波器(简称可调横向滤波器)，理论上就可以消除取样时刻上的码间串扰。这个可调横向滤波器如图 4-20 所示。

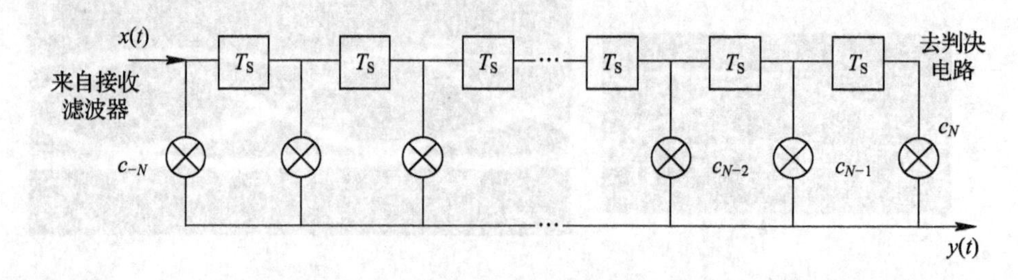

图 4-20 可调横向滤波器

该滤波器由无限多横向排列的延迟单元及抽头系数组成，能将输入端(接收滤波器输出端)抽样时刻上有码间串扰的响应波形变换成抽样时刻上无码间串扰的响应波形。由于横向滤波器的均衡原理是建立在响应波形上的，故把这种均衡称为时域均衡。

$x(t)$是经过发送滤波器、接收滤波器和信道的形成波形。由于信道特性的不理想或信道参数的变化，$x(t)$不会是理想的形成波形，即按奈奎斯特第一准则在各取样点的值将存在码间串扰。输入信号 $x(t)$送入串接的 $2N$ 节迟延线，每节迟延时间为 T_S。在每一节迟延线的输出端都引出相应的 $x(t)$迟延信号，并分别经过增益加权系数为 c_k 的乘法器。加权系数 c_k 是可调节的，能取正值或负值，且每一个系数值都对中心抽头系数 c_0 归一化。根据线性系统原理可得均衡器的输出为

$$y(t)=\sum_{k=-N}^{N}c_k x(t-kT)$$

为了书写方便，$t=nT$ 时的 $y(t)$取样值写为

$$y_n=\sum_{k=-N}^{N}c_k x(n-k)$$

按奈奎斯特第一准则，时域均衡的目标是：调整各增益加权系数 c_k，使得除 $n=0$ 以外的 y_n 值为零，消除码间串扰。理论上讲，只有横向滤波器节数 $N\to\infty$时，才能消除码间串扰，但当抽头数 $2N+1$ 足够大时，也可以达到 $\sum_{n=-\infty}^{\infty}y_n(n\neq0)\to0$ 的要求。

从以上分析可知，横向滤波器可以实现时域均衡。无限长的横向滤波器可以在理论上完全消除抽样时刻的码间串扰，但实际上是不可能实现的。因为均衡器的长度不仅受经济条件的限制，并且还受每一系数 c_k 的调整准确度的限制。如果 c_k 的调整准确度得不到保证，则增加长度所获得的效果也不会显示出来。因此，讨论有限长横向滤波器的抽头增益的调整问题是有必要的。

4.6　差错控制编码

不管是模拟通信系统还是数字通信系统，都会因干扰和信道传输特性不好对信号造成不良影响。对于模拟信号而言，信号波形会发生畸变，引起信号失真，并且信号一旦失真就很难纠正过来，因此在模拟通信系统中只能采取各种抗干扰、防干扰措施，尽量将干扰降到最低程度以保证通信质量。而在数字通信系统中，尽管干扰同样会使信号产生变形，但一定程度的信号畸变不会影响对数字信号的接收，因为我们只关心数字信号的电平状态(是高电平还是低电平，或者是正电平还是负电平)，而不太在乎其波形的失真。也就是说，数字通信系统对干扰或信道特性不良的宽容度比模拟通信系统大(这也就是为什么说数字通信比模拟通信抗干扰能力强的原因之一)。但是当干扰超过系统的限度就会使数字信号产生误码，从而引起信息传输错误。

数字通信系统除了可以采取与模拟通信系统同样的措施以降低干扰和信道不良对信号造成的影响之外，还可以通过对所传数字信号进行特殊的处理，即差错控制编码，对误码进行检错和纠错，以进一步降低误码率，从而满足通信要求。因此，数字通信系统除了硬件上的抗干扰措施，还可以从软件上的信道编码方面对信息传输中出现的错误进行控制和纠正。

4.6.1 信道编码的基本概念

由于实际的通信信道存在干扰和衰落，在信号传输过程中将出现差错，例如在传送的数据流中产生误码，从而使接收端产生图像的跳跃、不连续，出现马赛克等现象，故对数字信号必须采用纠、检错技术，即纠、检错编码技术，以增强数据在信道中传输时抵御各种干扰的能力，提高系统的可靠性。对要在信道中传送的数字信号进行的纠、检错编码就是信道编码。

提高数据传输效率，降低误码率是信道编码的任务。信道编码的本质是增加通信的可靠性。但信道编码会使传输的有用信息数据减少，信道编码的过程是在源数据码流中加插一些码元，从而达到在接收端进行判错和纠错的目的，这就是我们常常说的开销。这就好像人们运送一批玻璃杯一样，为了保证运送途中不出现打破玻璃杯的情况，我们通常都用一些泡沫或海绵等物将玻璃杯包装起来，这种包装使玻璃杯所占的容积变大，原来一部车能装 5000 个玻璃杯，包装后就只能装 4000 个了，显然包装的代价使运送玻璃杯的有效个数减少了。同样，在带宽固定的信道中，总的传送码率也是固定的，由于信道编码增加了数据量，其结果只能是以降低传送有用信息码率为代价了。将有用比特数除以总比特数就等于编码效率。不同的编码方式，其编码效率有所不同。

通过信道编码这一环节，对数码流进行相应的处理，使通信系统具有一定的纠错能力和抗干扰能力，可极大地避免码流传送中误码的发生。

4.6.2 差错控制编码的控制方式

差错控制方式基本上分为两类，一类称为“重发纠错”，另一类称为“前向纠错”。在这两类基础上又派生出一种称为“混合纠错”。

(1) 重发纠错(ARQ)。

重发纠错是在发送端采用某种能发现一定程度传输差错的简单编码方法对所传信息进行编码，即加入少量监督码元；在接收端则根据编码规则对收到的编码信号进行检查，一旦检测出有错码，立即向发送端发出询问的信号，要求重发，发送端收到询问信号时，立即重发已发生传输差错的那部分信息，这样不断持续直到正确收到为止。

(2) 前向纠错(FEC)。

前向纠错是发送端将信息码经信道编码后变成能够纠正错误的码，然后通过信道发送出去；接收端收到这些码组后，根据与发送端约定好的编码规则，通过译码能自动发现并纠正因传输带来的数据错误。前向纠错方式只要求单向信道。

(3) 混合纠错(HEC)。

混合纠错可以将少量纠错在接收端自动纠正，而当差错较严重，超出自行纠正能力时，就向发送端发出询问信号，要求重发。因此，“混合纠错”是“前向纠错”及“重发纠错”两种方式的混合。

三种纠错方式示意图如图 4-21 所示，对于不同类型的信道，应采用不同的差错控制技术。重发纠错可用于双向数据通信，前向纠错则用于单向数字信号的传输，例如广播数字电视系统，因为这种系统没有反馈通道。

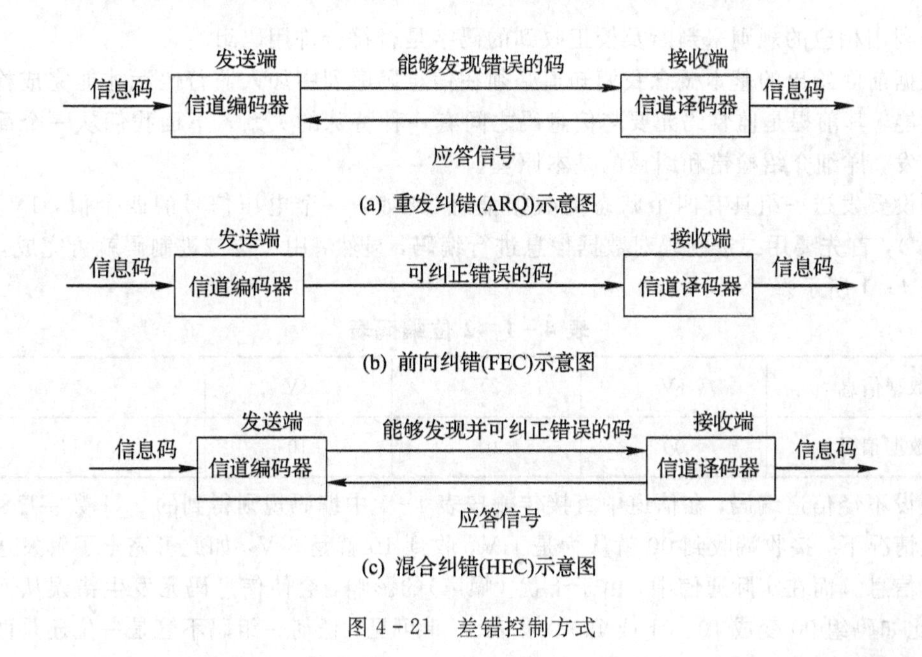

图 4-21　差错控制方式

4.6.3　纠错编码原理

码距与纠错能力

停止等待ARQ

首先介绍纠错码的一些基本概念。

(1) 信息码元、监督码元与码字。

信息码元：是指进行差错编码前送入的原始信息编码，通常以 k 表示。

监督码元：是指经过差错编码后在信息码元基础上增加的冗余码元，通常以 r 表示。一般情况下，监督位越多，检错、纠错能力越强，但相应的编码效率也随之降低。

码字(组)：由信息码元和监督码元组成，是具有一定长度的编码组合。

(2) 码元重量与码元距离。

码元重量：码字的重量，即一个码字中"1"码的个数，通常简称为码重。它反映一个码组中"0"和"1"的比重。

码元距离：两个码组对应位置上取值不同(1 或 0)的位数，称为码组的距离，简称码距，又称汉明距离，通常以 d 表示。

例如：000 与 101 之间的码距为 2，000 与 111 之间的码距为 3，而各码组之间距离的最小值称为最小码距，通常以 d_0 表示。若有码字 10010、00011 和 11000，则比较各码字两两之间的码距分别如下：10010 和 00011 之间的码距是 2；10010 和 11000 之间的码距是 2；00011 和 11000 之间的码距是 4，因此该码集的最小码距为 2。

最小码距 d_0 是一个重要参数，它是衡量码检错、纠错能力的依据。

(3) 许用码组与禁用码组。

信道编码后的总码长为 n，总的码组数应为 2^n，即为 2^{k+r}。其中，被传送的信息码组有 2^k 个，通常称为许用码组；其余的码组共有(2^n-2^k)个，不进行传送，故称为禁用码组。差错控制编码的任务正是寻求某种规则从总码组(2^n)中选出许用码组；而接收端译码的任务则是利用相应的规则来判断及校正收到的码字是否符合许用码组。

根据前面给出的基本概念我们知道必须在信息码序列中加入监督码元才能完成检错和纠错功能，其前提是监督码元要与信息码之间有一种特殊的关系。下面我们从一个简单的例子出发，详细介绍检错和纠错的基本原理。

假设要发送一组具有四个状态的数据信息(比如，一个电压信号的四个值，1V、2V、3V、4V)，首先要用二进制码对数据信息进行编码，显然，用2位二进制码就可完成，编码表如表4-1所示。

表4-1　2位编码表

数据信息	1V	2V	3V	4V
数据编码	00	01	10	11

假设不经信道编码，在信道中直接传输按表4-1中编码规则得到的0、1数字序列，则在理想情况下，接收端收到00就认为是1 V，收到10就是3 V，如此可完全了解发送端传过来的信息。而在实际通信中，由于干扰（噪声)的影响，会使信息码元发生错误从而出现误码(比如码组00变成10、01或11)。从表4-1可见，任何一组码不管是一位还是两位发生错误，都会使该码组变成另外一组信息码组，从而引起信息传输错误。

因此，以这种编码形式得到的数字信号在传输过程中不具备检错和纠错的能力，这是我们所不希望的。该例中问题的关键是2位二进制码的全部组合都是信息码组或称许用码组，任何一位(或两位)发生错误都会引起歧义。为了克服这一缺点，我们在每组码后面再加1位码元，使2位码组变成3位码组。这样，在3位码组的8种组合中只有4组是许用码组，而其余4种被称为禁用码组，编码表变成表4-2。

表4-2　3位编码表

数据信息	1 V	2 V	3 V	4 V	×	×	×	×
数据编码	000	011	101	110	001	010	100	111

在许用码组000、011、101、110中，右边加上的1位码元就是监督码元，它的加入原则是使码组中1的个数为偶数，这样监督码元就和前面2位信息码元发生了关系，这种编码方式称为偶校验；反之，如果加入原则是使码组中1的个数为奇数，则编码方式称为奇校验。

现在再看一下出现误码的情况，假设许用码组000出现1位误码，即变成001、010或100三个码组中的一个，可见这三个码组中1的个数都是奇数，是禁用码组。因此，当接收端收到这三个码组中的任何一个时，就知道是误码，用这种方法可以发现1位或3位出现错误的码组，而无法检测出2位错误，因为一个码组出现2位错误，其奇偶性不变。那么接收端能否从误码中判断哪一位发生错误？比如，对误码001而言，如果是1位发生错误，原码可能是000、101或011；如果3位都错，原码就是110。现在无法判断出原码到底是哪一组，也就是说，通过增加1位监督码元，可以检出1位或3位错误(3位出错的概率极小)，但无法纠正错误。

理论分析表明，一种编码方式的检错和纠错能力与许用码组中的最小码距有关。比如，表4-2中8个码组的最小码距为1，若这8个码组都作为许用码组，则没有检错能力，更不用说纠错了；若选取其中四个作为许用码组，则最小码距为2，可以检出1位或3位错误；如果只选两组 000 和 111 为许用码组，其最小码距为 3，那么就可以发现所有 2 位以下的错误，若用来纠错，则可纠正 1 位错误。

根据理论推导，可以得出以下结论：

(1) 在一个码组内要想检出 e 位误码，要求最小码距为 $d_0 \geqslant e+1$；

(2) 在一个码组内要想纠正 t 位误码，要求最小码距为 $d_0 \geqslant 2t+1$；

(3) 在一个码组内要想纠正 t 位误码，同时检测出 e 位误码($e \geqslant t$)，要求最小码距为 $d_0 \geqslant t+e+1$。

根据结论可知，最小码距相同的码组，检错和纠错能力也相同。显然，要提高编码的检错和纠错能力，不能仅靠简单地增加监督码元位数(即冗余度)，更重要的是要加大最小码距(即码组之间的差异程度)，而最小码距的大小与编码的冗余度是有关的，最小码距增大，码元的冗余度就增大，但码元的冗余度增大，最小码距不一定增大。因此，一种编码方式具有检错和纠错能力的必要条件是信息编码必须有冗余，而充分条件是码元之间要有一定的码距。另外，检错要求的冗余度比纠错要低。

4.6.4　常用差错控制编码

1. 奇偶校验码

奇偶校验码是通信中最常见的一种简单检错码，其编码规则是：把信息码先分组，形成多个许用码组，在每一个许用码组的最后一位(最低位)上加上一位监督码元即可。加上监督码元后，使该码组中 1 的数目为奇数的编码称为奇校验码，使该码组中 1 的数目为偶数的编码称为偶校验码。根据编码分类可知，奇偶校验码属于一种检错、线性、分组系统码。

2. 正反码

正反码是一种简单的、能够纠错的编码方法。其编码规则为：在信息码后加上与信息码位数相同的监督码，当信息码中“1”码的个数为偶数时，监督码是信息码的反码；当信息码中“1”码的个数为奇数时，监督码是信息码的简单重复。如电报通信用的码字长为 10，其中前 5 位为信息码，后 5 位为监督码。

接收端解码的方法是：先将接收码组中的信息位和监督位按模 2 相加，得到一个 5 位的合成码组，若接收到的信息位中有偶数个“1”码，则合成码组的反码作为校验码组；若接收到的信息位中有奇数个“1”码，则合成码组就是校验码组。之后，观察校验码组中“1”码的个数，按表 4－3 进行检错和纠错。

表 4－3　正反码检错和纠错方法

可能的情况	校验码组的组成	错 码 情 况
1	全为“0”	无错码
2	有 4 个“1”，1 个“0”	信息码中有一位错码，其位置对应校验码组中“0”的位置
3	有 4 个“0”，1 个“1”	信息码中有一位错码，其位置对应校验码组中“1”的位置
4	其他组成	错码多余一个

3. 线性分组码

先将信息码分组，然后给每组信息码附加若干监督码的编码称为分组码；若附加的监督码和信息码可由一些线性代数方程描述则称为线性分组码。也就是说，线性码表明信息码与监督码之间存在线性关系；而分组码是监督码，只与本组信息码有关。例如，首先将待传输的信息码分成长度等于 k 的码组，然后在每个由 k 码元组成的信息码组之后加上 r 个监督码元，使码组长度等于 n，附加的 r 个监督码元的取值由同一组的 k 个信息码元决定，这样就构成了等长的分组码，用(n, k)表示。如果信息码元与监督码元呈线性关系，则称其为线性分组码。这种长度为 n，有 2^k 个码组的线性分组码称为线性(n, k)码。

现以线性(7，4)分组码为例来说明线性分组码的特点。线性分组码中的 4 个信息码为 $a_6a_5a_4a_3$，3 个监督码为 $a_2a_1a_0$。监督位有 3 位，按照一定的编码规则来产生监督码，按代数的方法来构成线性分组码，每个监督码元都是本组信息码元的模 2 和，且每一个信息码元同时受到几个监督码元的多重监督。根据以上原则，列出 3 个监督码的线性方程组为

$$a_2 = a_6 \oplus a_5 \oplus a_4$$

$$a_1 = a_5 \oplus a_4 \oplus a_3$$

$$a_0 = a_6 \oplus a_5 \oplus a_3$$

由此，可通过信息码元的取值计算出监督码元的取值，从而得到线性(7，4)分组码。

由于线性分组码是通过附加监督码实现对信息码的监督的，两者之间又由监督方程组建立了相互约束关系，这样，当码元在传输过程中有误码时，方程组中的关系就将被破坏，于是接收端可以通过校验监督方程来发现错误。另外，监督是多重监督，每个信息码元都受到两个或两个以上的监督码监督，所以不但能够发现错误，而且能够知道错误的位置进而纠正。

由以上的分析可知线性分组码具有如下一些特点：

(1) 封闭性。线性分组码的任意两个许用码组的对应位按模 2 相加，得到一个的新码组，这个码组仍在许用码组中。

(2) 线性分组码的一致监督方程表示了该码的编码规则。

(3) 线性分组码具有循环性。在线性分组码中，任何一个许用码组的每一次循环移位(右移或左移)，都可以获得另外一个许用码组。

上面介绍了一些常用的差错控制编码，由上面的介绍可知，为了提高通信系统的可靠性，差错控制编码是利用加入监督码来实现的。显然，加入监督码后，虽然可以提高通信的可靠性，但系统的效率降低了，所以差错控制编码提高系统的可靠性是以牺牲系统的有效性为前提的。

习　题

1. 传输基带信号时，依据什么原则选择传输码型？

2. 设二进制符号序列为 10100110，试以矩形脉冲为例，分别画出单极性不归零码、双

极性不归零码、单极性归零码、双极性归零码。

3．设二进制符号序列为10100010，试以矩形脉冲为例，画出曼彻斯特码。

4．什么是AMI码？HDB_3码有什么特点？设二进制符号序列为10000100001100001１，分别写出其AMI码和HDB_3码。

5．什么是码间串扰？如何消除码间串扰？

6．如题4-1图所示，$H(\omega)$是一个理想的低通滤波器，请写出它的冲击响应，并画出图形。

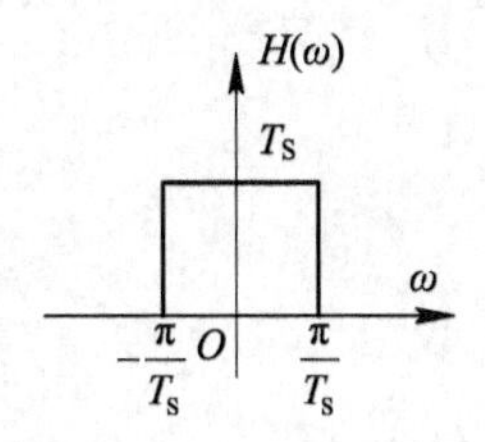

题4-1图

7．简述无码间串扰的滚降系统的特点。

8．画出第Ⅰ类部分响应系统的组成框图。

9．在如题4-2图所示中，标出最佳抽样时刻、可用的抽样时间、噪声容限、过零点畸变。

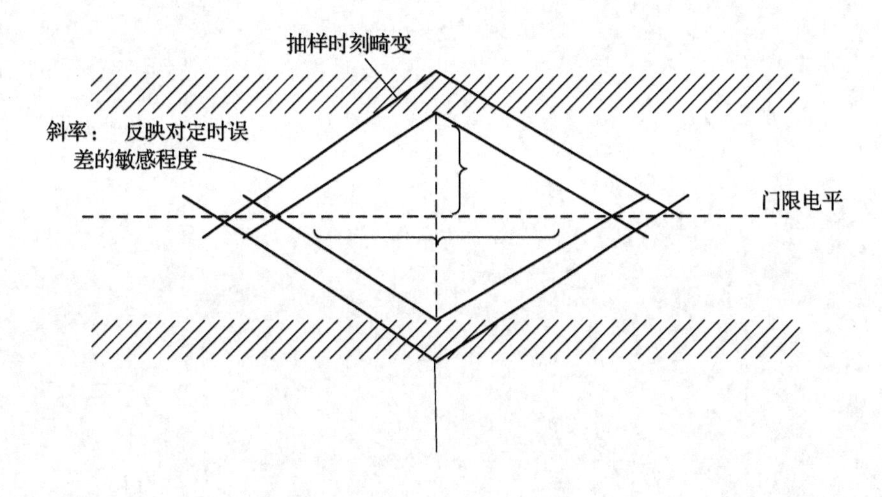

题4-2图

10．什么是时域均衡？什么是频域均衡？

11．什么是信息码元？什么是监督码元？符号序列00110001与符号序列10100011的码距是多少？

12．差错控制的方式有哪些？分别画出其示意图。

13．(1) 在一个码组内要想检出e位误码，要求最小码距为________________。

（2）在一个码组内要想纠正 t 位误码，要求最小码距为＿＿＿＿＿＿＿＿。

（3）在一个码组内要想纠正 t 位误码，同时检测出 e 位误码（$e \geqslant t$），要求最小码距为＿＿＿＿＿＿＿＿。

眼图的模型

第四章习题答案

第五章　数字频带传输系统

学习目的与要求：

通过本章学习，掌握数字频带传输的概念、目的及实现方式。

重点与难点内容：

(1) 数字频带传输的概念、二进制数字调制与解调的原理；
(2) 二进制数字调制系统的功率谱密度；
(3) 二进制数字调制系统的抗噪声性能；
(4) 不同二进制数字调制系统的差异；
(5) 多进制数字调制系统的原理及应用；
(6) 现代数字调制系统的原理及应用。

在数字基带传输系统中，为了使数字基带信号能够在信道中传输，要求信道应具有低通形式的传输特性。然而，在实际信道中，大多数信道是带通传输特性，数字基带信号不能直接在这种带通传输特性的信道中传输，故必须用数字基带信号对载波进行调制，产生各种已调数字信号。

数字调制与模拟调制的原理是相同的，一般可以采用模拟调制的方法实现数字调制，即可以用数字基带信号改变正弦载波的幅度、频率或相位中的某个参数，产生相应的数字振幅调制、数字频率调制和数字相位调制，也可以同时改变几个参数，产生新型的数字调制。

数字基带信号具有与模拟基带信号不同的特点，其取值是有限的离散状态。这样，可以用载波的某些离散状态来表示数字基带信号的离散状态。采用数字键控方法实现的数字调制称为键控法，基本的三种数字调制方式是：振幅键控(ASK)、移频键控(FSK)和移相键控(PSK 或 DPSK)。

5.1　二进制数字振幅调制系统

若调制信号是二进制数字基带信号，则这种调制称为二进制数字调制。振幅键控是正弦载波的幅度随数字基带信号变化的数字调制，当数字基带信号为二进制时，称为二进制振幅键控(2ASK)。

5.1.1 2ASK调制原理与实现方法

1. 调制原理

2ASK 信号时间波形如图 5-1 所示。由图 5-1 可知，2ASK 信号的时间波形随二进制基带信号 $s(t)$的通断变化。从图 5-1 中还可以看出，基带信号 $s(t)$相当于开关，当其值取"1"时，载波原样输出；当其值为"0"时，没有载波输出。整个过程相当于一个电子开关的开关控制，所以这种调制称为振幅键控调制，2ASK 又称为通断键控信号。

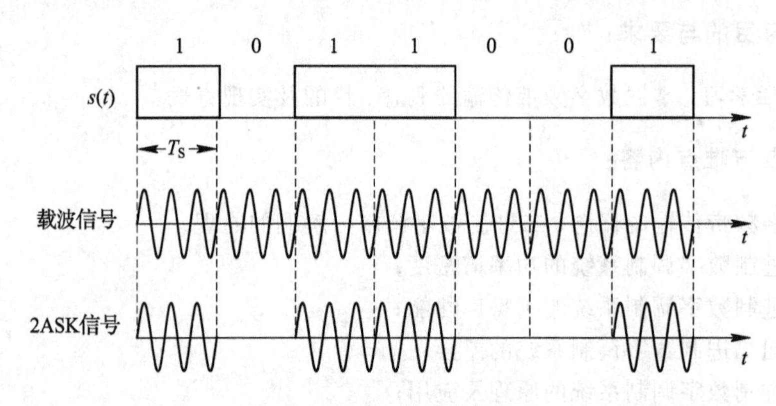

图 5-1 2ASK 信号时间波形

2. 实现方法

2ASK 信号产生的方法一般有两种，分别是图 5-2(a)采用的模拟相乘法和图 5-2(b)采用的数字键控法。

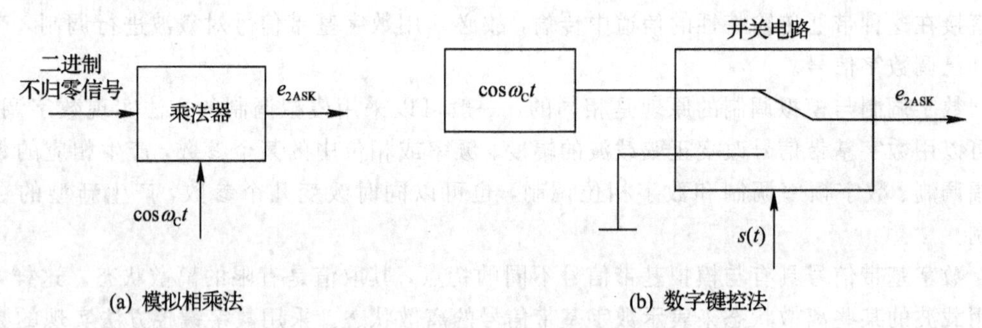

图 5-2 2ASK 信号产生实现方法

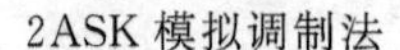

2ASK 模拟调制法　　2ASK 键控法

设 $s(t)$为单极性不归零脉冲信号，载波以 $A\cos\omega_C t$ 表示，那么一个典型的 2ASK 信号可表示为

$$e_{2ASK}(t)=s(t)A\cos(\omega_C t+\theta_C)$$

即

$$\begin{cases}e_1(t)=A\cos(\omega_C t+\theta_C)\text{，发 1 码}\\e_1(t)=0\text{，} \qquad\qquad\qquad \text{发 0 码}\end{cases}$$

3. 解调方法

可以看出，2ASK 信号与模拟调制中的 AM 信号类似。所以，对 2ASK 信号也能够采用非相干解调方式(包络检波法)和相干解调方式(同步检测法)，其相应原理方框图如图 5-3 所示。

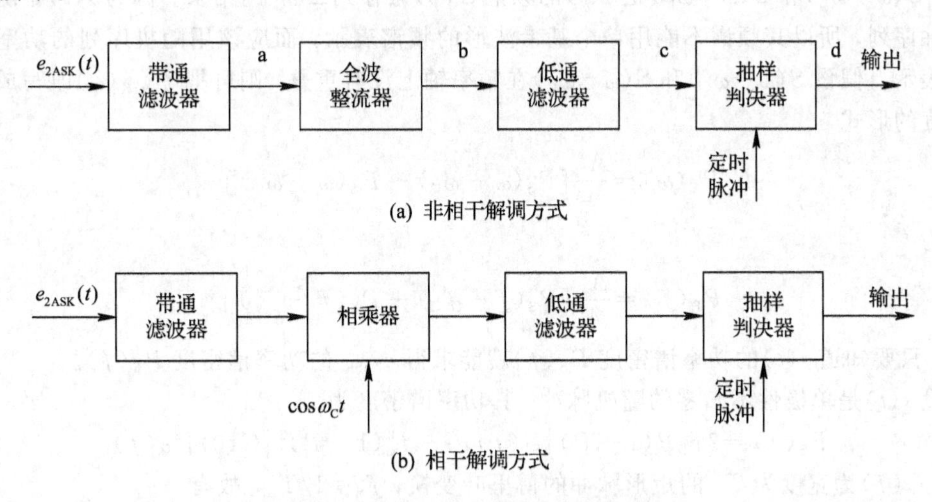

图 5-3　2ASK 信号解调原理方框图

2ASK 非相干解调法

2ASK 相干解调法

常用的非相干解调法是包络检波法，它能够得到一个与输入信号瞬时振幅大小成正比的输出电压。由于这种检波器比较简单，并具有稳定性好、可靠性高和价格便宜等优点，所以在 ASK 接收机中用得最广泛，其过程的时间波形如图 5-4 所示。

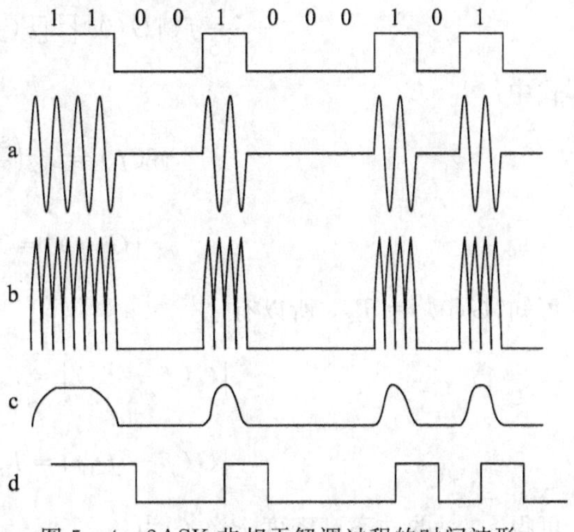

图 5-4　2ASK 非相干解调过程的时间波形

采用相干解调法，接收端必须提供一个与 ASK 信号的载波保持同频同相的相干振荡信号，否则会造成解调后的波形失真。通常接收端本身是无法独立产生这种相干信号的，而此相干信号原则上可以通过窄带滤波(如果已调信号中含有载波分量)或锁相环路来提取，但是在实际中实现起来还是比较困难，且会给设备增加复杂性。因此，目前在实际中很少采用相干解调法来解调 ASK 信号。

5.1.2 2ASK 信号的功率谱

对于已调信号 $e_{2ASK}=s(t)A\cos(\omega_C t+\theta_C)$，其频谱为

$$f_{2ASK}(\omega)=\int_{-\infty}^{\infty}As(t)\cos\omega_C t\,e^{-j\omega t}\,dt=\frac{A}{2}[S(\omega+\omega_C)+S(\omega-\omega_C)]$$

式中，$S(\omega+\omega_C)$和 $S(\omega-\omega_C)$是 $s(t)$的频谱 $S(\omega)$搬移到$\pm\omega_C$ 的结果。因为 $s(t)$是随机基带脉冲序列，所以其频谱不能用单个基带波形的频谱表示，而应该用随机序列的功率谱密度来表示。假设 $S(\omega+\omega_C)$和 $S(\omega-\omega_C)$在频率轴上没有重叠，则可把 $f_{2ASK}(\omega)$改写成功率谱密度的形式

$$P_E(\omega)=\frac{A^2}{4}[P_S(\omega+\omega_C)+P_S(\omega-\omega_C)]$$

或写为

$$P_E(f)=\frac{A^2}{4}[P_S(f+f_C)+P_S(f-f_C)]$$

可见，只要知道 $s(t)$的功率谱密度 $P_S(f)$就能求得 e_{2ASK} 的功率谱密度 $P_E(f)$。

设 $s(t)$是单极性不归零的随机脉冲，其功率谱密度为

$$P_S(f)=2f_S P(1-P)|G(f)|^2+f_S^2(1-P)^2|G(0)|^2\sigma(f)$$

式中，$G(f)$为宽度为 T_S 的矩形脉冲的傅里叶变换，$f_S=1/T_S$，故有

$$P_E(f)=\frac{A^2}{2}f_S P(1-P)[|G(f+f_C)|^2+|G(f-f_C)|^2]$$

$$+\frac{A^2}{4}f_S^2(1-P^2)|G(0)|^2[\sigma(f+f_C)+\sigma(f-f_C)]$$

当概率 $P=1/2$ 时，上式变为

$$P_E(f)=\frac{A^2}{8}[|G(f+f_C)|^2+|G(f-f_C)|^2]$$

$$+\frac{A^2}{16}f_S^2|G(0)|^2[\sigma(f+f_C)+\sigma(f-f_C)]$$

式中：

$$G(f)=T_S\left(\frac{\sin\pi fT_S}{\pi fT_S}\right)e^{-j\pi fT_S}$$

$$|G(f)|=T_S\left|\frac{\sin\pi fT_S}{\pi fT_S}\right|$$

可知$|G(0)|=T_S$，所以有

$$|G(f+f_C)|=T_S\left|\frac{\sin\pi(f+f_C)T_S}{\pi(f+f_C)T_S}\right|$$

$$|G(f-f_C)|=T_S\left|\frac{\sin\pi(f-f_C)T_S}{\pi(f-f_C)T_S}\right|$$

可得 e_{2ASK} 的功率谱密度 $P_E(f)$为

$$P_E(f)=\frac{A^2}{8}\left[\left|\frac{\sin\pi(f+f_C)T_S}{\pi(f+f_C)T_S}\right|^2+\left|\frac{\sin\pi(f-f_C)T_S}{\pi(f-f_C)T_S}\right|^2\right]+\frac{A^2}{16}[\sigma(f+f_C)+\sigma(f-f_C)]$$

此功率谱密度如图 5-5 所示。

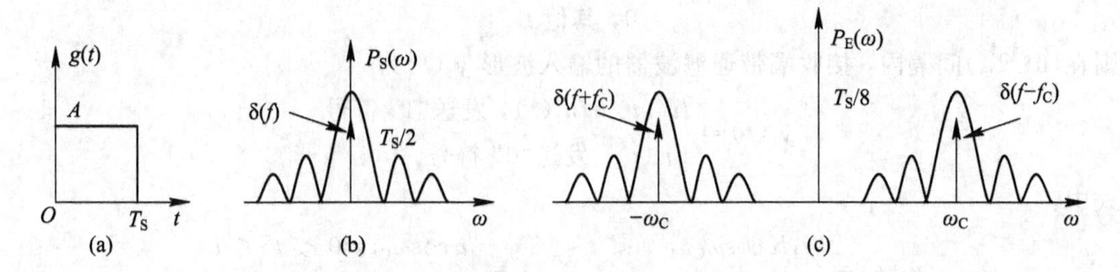

图 5-5　2ASK 的功率谱密度

2ASK 功率谱密度

由 $P_E(f)$的表达式可知，2ASK 信号的功率谱由连续谱和离散谱两部分组成。其中，第一项连续谱取决于 $g(t)$的双边带谱，第二项离散谱则由载波分量确定。同时，2ASK 信号的带宽是原基带信号带宽的两倍，故频带利用率仅有直接传输基带信号的一半。

5.1.3　2ASK 系统的抗噪声性能

在数字通信系统中，衡量系统抗噪声性能的重要指标是误码率。因此，分析二进制数字调制系统的抗噪声性能，也就是分析在信道等效加性高斯白噪声的干扰下系统的误码性能，然后得出误码率与信噪比之间的数学关系。

由于信道加性噪声被认为只对信号的接收产生影响，故分析系统的抗噪声性能也只要考虑接收部分。同时，认为这里的信道加性噪声既包括实际信道中的噪声，也包括接收设备噪声折算到信道中的等效噪声。

1. 同步检测法的系统抗噪声性能分析

对 2ASK 系统，同步检测即相干解调法的系统性能分析模型如图 5-6 所示。

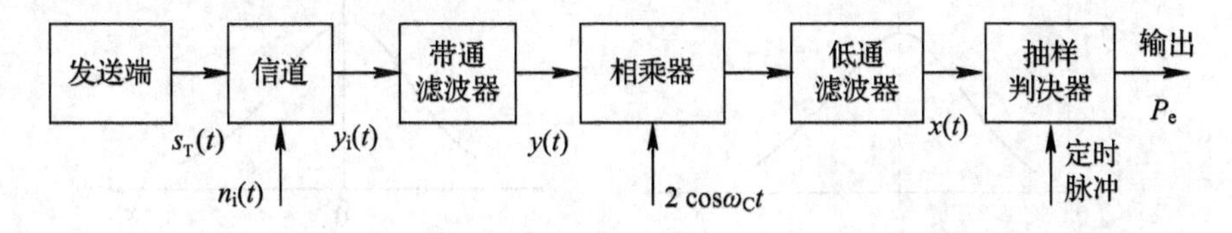

图 5-6　2ASK 信号同步检测法的系统性能分析模型

设在一个码元的时间间隔 T_S 内，发送端输出信号的波形 $s_T(t)$ 为

$$s_T(t)=\begin{cases}u_T(t), & 发送“1”符号\\ 0, & 发送“0”符号\end{cases}$$

其中：

$$u_T(t)=\begin{cases}A\cos\omega_C t,\ 0<t<T_S\\ 0,\ 其他\ t\end{cases}$$

则在$(0,\ T_S)$间隔内，接收端带通滤波器的输入波形 $y_i(t)$ 为

$$y_i(t)=\begin{cases}u_i(t)+n_i(t),\ 发送“1”符号\\ n_i(t),\ 发送“0”符号\end{cases}$$

式中：

$$u_i(t)=\begin{cases}AK\cos\omega_C t,\ 0<t<T_S\\ 0,\ 其他\ t\end{cases}=\begin{cases}a\cos\omega_C t,\ 0<t<T_S\\ 0,\ 其他\ t\end{cases}$$

为信道输出信号，其中 $n_i(t)$为加性高斯白噪声，均值为零，方差为 σ。

设接收端带通滤波器具有理想矩形传输特性，恰好使信号完整通过，则其输出波形$y(t)$为

$$y(t)=\begin{cases}u_i(t)+n_i(t),\ 发送“1”符号\\ n_i(t),\ 发送“0”符号\end{cases}$$

$y(t)$经过相乘器后，再通过理想低通滤波器滤除信号带通分量，则输出波形 $x(t)$为

$$x(t)=\begin{cases}a+n_C(t),\ 发送“1”符号\\ n_C(t),\ 发送“0”符号\end{cases}$$

式中，a 为信号成分；$n_C(t)$为低通高斯噪声，均值为零，方差为 σ_n^2。

设第 k 个符号的取样时刻为kT_S，则 $x(t)$在 kT_S 时刻的取样值 x 为

$$x=\begin{cases}a+n_C(kT_S)\\ n_C(kT_S)\end{cases}=\begin{cases}a+n_C,\ 发送“1”符号\\ n_C,\ 发送“0”符号\end{cases}$$

式中，n_C 为高斯随机变量，均值为零，方差为 σ_n^2。由随机信号分析可得，发送“1”符号时的取样值 x 的一维概率密度函数 $f_1(x)$为

$$f_1(x)=\frac{1}{\sqrt{2\pi}\sigma_n}\exp\left\{-\frac{(x-a)^2}{2\sigma_n^2}\right\}$$

发送“0”符号时的取样值 x 的一维概率密度函数 $f_0(x)$为

$$f_0(x)=\frac{1}{\sqrt{2\pi}\sigma_n}\exp\left\{-\frac{x^2}{2\sigma_n^2}\right\}$$

则 $f_1(x)$和 $f_0(x)$的曲线如图 5-7 所示。

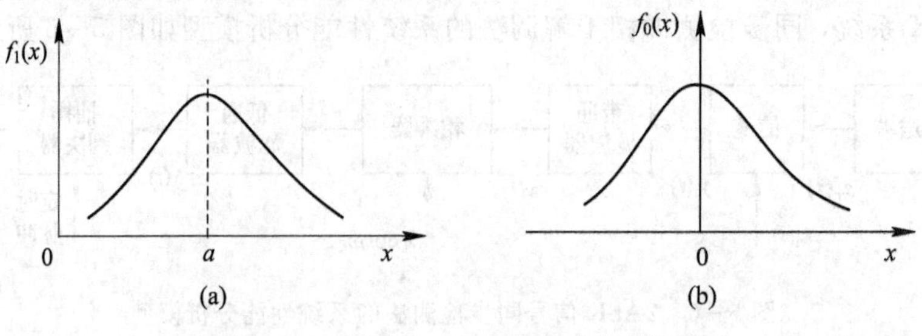

图 5-7　取样值 x 的一维概率密度函数

假设取样判决器的判决门限为 b，则取样值 $x>b$ 时判为“1”符号输出，取样值 $x\leqslant b$ 时判为“0”符号输出。若发送的第 k 个符号为“1”，则错误接收的概率为 $P(0/1)=\int_{-\infty}^{b}f_1(x)\mathrm{d}x$；若发送的第 k 个符号为“0”，则错误接收的概率为 $P(1/0)=\int_{b}^{\infty}f_0(x)\mathrm{d}x$。

系统总误码率为将“1”判为“0”的错误概率与将“0”判为“1”的错误概率的统计平均，即

$$\begin{aligned}P_e&=P(1)P(0/1)+P(0)P(0/1)\\&=P(1)\int_{-\infty}^{b}f_1(x)\mathrm{d}x+P(0)\int_{b}^{\infty}f_0(x)\mathrm{d}x\end{aligned}$$

这就表明当符号发送概率一定时，系统总误码率 P_e 将与判决门限 b 有关，其几何表示如图 5-8 所示，误码率 P_e 等于图中阴影的面积。改变判决门限 b，阴影面积将随之改变，即误码率大小将随判决门限 b 而变化。当判决门限 b 取两条曲线的相交点 b^* 时，阴影面积最小，即判决门限为 b^* 时，系统误码率 P_e 最小，这个门限就称为最佳判决门限。

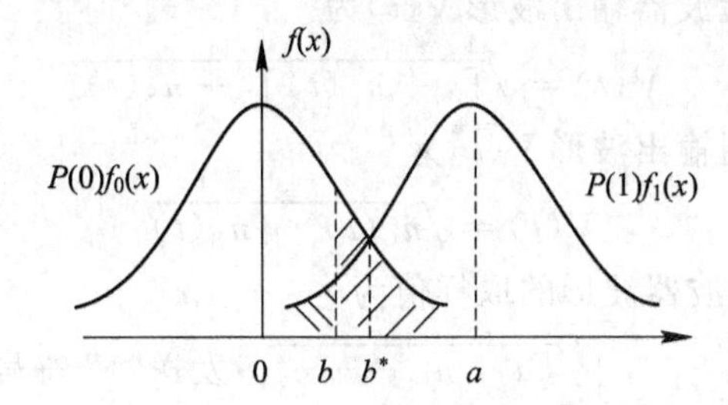

图 5-8　同步检测误码率的几何表示

通过求误码率 P_e 关于判决门限 b 的最小值，可得到

$$b^*=\frac{a}{2}-\frac{\sigma_n^2}{a}\ln\frac{P(0)}{P(1)}$$

若发送的二进制符号“1”和“0”等概，即 $P(0)=P(1)$，则最佳判决门限为

$$b^*=\frac{a}{2}$$

此时系统误码率 P_e 为

$$P_e=\frac{1}{2}\mathrm{erfc}\left(\sqrt{\frac{r}{4}}\right)$$

式中，$r=a^2/(2\sigma_n^2)$ 为信噪比。当 $r\gg1$ 即大信噪比时，有

$$P_e\approx\frac{1}{\sqrt{\pi r}}\mathrm{e}^{-\frac{r}{4}}$$

2. 包络检波法的系统抗噪声性能分析

包络检波法的解调过程不需要相干载波，比较简单，其系统性能分析模型如图 5-9 所示。

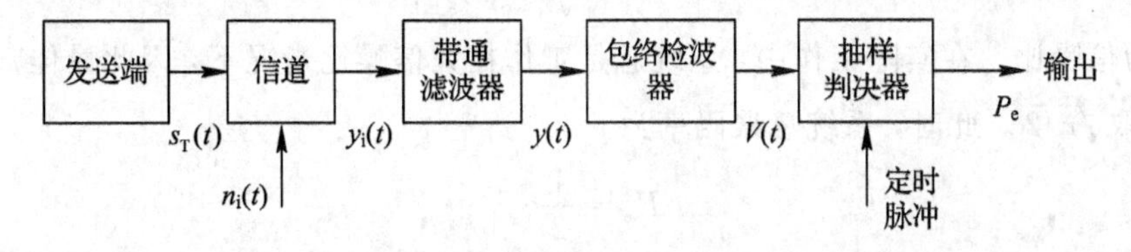

图 5-9　包络检波法的系统性能分析模型

接收端带通滤波器的输出波形与同步检测法相同，即

$$y(t)=\begin{cases}u_{\mathrm{i}}(t)+n_{\mathrm{i}}(t)\\ n_{\mathrm{i}}(t)\end{cases}$$

$$=\begin{cases}[a+n_{\mathrm{C}}(t)]\cos\omega_{\mathrm{C}}t-n_{\mathrm{S}}(t)\sin\omega_{\mathrm{C}}t, & \text{发送“1”符号}\\ n_{\mathrm{C}}(t)\cos\omega_{\mathrm{C}}t-n_{\mathrm{S}}(t)\sin\omega_{\mathrm{C}}t, & \text{发送“0”符号}\end{cases}$$

上式可进一步表示为

$$y(t)=\begin{cases}\sqrt{[a+n_{\mathrm{C}}(t)]^2+n_{\mathrm{S}}^2(t)}\cos[\omega_{\mathrm{C}}t+\varphi_1(t)], & \text{发送“1”符号}\\ \sqrt{n_{\mathrm{C}}(t)^2+n_{\mathrm{S}}^2(t)}\cos[\omega_{\mathrm{C}}t+\varphi_0(t)], & \text{发送“0”符号}\end{cases}$$

包络检波器能检测出输入波形包络的变化，上式中 $\sqrt{[a+n_{\mathrm{C}}(t)]^2+n_{\mathrm{S}}^2(t)}$ 和 $\sqrt{n_{\mathrm{C}}(t)^2+n_{\mathrm{S}}^2(t)}$ 分别为发送“1”和发送“0”符号时的包络。

当发送“1”时，包络检波器输出波形 $V(t)$ 为

$$V(t)=\sqrt{[a+n_{\mathrm{C}}(t)]^2+n_{\mathrm{S}}^2(t)}$$

当发送“0”时，包络检波器输出波形 $V(t)$ 为

$$V(t)=\sqrt{n_{\mathrm{C}}(t)^2+n_{\mathrm{S}}^2(t)}$$

因此，在 kT_{S} 时刻包络检波器波形的取样值为

$$y(t)=\begin{cases}\sqrt{[a+n_{\mathrm{C}}]^2+n_{\mathrm{S}}^2}, & \text{发送“1”符号}\\ \sqrt{n_{\mathrm{C}}{}^2+n_{\mathrm{S}}^2}, & \text{发送“0”符号}\end{cases}$$

与分析同步检测法的系统性能类似，通过一维概率密度函数可求得包络检波法系统的总误码率为

$$P_{\mathrm{e}}=P(1)P(0/1)+P(0)P(0/1)$$

$$=P(1)[1-Q(2r,b_0)]+P(0)\mathrm{e}^{-b_0^2/2}$$

式中，使用了 Q 函数方式描述，b_0 为归一化判决门限。由此可见，包络检波法的系统误码率取决于系统输入信噪比和归一化门限值，因此存在最佳归一化判决门限 $b_0{}^*=\dfrac{b}{\sigma_n}$。当 $P(0)=P(1)$ 的条件下，最佳判决门限为

$$b^*=\begin{cases}\dfrac{a}{2}, & r\gg 1\\ \sqrt{2}\sigma_n, & r\ll 1\end{cases}$$

因此，最佳归一化判决门限为

$$b_0^*=\frac{b^*}{\sigma_n}=\begin{cases}\sqrt{\dfrac{r}{2}}, & r\gg 1\\ \sqrt{2}, & r\ll 1\end{cases}$$

式中，r 为信噪比。在实际工作中，系统总是工作在大信噪比情况下，因此最佳归一化判决门限应该取 $\sqrt{r/2}$。此时，系统总误码率为

$$P_{\mathrm{e}}=\frac{1}{2}\mathrm{e}^{-r/4}$$

与同步检测法的系统总误码率相比，可以得出如下结论：

在相同的信噪比条件下，同步检测法的抗噪声性能优于包络检波法；在大信噪比条件下，两者性能相差不大，但由于包络检波法不需要相干载波，因而设备比较简单。此外，包络检波法存在门限效应，同步检测法无门限效应。

5.2　二进制数字频率调制系统

二进制移频键控(2FSK)调制，是继振幅键控信号之后出现的比较早的一种调制方式。由于它的抗噪声、抗衰减性能优于 2ASK，设备又不算复杂，实现也比较容易，所以一直在很多场合应用，例如用于中低速数据传输，尤其是在有衰减的无线信道中。

5.2.1　2FSK 调制原理与实现方法

1. 调制原理

若正弦载波的频率随二进制基带信号在两个频率点间变化，则将产生二进制移频键控信号(2FSK)。二进制移频键控信号可以看成是两个不同载波的二进制振幅键控信号的叠加。设二进制基带信号的“1”符号对应于载波频率 f_1，“0”符号对应于载波频率 f_2，2FSK 信号的时间波形如图 5-10 所示。

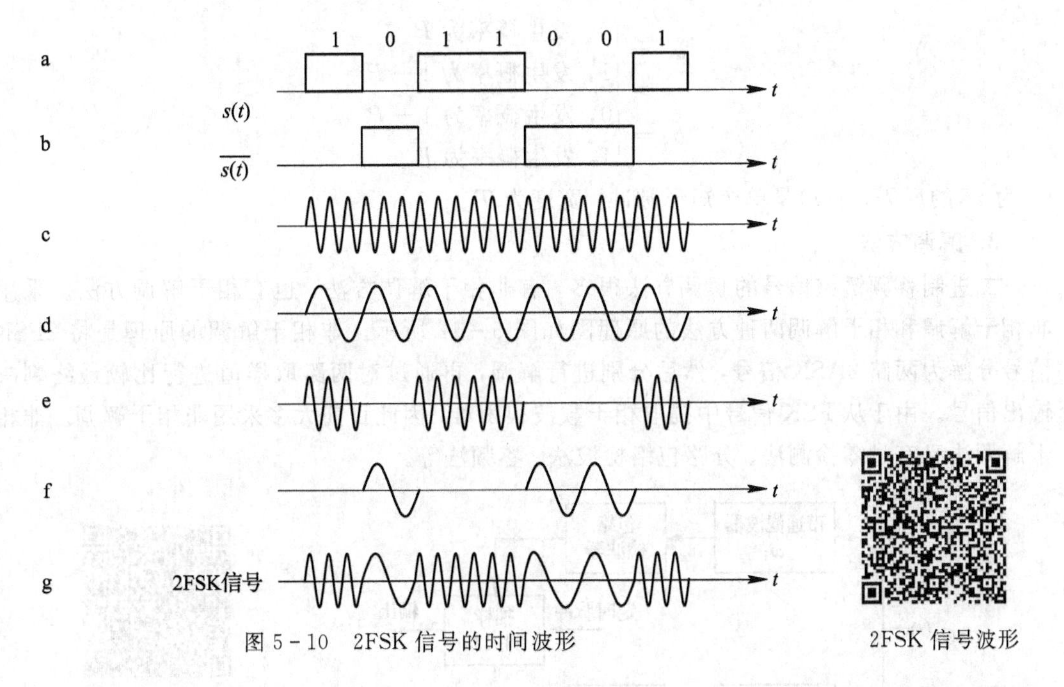

图 5-10　2FSK 信号的时间波形

2FSK 信号波形

由图 5-10 可知，b 是 a 的反码，c 和 d 为不同频率，且调制后组成了 g 的 2FSK 信号。

2. 实现方法

二进制移频键控信号的产生，可以采用模拟调频电路来实现，也可以采用数字键控的方法来实现。图 5-11 说明了 2FSK 信号产生的实现方法。

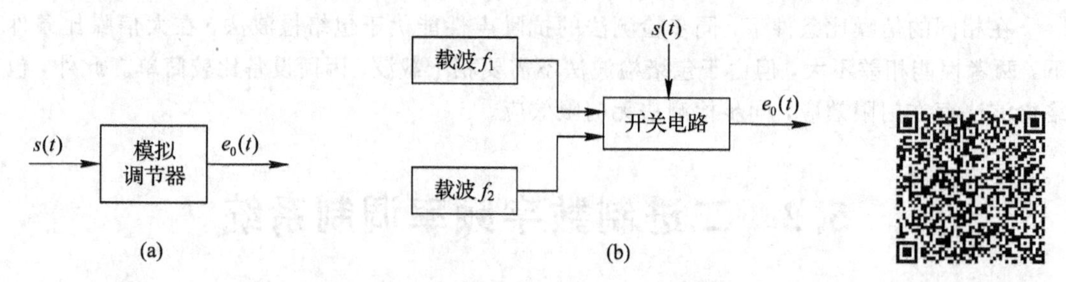

图 5-11　2FSK 信号产生的实现方法

2FSK 键控法

2FSK 信号有两种产生方法：载波调频法和频率选择法。本节主要介绍相位不连续的2FSK 信号。载波调频法产生的是相位连续的 2FSK 信号。相位连续的 2FSK 信号一般由一个振荡器产生，并用基带信号改变振荡器的参数，使振荡频率发生变化，此时相位是连续的，其原理如图 5-11(a)所示。频率选择法产生的一般是相位不连续的 2FSK 信号，如图 5-11(b)所示。相位不连续的 2FSK 信号一般由两个不同频率的振荡器产生，并由基带信号控制这两个频率信号的输出。由于这两个振荡器是相互独立的，因此在 f_1 转换为 f_2 或相反的转换过程中，不能保证 f_1 与 f_2 之间相位的连续。2FSK 信号的时域表达式为

$$e_{2\text{FSK}}(t)=\left[\sum_n a_n g(t-nT_\text{S})\right]\cos(\omega_1 t+\theta_n)+\left[\sum_n b_n g(t-nT_\text{S})\right]\cos(\omega_2 t+\theta_n)$$

式中，有

$$a_n=\begin{cases}0, & \text{发生概率为 } P\\ 1, & \text{发生概率为 } 1-P\end{cases}$$

$$b_n=\begin{cases}0, & \text{发生概率为 } 1-P\\ 1, & \text{发生概率为 } P\end{cases}$$

b_n 为 a_n 的反码，$g(t)$是单个矩形脉冲，宽度为 T_S。

3. 解调方法

二进制移频键控信号的解调方法很多，有非相干解调方法，也有相干解调方法。采用非相干解调和相干解调两种方法的原理图如图 5-12 所示。非相干解调的原理是将 2FSK 信号分解为两路 2ASK 信号，然后分别进行解调，再通过对两路取样值进行比较最终判决输出信号。由于从 FSK 信号中提取相干载波很困难，因此目前大多采用非相干解调。非相干解调法又有过零检测法、分路包络检波法、鉴频法等。

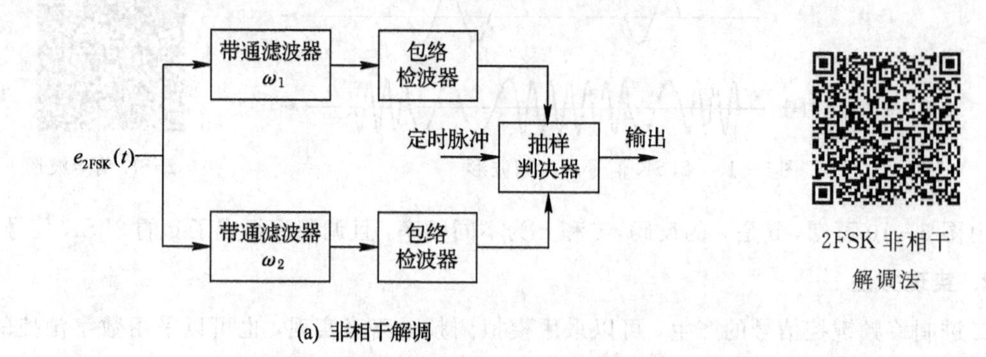

(a) 非相干解调

2FSK 非相干解调法

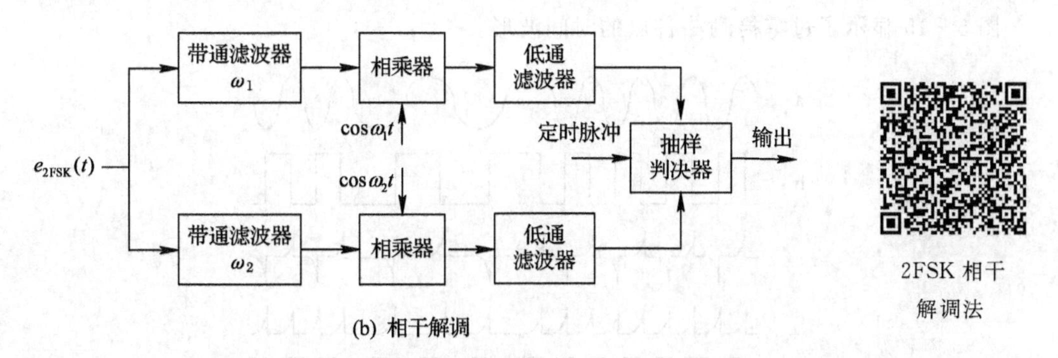

(b) 相干解调

图 5－12　解调方法的原理图

分路包络检波法解调的时间波形如图 5－13 所示，这种非相干解调器工作的条件是两路 ASK 信号频谱不重叠。此方法的频谱利用率不高，但比较容易实现，因此实际应用较多。

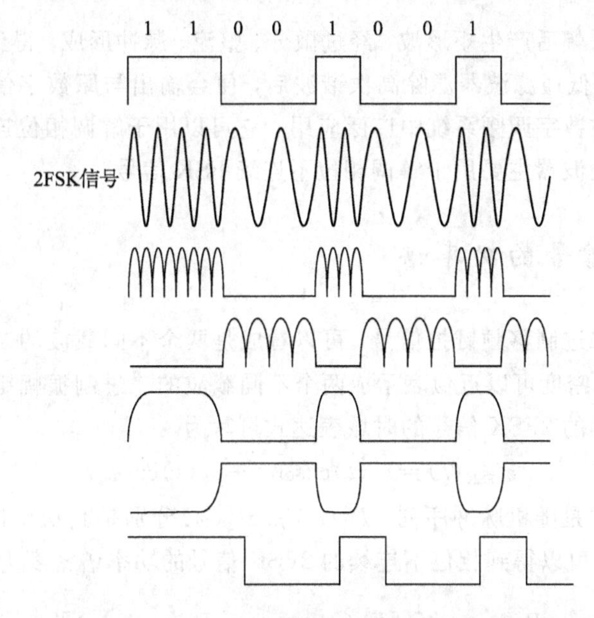

图 5－13　分路包络检波法解调的时间波形

过零检测法的原理图如图 5－14 所示，其原理是 2FSK 信号的过零点数随载波频率不同而相异，并且通过检测过零点密度(或频率)能得到频率的变化。

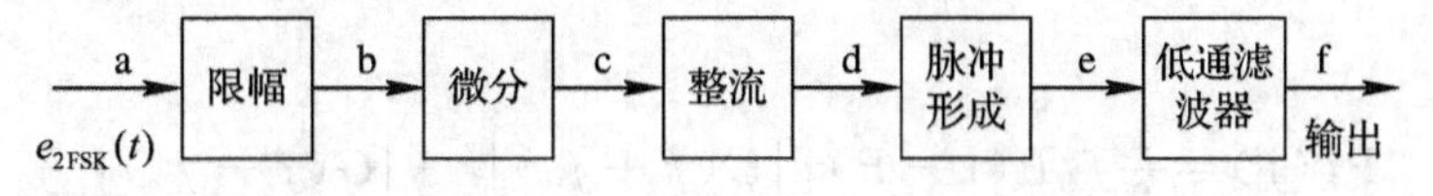

图 5－14　过零检测法的原理图

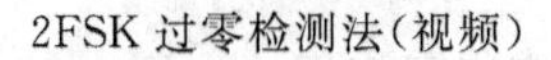
2FSK 过零检测法(视频)

2FSK 过零检测法

图 5-15 显示了过零检测法各点的时间波形。

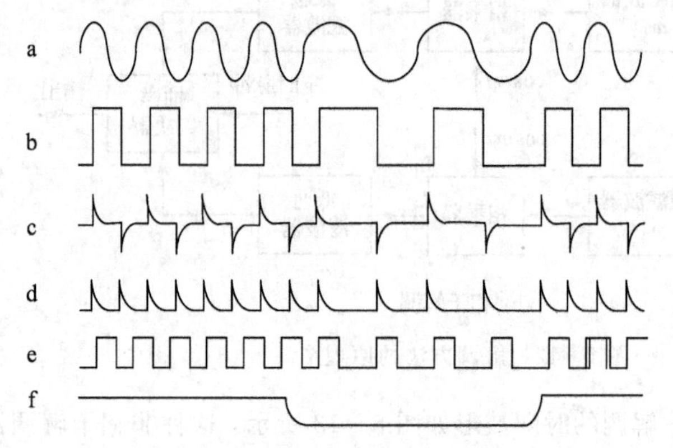

图 5-15 过零检测法各点的时间波形

输入信号经过限幅后产生矩形波，经过微分、整流、脉冲形成，得到与频率变化相关的矩形脉冲波，再通过低通滤波器滤除高次谐波后，便会输出与原数字信号对应的基带数字信号。过零检测法在数字调频系统中广泛应用。它可以用于解调相位连续和相位不连续的 FSK 信号，而包络检波器主要用于解调相位不连续 FSK 信号。

5.2.2 2FSK 信号的功率谱

相位不连续的二进制移频键控信号，可以看成是两个不同载波的二进制振幅键控信号的叠加，因此功率谱密度可以近似表示成两个不同载波的二进制振幅键控信号功率谱密度的叠加。相位不连续的 2FSK 信号的时域表达式可写为

$$e_{2FSK}(t)=s_1(t)\cos\omega_1 t+s_2(t)\cos\omega_2 t$$

设 $s_1(t)$和 $s_2(t)$是随机脉冲序列，$P_1(\omega)$和 $P_2(\omega)$分别是其功率谱密度。根据 2ASK 信号的功率谱密度，可以得到相位不连续的 2FSK 信号的功率谱密度为

$$\begin{aligned}P_E(\omega)=&\frac{1}{4}[P_1(\omega+\omega_1)+P_1(\omega-\omega_1)]\\&+\frac{1}{4}[P_2(\omega+\omega_2)+P_2(\omega-\omega_2)]\end{aligned}$$

即有

$$\begin{aligned}P_E(f)=&\frac{1}{2}f_S P(1-P)[|G(f+f_1)|^2+|G(f-f_1)|^2]\\&+\frac{1}{2}f_S P(1-P)[|G(f+f_2)|^2+|G(f-f_2)|^2]\\&+\frac{1}{4}f_S^2 P(1-P)^2|G(0)|^2[\delta(f+f_1)+\delta(f-f_1)]\\&+\frac{1}{4}f_S^2 P(1-P)^2|G(0)|^2[\delta(f+f_2)+\delta(f-f_2)]\end{aligned}$$

图 5-16 是相位不连续的 2FSK 信号的功率谱密度示意图。

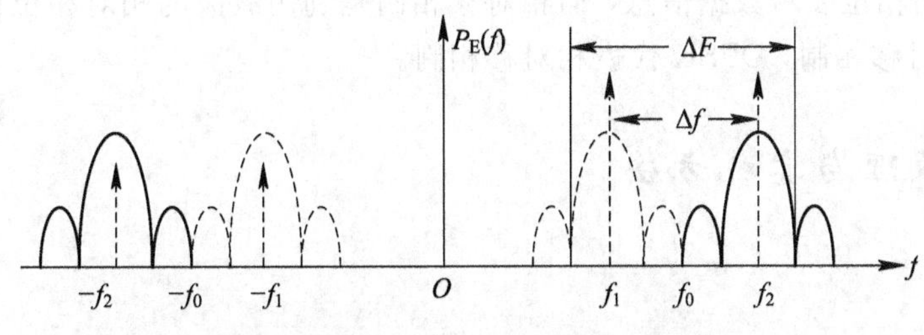

图 5-16　相位不连续的 2FSK 信号的功率谱密度示意图

相位不连续的 2FSK 信号的功率谱密度

由图 5-16 可知 2FSK 信号功率谱有如下特点：

相位不连续的 2FSK 信号的功率谱与 2ASK 信号相似，由连续谱和离散谱组成。其中连续谱由两个双边谱叠加而成，而离散谱出现在 f_1 和 f_2 这两个频率位置，并对称于标称载频 f_0。

若两个载频相隔较远，则连续谱出现双峰，峰值对应于这两个载频位置。当 Δf 减少时，双峰随之靠近，最后并为单峰，其峰值对应于标称载频 f_0 的位置。

5.2.3　2FSK 系统的抗噪声性能

与分析 2ASK 系统的抗噪声性能类似，2FSK 系统也可同样按照同步检测法和包络检波法进行性能分析，分析过程也是类似的。

由分析可知，在同步检测法的情况下，2FSK 系统的总误码率为

$$P_e = P(1)P(0/1) + P(0)P(0/1) = \frac{1}{2}\mathrm{erfc}\left(\sqrt{\frac{r}{2}}\right)$$

在大信噪比条件下(即 $r \gg 1$ 时)，可近似为

$$P_e \approx \frac{1}{\sqrt{2\pi r}}\mathrm{e}^{-\frac{r}{2}}$$

在包络检波法的情况下，2FSK 系统的总误码率为

$$P_e = P(1)P(0/1) + P(0)P(0/1) = \frac{1}{2}\mathrm{e}^{-r/2}$$

比较同步检测法及包络检波法解调时的性能可知，在大信噪比情况下，两者性能差距很小，但同步检测时设备复杂得多，因此，包络检波法比同步检测法更为常用。

此外，对于 2FSK 信号的解调，除以上两种方式外，还可以采用鉴频法，在此不做深入讨论。

5.3　二进制数字相位调制系统

数字调相与数字调幅、数字调频相比，在数据传输中占有更重要的地位。数字调相又称移相键控调制，它是利用载波的相位变化来反映数据信息的，此时载波的振幅和频率都不变化。移相键控(PSK)信号的抗噪声性能比 ASK 信号和 FSK 信号都要好，在中高速的数据传输中广泛采用调相技术。数字调相通常分为绝对移相制和相对移相制两种方式。绝

对移相制是利用载波的不同相位表示数据信息，而相对移相制是利用载波的相对相位值表示数据信息。PSK 代表绝对移相制，DPSK 代表相对移相制。

5.3.1 2PSK 调制原理与实现方法

1. 调制原理

在二进制数字调制中，当正弦载波的相位随二进制数字基带信号离散变化时，将产生二进制移相键控(2PSK)。通常用已调信号载波的 0°和 180°分别表示二进制数字基带信号的 1 和 0。

2PSK 信号的时域表达式为

$$e_{2PSK}(t)=\left[\sum_n a_n g(t-nT_S)\right]\cos\omega_C t$$

其中，a_n 与 2ASK 和 2FSK 时不同，在 2PSK 调制中，应该选择双极性信号，即有

$$a_n=\begin{cases}1，发生概率为 P\\-1，发生概率为 1-P\end{cases}$$

设 $g(t)$是脉宽为 T_S、高度为 1 的矩形脉冲，此时 2PSK 信号可写为

$$e_{2PSK}(t)=\begin{cases}\cos\omega_C t，发生概率为 P\\-\cos\omega_C t，发生概率为 1-P\end{cases}$$

当发送二进制符号“1”时，已调信号取 0°相位；当发送二进制符号“0”时，已调信号取 180°相位。这种以载波的不同相位直接表示相应二进制数字信号的调制方式，称为二进制绝对移相方式，其典型的时间波形如图 5-17 所示。

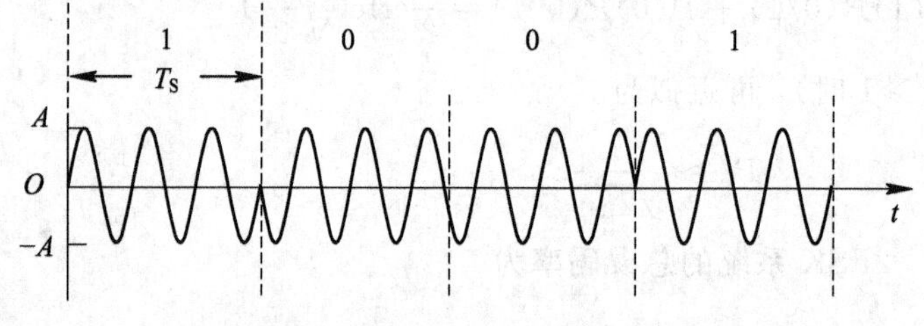

图 5-17 2PSK 信号的时间波形

2PSK 信号波形

2. 实现方法

2PSK 信号调制原理图如图 5-18 所示，可采用模拟调制(如图 5-18(a)所示)或者数字键控(如图 5-18(b)所示)的方法产生 2PSK 信号。

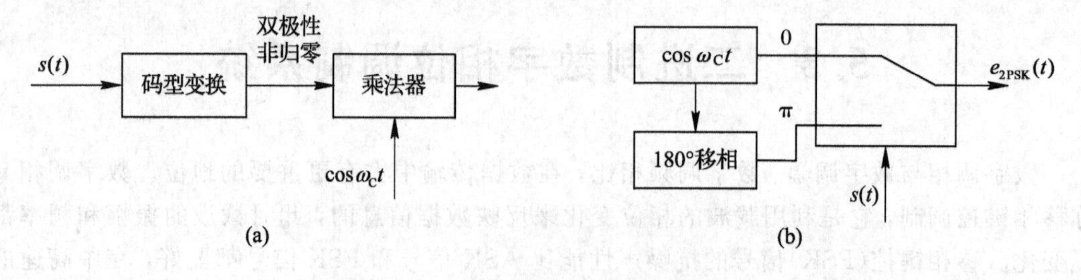

图 5-18 2PSK 信号调制原理图

模拟调制即调相法，就是根据绝对移相信号等于双极性基带信号与载波相乘的原理产生 2PSK 信号，这可以用平衡调制器来实现。这种方法和产生抑制载波的双边带信号的方法完全相同。

数字键控即相位选择法，可通过移相器输出 0 和 π 两种不同相位的载波。输入的数字基带信号为单极性脉冲信号，当它为高电平时，输出相位为零的载波；当它为低电平时，输出相位为 π 的载波，由此可以产生出 2PSK 信号。

3. 解调方法

2PSK 信号的解调通常都采用相干解调，其解调原理如图 5－19 所示，各时间点波形如图 5－20 所示。当用于解调恢复的相干载波产生 180°倒相时，解调出的数字基带信号将与发送的数字基带信号正好是相反的；解调器输出的数字基带信号全部出错。这种现象通常称为“倒相”现象。由于在 2PSK 信号的载波恢复过程中存在着 180°的相位模糊，所以 2PSK 信号的相干解调存在随机的“倒相”现象，从而使得 2PSK 方式在实际中很少采用。

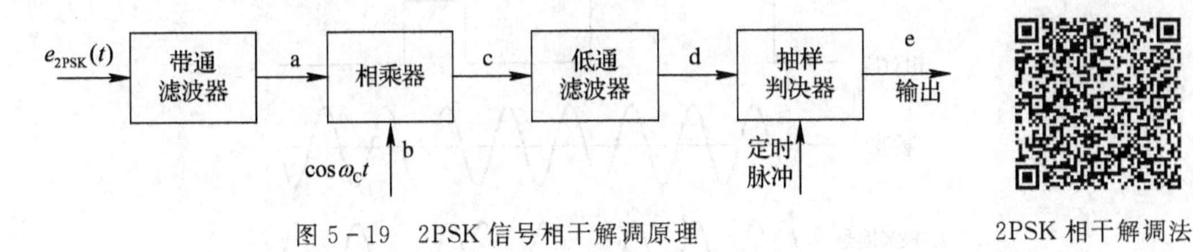

图 5－19　2PSK 信号相干解调原理

2PSK 相干解调法

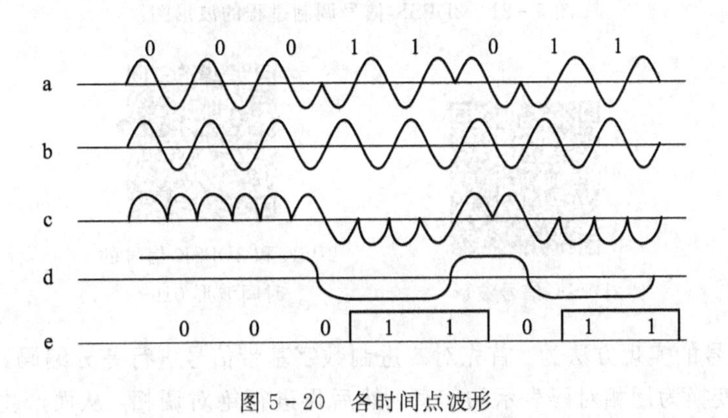

图 5－20　各时间点波形

5.3.2　2DPSK 调制原理与实现方法

为了解决 2PSK 信号解调过程中的“倒相”问题，提出了二进制差分移相键控（2DPSK）方式。所谓差分移相，就是数字“1”和“0”信号的相位不是以某个固定的相位（载波的相位）作参考，而是以相邻的前一码元的相位作为参考。

2DPSK 方式是用前后相邻码元的载波相对相位变化来表示数字信息的。假设前后相邻码元的载波相位差为 $\Delta\varphi$，可定义如下关系：

$$\Delta\varphi=\begin{cases}0\text{，表示数字信息“0”}\\ \pi\text{，表示数字信息“1”}\end{cases}$$

则一组二进制数字信息与其对应的 2DPSK 信号的相位关系如表 5-1 所示。

表 5-1　二进制数字信息与其对应的 2DPSK 信号的相位关系

二进制数字信息		1	1	0	1	0	0	1	1	1	0
2DPSK 信号的相位	0	π	0	0	π	π	π	0	π	0	0

1. 2DPSK 信号调制原理及实现方法

2DPSK 信号调制过程的波形图如图 5-21 所示。

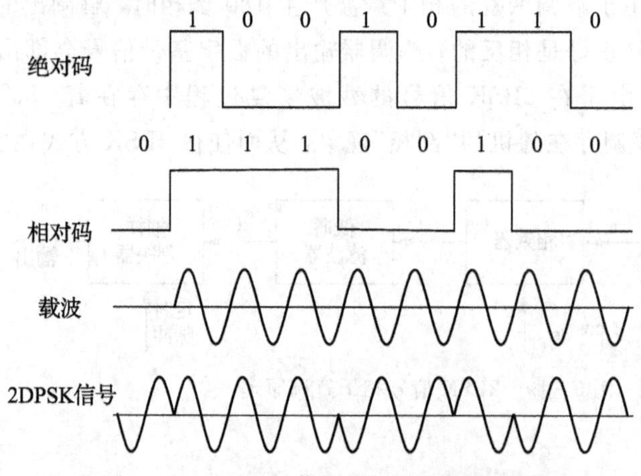

图 5-21　2DPSK 信号调制过程的波形图

2DPSK 信号波形

2PSK 和 2DPSK 信号的时间波形 016

2DPSK 信号的实现方法为：首先对二进制数字基带信号进行差分编码，将绝对码表示的二进制信息变换为用相对码表示的信息，然后再进行绝对调相，从而产生二进制差分移相键控信号。2DPSK 信号调制原理如图 5-22 所示。

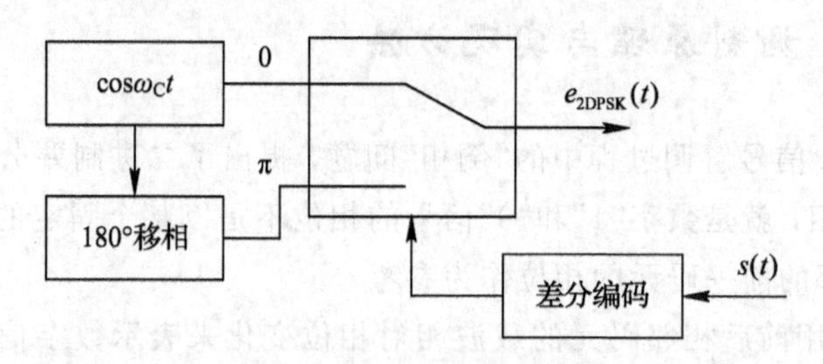

图 5-22　2DPSK 信号调制原理

2. 解调方法

2DPSK 信号可以采用相干解调方式(极性比较法)，其解调原理是：对 2DPSK 信号进行相干解调，恢复出相对码，再通过码反变换器变换为绝对码，从而恢复出发送的二进制数字信息。在解调过程中，若相干载波产生相位模糊，则解调出的相对码将会产生倒置现象。但是，经过码反变换器后，输出的绝对码不会发生任何倒置现象，从而解决了载波相位模糊度的问题。2DPSK 信号的相干解调器原理图及解调过程各点波形如图 5-23 所示。

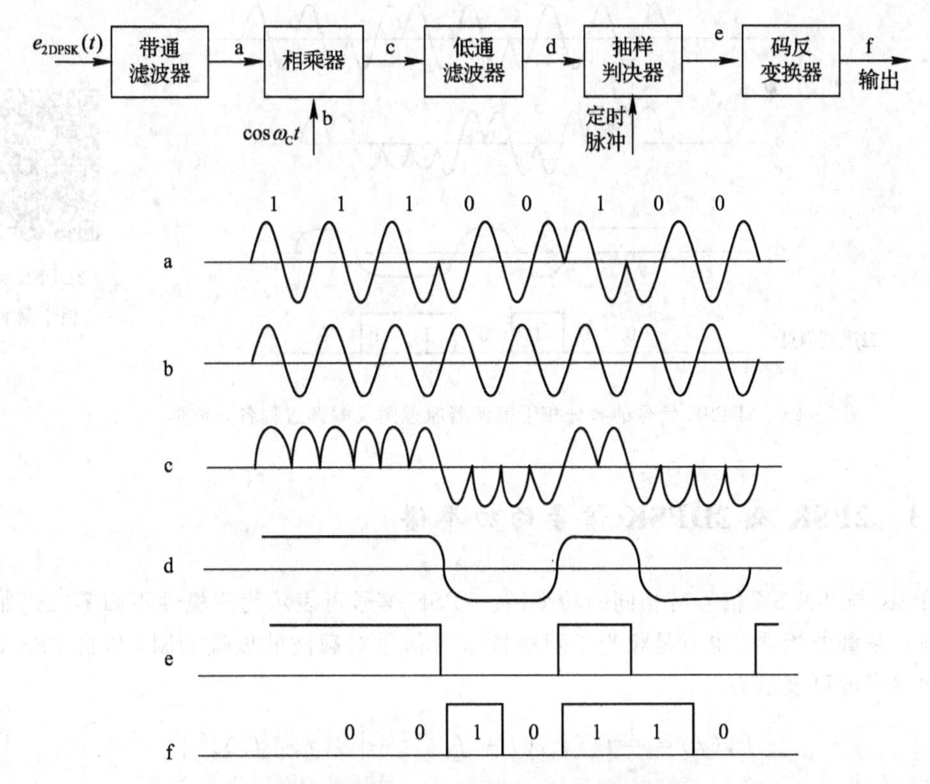

图 5-23　2DPSK 信号的相干解调器原理图及解调过程各点波形

2PSK 与 2DPSK 的
倒 pi 现象

2DPSK 相干
解调法

2DPSK 信号也可以采用差分相干解调方式(相位比较法)，其解调原理是：直接比较前后码元的相位差，从而恢复出发送的二进制数字信息。由于解调的同时完成了码反变换，故解调器中不再需要码反变换器。由于差分相干解调不需要相干载波，所以实际上是一种非相干解调方法，其解调器原理图及解调过程各点波形如图 5-24 所示。

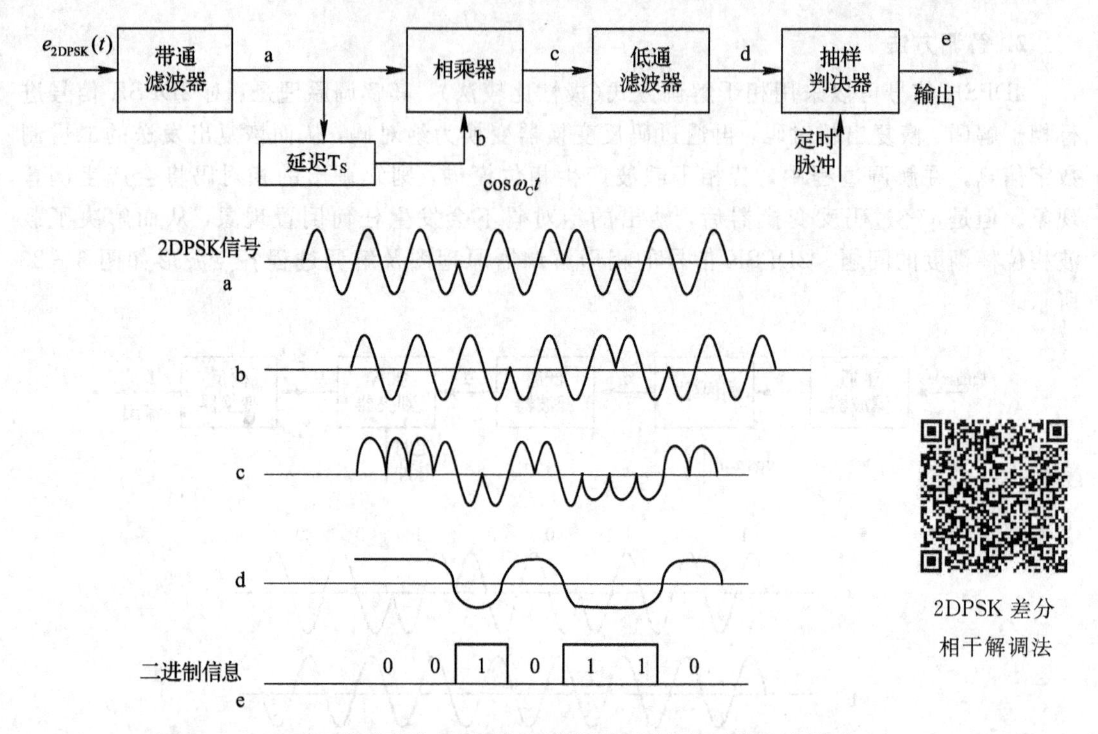

2DPSK 差分
相干解调法

图 5-24　2DPSK 信号的差分相干解调器原理图及解调过程各点波形

5.3.3　2PSK 及 2DPSK 信号的功率谱

2PSK 与 2DPSK 信号有相同的功率谱。2PSK 信号可表示为双极性不归零二进制基带信号与正弦载波相乘，也就是相当于双极性基带信号对载波的振幅调制，因此 2PSK 信号的功率谱密度可表示为

$$P_S(f)=\frac{1}{2}f_S[|G(f+f_C)|^2+|G(f-f_C)|^2]$$

当“1”及“0”等概率出现时，$G(f)$为 $g(t)$的傅里叶变换，这说明 2PSK 信号的带宽与 2ASK 完全相同，为基带信号带宽的两倍。一般情况下，2PSK 信号的功率谱密度由离散谱和连续谱组成，但是当“1”及“0”等概率出现时，则不存在离散谱。图 5-25 显示了 2PSK 和 2DPSK 信号的功率谱密度。

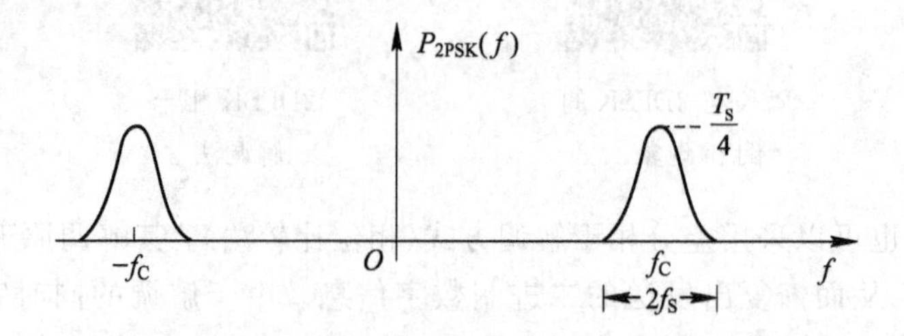

图 5-25　2PSK 和 2DPSK 信号的功率谱密度

5.3.4 2PSK 及 2DPSK 系统的抗噪声性能

1. 2PSK 信号相干解调系统的性能

2PSK 信号采用相干解调方式与 2ASK 信号采用相干解调方式的分析方法类似。在等概率发送“1”及“0”时，最佳判决门限 $b^*=0$。此时，2PSK 系统的总误码率为

$$P_e=P(1)P(0/1)+P(0)P(0/1)=\frac{1}{2}\text{erfc}(\sqrt{r})$$

在大信噪比条件下($r\gg1$ 时)，可近似为

$$P_e\approx\frac{1}{\sqrt{2\pi r}}e^{-r}$$

2. 2DPSK 信号相干解调系统的性能

2DPSK 信号相干解调系统的抗噪声性能分析模型如图 5-26 所示。

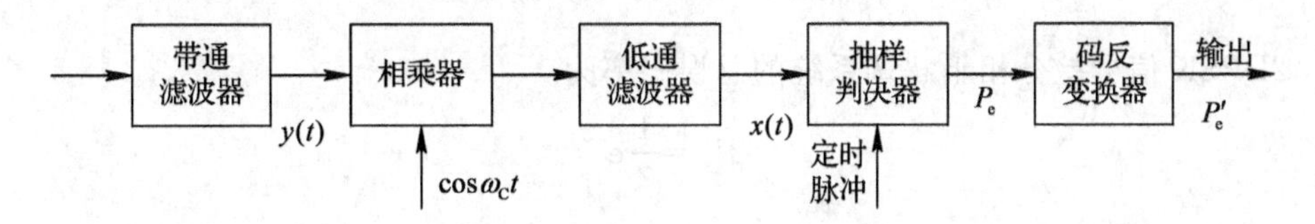

图 5-26 2DPSK 信号相干解调系统的抗噪声性能分析模型

由图可见，系统最终的总误码率 P'_e是 2PSK 信号采用相干解调时的误码率 P_e 通过码反变换器后得到的。因此，只要分析码反变换器对误码率的影响即可。通过编码理论推导计算可得出如下关系

$$P'_e=2(1-P_e)P_e$$

$$P'_e=\frac{1}{2}\left[1-(\text{erf}\sqrt{r})^2\right]$$

当相对码误码率 $P_e\ll1$ 时，上式可近似表示为

$$P'_e=2P_e$$

即此时码反变换器输出端绝对码序列的误码率是码反变换器输入端相对码序列误码率的两倍。可见，码反变换器的影响是使输出的误码率增大。

3. 2DPSK 信号差分相干解调系统的性能

2DPSK 信号差分相干解调方法也称为相位比较法，是一种非相干解调方式，其抗噪声性能分析模型如图 5-27 所示。

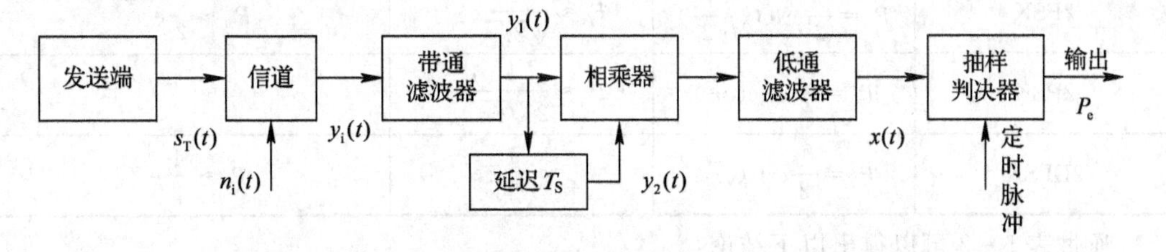

图 5-27 2DPSK 信号差分相干解调系统的抗噪声性能分析模型

由图 5-27 可知，解调过程中需要对间隔为 T_S 的前后两个码元进行比较。低通滤波器的输出在取样时刻的样值为

$$x(t)=\frac{1}{2}\{[a+n_{1C}(t)][a+n_{2C}(t)]+n_{1S}(t)n_{2S}(t)\}$$

其中，$n_i(t)$是窄带高斯噪声，因此 $n_{1C}(t)$是非延迟支路的窄带高斯噪声，$n_{2C}(t)$是有延迟支路的窄带高斯噪声。对 x 取样值进行判决，有

若 $x>0$，则判决为"1"符号——正确判决；

若 $x<0$，则判决为"0"符号——错误判决。

通过数学推导可求得如下结论：

"1"符号错判为"0"符号的概率为

$$P(0/1)=P\{x<0\}=\frac{1}{2}e^{-r}$$

同理可得，"0"符号错判为"1"符号的概率为

$$P(0/1)=P(1/0)=\frac{1}{2}e^{-r}$$

因此，2DPSK 信号差分相干解调系统的总误码率为

$$P_e=\frac{1}{2}e^{-r}$$

5.4 二进制数字调制系统的比较

5.3 节对各种二进制数字通信系统的抗噪声性能进行了分析，本节将对二进制数字通信系统的误码率、频带利用率、对信道的适应能力等做进一步的比较。

1. 误码率

表 5-2 列出了各种二进制数字调制系统的误码率与输入信噪比的关系，包括采用相干解调和非相干解调方式。

表 5-2 二进制数字调制系统的误码率与输入信噪比的关系

	相干解调		非相干解调
	精确值	近似值	
2ASK	$P_e=\frac{1}{2}\text{erfc}(\sqrt{\frac{r}{4}})$	$P_e\approx\frac{1}{\sqrt{\pi r}}e^{-\frac{r}{4}}$	$P_e\approx\frac{1}{2}e^{-\frac{r}{4}}$
2FSK	$P_e=\frac{1}{2}\text{erfc}(\sqrt{\frac{r}{2}})$	$P_e\approx\frac{1}{\sqrt{2\pi r}}e^{-\frac{r}{2}}$	$P_e\approx\frac{1}{2}e^{-\frac{r}{2}}$
2PSK	$P_e=\frac{1}{2}\text{erfc}(\sqrt{r})$	$P_e\approx\frac{1}{2\sqrt{\pi r}}e^{-r}$	
2DPSK	$P_e=\frac{1}{2}\text{erfc}(\sqrt{r})$	$P_e\approx\frac{1}{\sqrt{\pi r}}e^{-r}$	$P_e\approx\frac{1}{2}e^{-r}$

通过表 5-2 可以得出以下结论：

(1) 对于同一调制方式的不同解调方法，相干检测的抗噪声性能优于非相干检测。但

是，随着信噪比的增大，相干与非相干误码性能的相对差别变得不明显。此外，相干检测系统的设备比非相干的要复杂。

(2) 在误码率一定的情况下，2PSK、2FSK、2ASK 系统所需要的信噪比关系为

$$r_{2ASK}=2r_{2FSK}=4r_{2PSK}$$

用分贝表示则有

$$(r_{2ASK})_{dB}=3dB+(r_{2FSK})_{dB}=6dB+(r_{2PSK})_{dB}$$

因此可得到以下结论：

• 相干检测时，在相同误码率的条件下，对信噪比的要求是：2PSK 比 2FSK 小 3 dB，2FSK 比 2ASK 小 3 dB；

• 非相干检测时，在相同误码率的条件下，对信噪比的要求是：2DPSK 比 2FSK 小 3 dB，2FSK 比 2ASK 小 3 dB。

• 若信噪比一定，2PSK 系统的误码率低于 2FSK 系统，2FSK 系统的误码率低于 2ASK 系统。因此，从抗加性白噪声上讲，相干 2PSK 的性能最好，2FSK 次之，2ASK 最差。

2. 带宽

若传输码元时间宽度为 T_S，则 2ASK 和 2PSK 系统的频带宽度近似为 $2/T_S$，即有

$$B_{2ASK}=B_{2PSK}=\frac{2}{T_S}$$

而 2FSK 系统的频带宽度近似为

$$B_{2FSK}=|f_2-f_1|+\frac{2}{T_S}$$

因此，2FSK 系统的带宽要大于 2ASK 或 2PSK 系统的带宽。所以，从频带利用率上来讲，2FSK 的频带利用率最低。

5.5　多进制数字调制

二进制数字调制是数字通信系统最基本的方式，具有较好的抗干扰能力。但由于二进制数字调制系统的频带利用率较低，使其在实际应用中受到一些限制，故在信道频带受限时为了提高频带利用率，通常采用多进制数字调制系统，其代价是增加信号功率和实现上的复杂性。

在信息传输速率不变的情况下，通过增加进制数，可以降低码元传输速率，从而减小信号带宽，节约频带资源，提高系统频带利用率；在码元传输速率不变的情况下，通过增加进制数，可以增大信息传输速率，从而在相同的带宽中传输更多的信息量。

用 M 进制数字基带信号调制载波的幅度、频率和相位，可分别产生出 MASK、MFSK 和 MPSK 三种多进制载波数字调制信号。

5.5.1　MASK 调制原理

多进制数字振幅调制是二进制数字振幅键控的推广，也称多电平调制。它是利用多个

不同电平来表征数字信息的方法。在 MASK 信号中，每个符号时间间隔 T_S 内发送属于 M 个幅度中的某一幅度的载波信号，其时域表达式为

$$e_{\text{MASK}}(t)=\sum_{n}a_{n}g(t-nT_{S})\cos\omega_{C}t$$

式中：

$$a_{n}=\begin{cases}0, & \text{发生概率为 } P_{0}\\ 1, & \text{发生概率为 } P_{1}\\ \vdots & \\ M-1, & \text{发生概率为 } P_{M-1}\end{cases}, \quad \sum_{i=0}^{M-1}P_{i}=1$$

图 5-28 所示为一种 MASK 信号的时间波形。由图可见，MASK 信号是 M 个二进制 ASK 信号的叠加，因此，叠加后的 MASK 信号的功率谱将与每一个二进制 ASK 信号的功率谱具有相同的带宽。

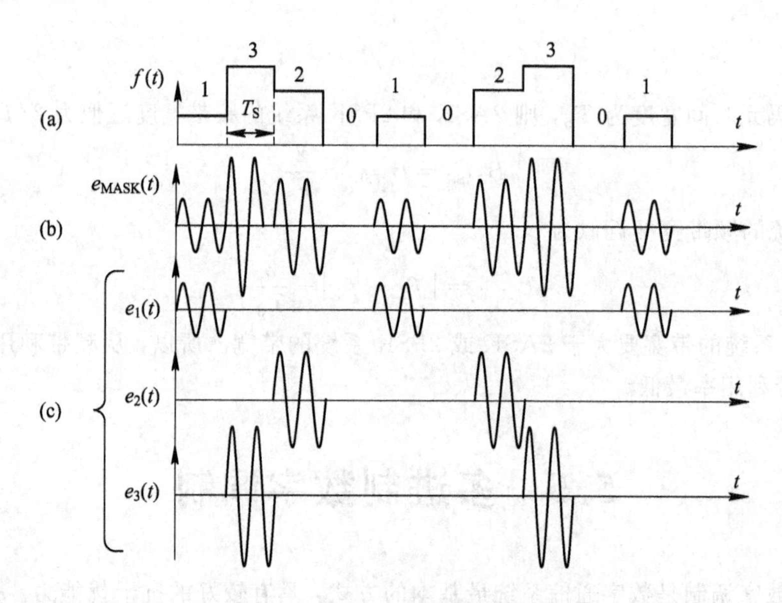

图 5-28　MASK 信号的时间波形

MASK 信号与二进制 ASK 信号产生的方法相同，可利用乘法器来实现。解调也与二进制 ASK 信号的相同，可采用相干解调和非相干解调两种方式。

5.5.2 MFSK 调制原理

多进制数字频率调制简称多频调制，它是 2FSK 方式的直接推广，可利用多个频率不同的正弦波分别代表不同的数字信号，且在某一码元时间内只发送其中一个频率。MFSK 信号的时域表达式为

$$e_{\text{MFSK}}(t)=\sum_{i=1}^{m}s_{i}(t)\cos\omega_{i}t$$

式中：

$$f(x)=\begin{cases}A\text{，在时间间隔 }0\leqslant t\leqslant T_S\text{ 内发送符号为 }i\\0\text{，在时间间隔 }0\leqslant t\leqslant T_S\text{ 内发送符号不为 }i\end{cases},\ i=1, 2, \cdots, M$$

MFSK 调制系统采用键控选频方式，在一个码元期间的 M 个频率中选择一个输出，在接收端可采用非相干解调方式，将 MFSK 信号通过 M 个带通滤波器(该带通滤波器分别是 M 个频率)，再通过包络检波、取样判决，从而恢复出原始信息。

这种方式产生的 MFSK 信号，其相位是不连续的，可看做是 M 个振幅相同、载波不同、时间上互不相容的二进制 ASK 信号的叠加。因此，其带宽为

$$B_{\text{MFSK}}=f_H-f_L+2f_S$$

式中，f_H 为最高载频；f_L 为最低载频；f_S 为码元速率。

MFSK 系统占据较宽的频带，因而频带利用率低，多用于调制速率不高的传输系统中，以使得频带不至于过宽。

5.5.3 MPSK 调制原理

多进制数字相位调制又称为多相调制，是 2PSK 调制方式的推广，是利用载波的多种相位(或相位差)来表征数字信息的调制方式。和 2PSK 调制相同，多相调制也分绝对移相 MPSK 和相对(差分)移相 MDPSK 两种。

1. MPSK 调制

MPSK 信号的时域表达式为

$$e_{\text{MPSK}}(t)=A\cos(\omega_0 t+\theta_n)=A\cos(\omega_0 t+\frac{n2\pi}{M})$$

式中，$\theta_n=\frac{n2\pi}{M}$，$n=0, 1, 2, \cdots, M-1$。

上式进一步改写为

$$\begin{aligned}e_{\text{MPSK}}(t)&=A\sum_{n=-\infty}^{\infty}g(t-nT_S)\cos(\omega_0 t+\theta_n)\\&=A\cos\omega_0 t\sum_{n=-\infty}^{\infty}\cos\theta_n g(t-nT_S)\\&\quad-A\sin\omega_0 t\sum_{n=-\infty}^{\infty}\sin\theta_n g(t-nT_S)\end{aligned}$$

上式表明，MPSK 信号可等效为两个正交载波进行多电平双边带调幅所得的已调波之和。因此，其带宽与 MASK 信号带宽相同，即

$$B_{\text{MPSK}}=2f_S=\frac{2}{T_S}$$

为了方便，可以将 MPSK 信号用信号矢量图来描述。一般以 0°载波相位作为参考相位。载波的不同相位分别用于代表符号“1”和“0”。四进制数字相位调制信号矢量图如图 5-29 所示，载波相位有 0、π/2、π、3π/2，分别代表信息 11、01、00、10；载波相位也可以取 π/4、3π/4、5π/4、7π/4，矢量图则相应的不同。

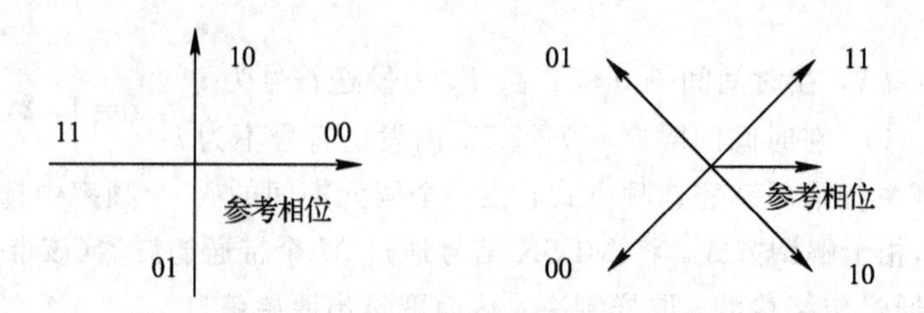

图 5-29　四进制数字相位调制信号矢量图

用相位选择法可以产生 4PSK 信号，具体如下：使用四相载波产生器输出四种不同相位的载波，输入的二进制数据流经过变换后输出为双比特码元，逻辑选相电路根据输入的双比特码元在每个时间间隔内选择其中一种相位的载波作为输出，再滤除高频分量即可得到 4PSK 信号，如图 5-30 所示。

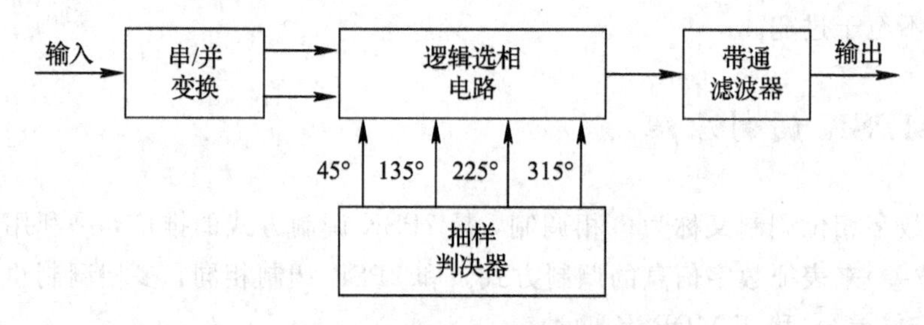

图 5-30　相位选择法产生 4PSK 信号

4PSK 信号也可采用正交调制方式产生。该系统由两个载波正交的 2PSK 调制器构成，相加后即可得到 4PSK 信号，如图 5-31 所示。

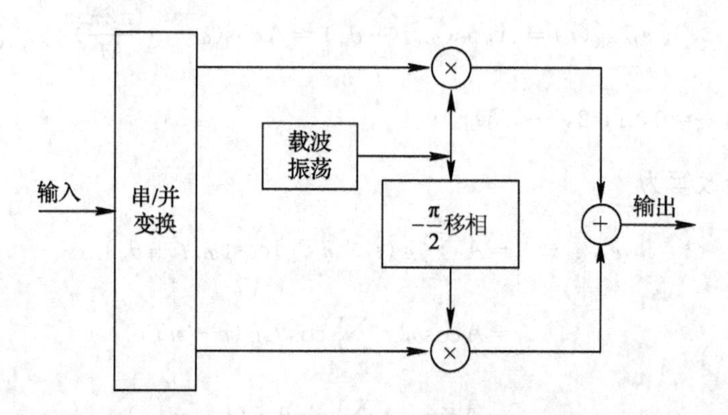

图 5-31　正交调制法产生 4PSK 信号

2PSK 信号相干解调过程中会产生 180°相位模糊。同样，4PSK 信号相干解调过程也会产生相位模糊问题，并且是 0°、90°、180°和 270°四个相位模糊。因此，在实际中，更实用的是四相相对移相调制，即 4DPSK 方式。

2. MDPSK 调制

MDPSK 信号是利用前后码元之间的相对相位变化来表示数字信息的。以 4DPSK 为例，若以前一个双比特码元相位作为参考，$\Delta\varphi$ 为当前双比特码元与前一双比特码元的初相差，则可得到 4DPSK 信号。

为了产生4DPSK信号，可以在产生4PSK信号的基础上增加码变换器来实现，作用是将绝对码变为相对(差分)码，然后用绝对调相的调制方式产生4DPSK信号，如图5-32所示。图中，串/并变换器将输入的二进制序列分为速率减半的两个并行序列a和b，再通过差分编码器将其编码为四进制差分码，然后用绝对调相的调制方式实现4DPSK信号。4DPSK信号的载波相位编码逻辑关系如表5-3所示。

表5-3 4DPSK信号的载波相位编码逻辑关系

双比特码元		载波相位变化 $\Delta\varphi$
a	b	
0	0	0°
0	1	90°
1	0	180°
1	1	270°

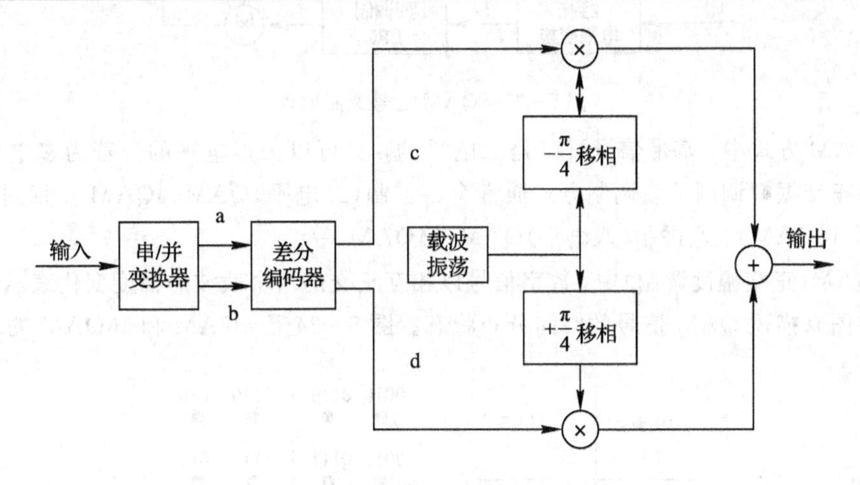

图5-32 4DPSK信号产生原理

5.6 现代数字调制技术

前文讨论了数字调制的三种基本方式：数字幅度调制、数字频率调制和数字相位调制。这三种方式是数字信号调制的基础，但这三种方式都存在某些不足，如频谱利用率低、抗多径衰落能力差、功率谱衰减慢、带外辐射严重等，不能适应当前移动通信快速发展的需要，因此，需要寻找频带利用率高，同时抗干扰能力强的调制方式。目前，已有一些新型数字调制技术广泛使用在通信系统中。

5.6.1 正交幅度调制

2ASK信号的带宽是基带信号带宽的两倍，在传输速率不变的情况下，数据传输的频带利用率将降低50%，因此需提出一种效率更高的幅度调制方式。

正交振幅调制(QAM，Quadrature Amplitude Modulation)是一种幅度和相位联合键控(APK)的调制方式。它可以提高系统可靠性，且能获得较高的频带利用率，是目前应用较为广泛的一种数字调制方式，其广泛应用于大容量数字微波通信、有线电视网络和卫星通信中。

正交振幅调制是用两路独立的基带数字信号对两个相互正交的同频载波进行抑制载波的双边带调制。它利用已调信号在同一带宽内频谱正交的性质来实现两路并行的数字信息传输，即将所得到的两路已调信号叠加起来进行传输，其调制原理如图5-33所示。

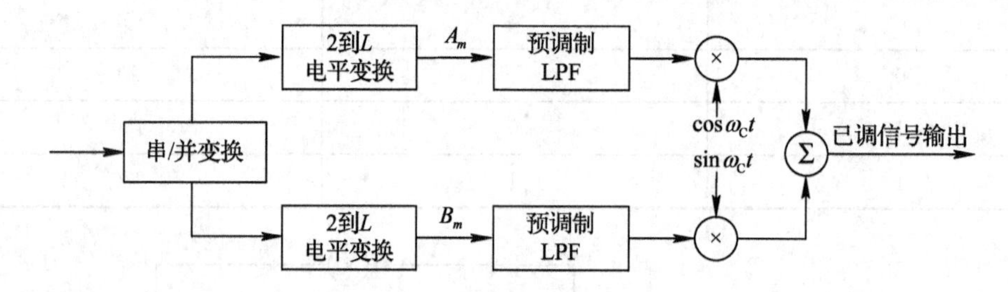

图5-33　QAM信号调制原理

在QAM方式中，基带信号可以是二电平的，又可以为多电平的。若为多电平，则构成多进制正交振幅调制。该调制方式通常有二进制(二电平)QAM(4QAM)、四进制(四电平)QAM(16QAM)、八进制(八电平)QAM(64QAM)等。

在QAM(正交幅度调制)中，数字信号以相互正交的两个载波的幅度变化表示，通常可以用星座图来描述QAM信号的空间分布状态。图5-34是4QAM和16QAM的星座图。

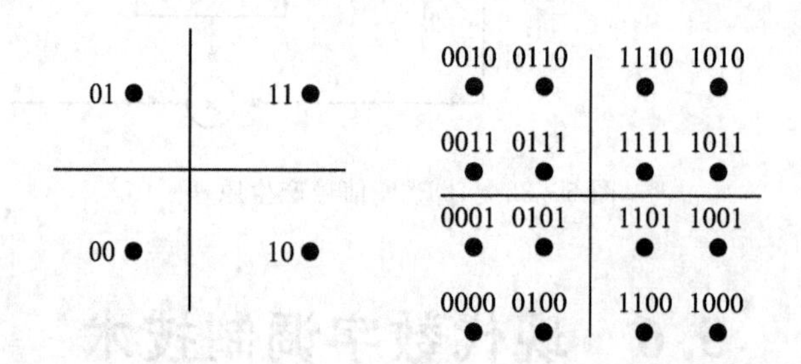

图5-34　4QAM和16QAM的星座图

星座图上各信号点之间的距离越大，抗误码能力越强。这是针对前述讨论的4QAM方式是两个支路传送的二电平码的情况。如果采用二路四电平，则能更进一步提高频谱利用率。由于采用四电平基带信号，所以每路在星座上有4个点，于是组成16个点的星座图，这种正交调幅称为16QAM。同理，使用二路八电平可得64点星座图，称为64QAM，更进一步还有256QAM等。

QAM方式的主要特点是有较高的频谱利用率。对于MQAM来说，设输入数据序列的比特率，即两路的总比特率为f_b，信道带宽为B，则频谱利用率为

$$\eta=\frac{f_b}{B}=\frac{\log_2 M}{2}=\log_2 L(\mathrm{b/s\cdot Hz^{-1}})$$

5.6.2　交错正交移相键控

多进制数字调制与二进制数字调制相比，其频谱利用率更高，其中 4PSK 即 QPSK 是 MPSK 系统中应用较广泛的一种调制方式。交错四相移相键控(OQPSK)是继 QPSK 之后发展起来的一种恒包络数字调制技术，是 QPSK 的一种改进形式，也称为偏移四相移相键控(Offset - QPSK)技术，有时又称为参差四相移相键控(SQPSK)或者双二相移相键控(Double - QPSK)等。

为了克服 QPSK 调制已调信号的带宽无穷宽、包络起伏、频谱扩散问题，消除 QPSK 调制载波相位翻转现象，在 QPSK 的基础上提出了恒包络调制方式(OQPSK)。

恒包络调制方式(OQPSK)是指已调波的包络保持恒定，它与多进制调制的不同在于它们是从不同的角度来考虑调制技术的。恒包络已调波具有两个主要特点：

(1) 包络恒定或起伏很小，且通过非线性部件时，只产生很小的频谱扩展。

(2) 具有高频快速滚降频谱特性，已调波旁瓣很小，甚至几乎没有旁瓣。

OQPSK 与 QPSK 的不同在于它将同相和正交两支路的码流在时间上错开了半个码元周期。由于两支路码元半周期的偏移，每次只有一路可能发生极性翻转，不会发生两支路码元极性同时翻转的现象。因此，OQPSK 信号相位只能跳变 0°、±90°，不会出现 180°相位跳变，其信号产生原理如图 5 - 35 所示。

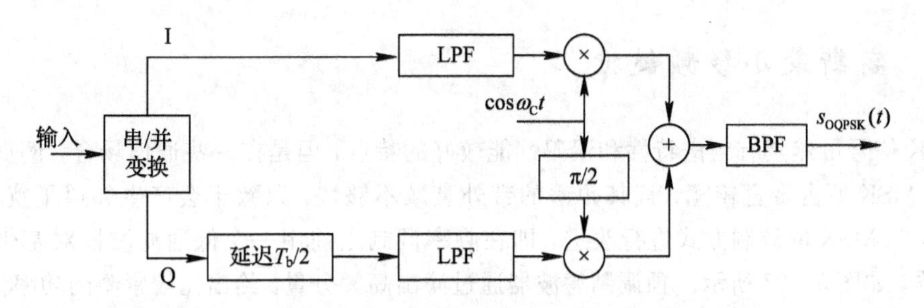

图 5 - 35　OQPSK 信号产生原理

在图 5 - 35 中，$T_b/2$ 的延迟能保证两支路码元偏移半个码元周期；BPF 则可形成 QPSK 信号的频谱形状，保持包络恒定；其他均与 QPSK 作用相同。

OQPSK 克服了 QPSK 的 180°相位跳变问题，信号在通过 BPF 后包络起伏减小，性能得到了改善，因此 OQPSK 受到了广泛重视。但是，当码元转换时，相位变化还是不连续，存在 90°相位跳变，因而高频滚降慢，频带仍然较宽，其主要使用在卫星通信和移动通信领域。

5.6.3　最小移频键控

OQPSK 虽然消除了 QPSK 信号中的 180°相位突变，改善了包络起伏，但并没有从根本上解决包络起伏问题，已调信号依然存在相位的非连续变化。最小移频键控(MSK, Minimum frequency Shift Keying) 是一种常用的、能够产生恒定包络和连续相位信号的高效调制方法。MSK 是一种特殊的 2FSK 信号，其在相邻符号交界处相位保持连续。

图 5-36 是 MSK 信号的时间波形。

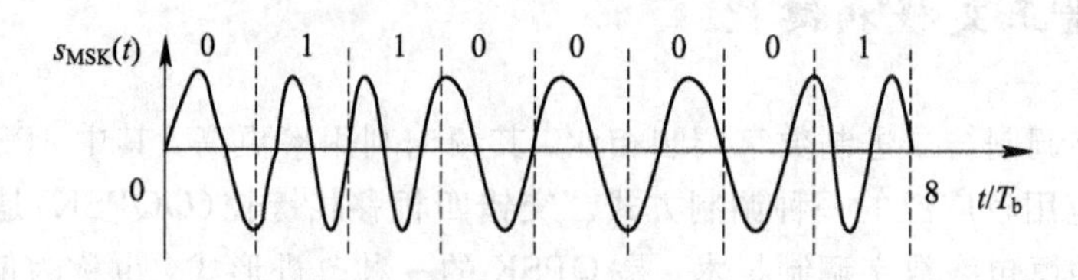

图 5-36 MSK 信号的时间波形

由图可知，MSK 信号具有以下特点：

(1) MSK 信号的包络恒定不变。

(2) MSK 是调制指数为 0.5 的正交信号，频率偏移等于 $\pm 1/4T_s$Hz。

(3) MSK 波形的相位在码元转换时刻是连续的。

(4) MSK 波形的附加相位在一个码元持续时间内线性地变化 $\pm\pi/2$。

MSK 称为最小移频键控，有时也称为快速移频键控(FFSK)。所谓“最小”，是指这种调制方式能以最小的调制指数(0.5)获得正交信号；而“快速”是指在同样的频带内，MSK 能比 2PSK 的数据传输速率更高，且在带外的频谱分量要比 2PSK 衰减得快。因此，当信道带宽一定时，MSK 的数据传输速率更快，功率谱密度更集中，旁瓣下降更快，对于相邻频道的干扰更小，更适合在非线性信道中传输。MSK 在短波、微波、卫星通信中有着广泛的应用。

5.6.4 高斯最小移频键控

MSK 信号虽然具有频谱特性和误码性能较好的特点，但是在一些通信场合，例如在移动通信中，MSK 所占带宽较宽，且其频谱的带外衰减不够快，以致于会产生邻道干扰。为此，人们设法对 MSK 的调制方式进行改进，即在频率调制之前用一个低通滤波器对基带信号进行预滤波，如图 5-37 所示。预调制滤波器通过滤出高频分量，给出比较紧凑的功率谱，从而提高频谱利用率，这就是高斯最小移频键控(GMSK)。GMSK 调制方式能够满足移动通信环境对邻道干扰的严格要求，其良好的性能被用于 GSM 数字蜂窝移动通信系统中。

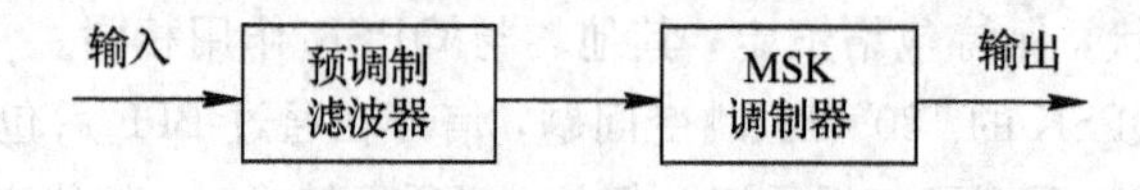

图 5-37 GMSK 调制原理

为了有效地抑制 MSK 信号的带外功率辐射，预调制滤波器应具有以下特性：

(1) 带宽窄并且具有陡峭的截止特性。

(2) 脉冲响应的过冲较小。

(3) 滤波器输出脉冲响应曲线下的面积对应于 $\pi/2$ 的移相。

满足上述特性的滤波器也是高斯低通滤波器。基带信号先经过高斯低通滤波器滤波形成高斯脉冲，之后进行 MSK 调制。所形成的高斯脉冲包络无陡峭的边沿，亦无拐点，经调制后的已调波相位路径在 MSK 的基础上进一步得到平滑，相位路径的尖角被平滑掉，因此频谱特性优于 MSK。

5.6.5 正交分频复用

前面几节所讨论的数字调制解调方式都是属于串行体制，和串行体制相对应的一种体制是并行体制。它是将高速率的信息数据流经串/并变换，分割为若干路低速率并行数据流，然后每路低速率数据采用一个独立的载波调制并叠加在一起构成发送信号，这种系统也称为多载波传输系统。多载波传输系统原理图如图 5-38 所示。

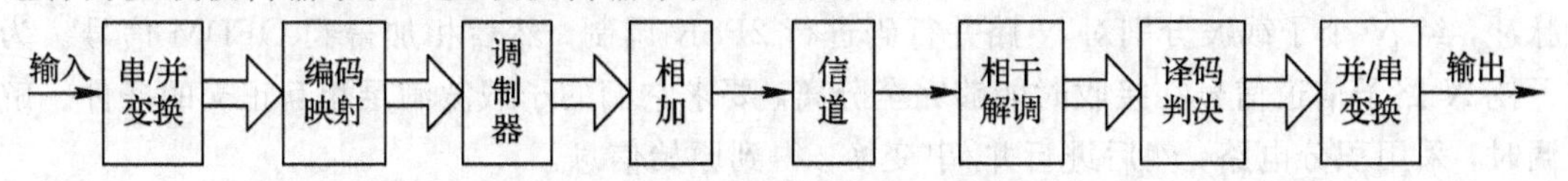

图 5-38 多载波传输系统原理图

在并行体制中，正交分频复用(OFDM)方式是一种高效调制技术，它具有较强的抗多径传播和频率选择性衰落的能力，以及较高的频谱利用率，因此得到了深入的研究。20 世纪 80 年代，人们提出了采用离散傅里叶变换来实现多个载波的调制方式，简化了系统结构，使得正交分频复用 (OFDM)多载波调制技术趋于实用化。当前，随着大规模集成电路的发展，硬件的数字信号处理能力得到了极大提高，从而使得 OFDM(Orthogonal Frequency Division Multiplexing)系统已经成功地应用于接入网中的高速数字环路(HDSL)、非对称数字环路(ADSL)、高清晰度电视(HDTV)的地面广播系统中。在移动通信领域，OFDM 是第四代移动通信系统采用的核心技术。

OFDM 是一种高效调制技术，其基本原理是将发送的数据流分散到许多个子载波上，使各子载波的信号速率大为降低，从而提高抗多径和抗衰落的能力。为了提高频谱利用率，OFDM 方式中各子载波频谱有重叠，但保持相互正交，在接收端通过相关解调技术分离出各子载波，同时消除码间干扰的影响。OFDM 调制与解调原理如图 5-39 所示。

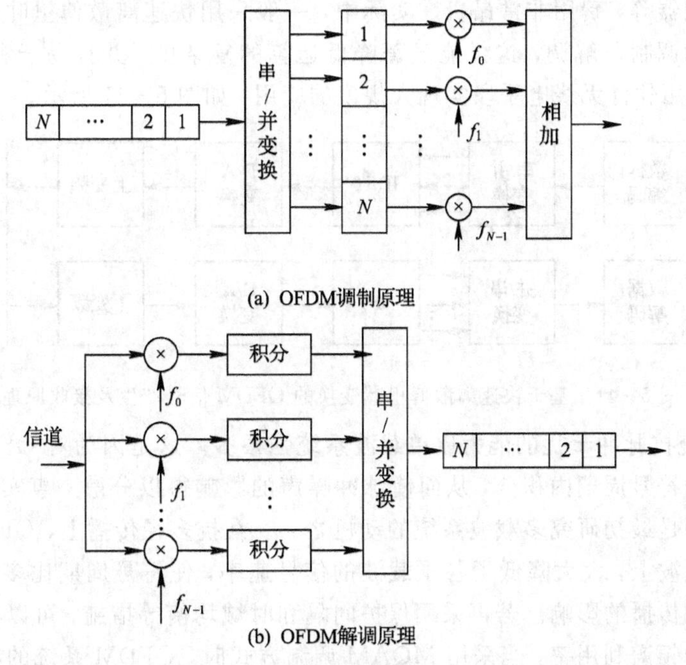

图 5-39 OFDM 调制与解调原理

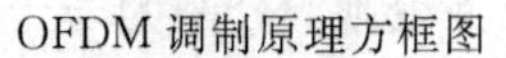

OFDM 调制原理方框图

OFDM 码元的分组

N 个待发送的串行数据经串/并变换后，得到 N 路并行码，码型选用双极性 NRZ 矩形脉冲，经 N 个子载波分别对 N 路并行码进行 2PSK 调制，然后相加得到 OFDM 信号。为了使 N 路子信道信号在接收时能够完全分离，要求它们的子载波满足相互正交的条件。解调时，采用积分电路，然后进行并/串变换，得到原始信息。

OFDM 信号的频谱结构如图 5-40 所示，OFDM 方式中各子载波频谱有 1/2 重叠，但保持相互正交，在接收端可分离出各子载波，同时消除码间串扰的影响。

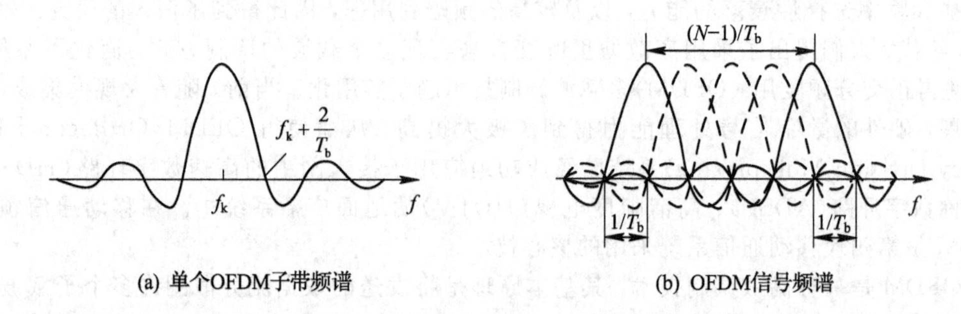

图 5-40　OFDM 信号的频谱结构

前述实现方法所需设备非常复杂，特别是当 N 很大时，需要大量的正弦波发生器、调制器和相关解调器等，费用非常昂贵。实际中，一般采用快速离散傅里叶变换及逆变换来实现多个载波的调制及解调，这样能显著降低运算的复杂度，并且易于和 DSP 技术相结合，并能通过使用软件无线电手段实现大规模的应用，如图 5-41 所示。

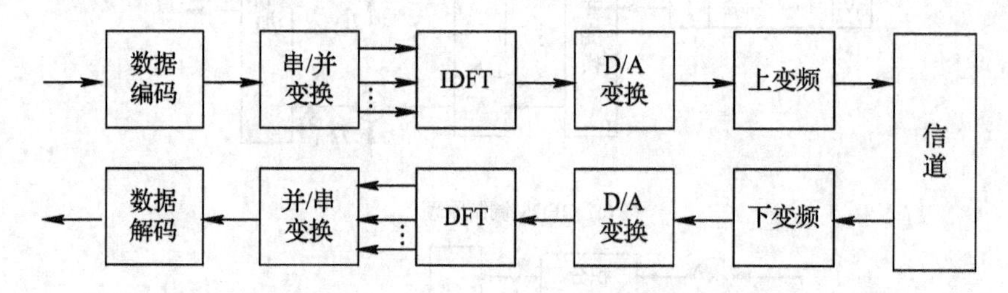

图 5-41　基于快速离散傅里叶变换的 OFDM 信号产生及接收原理

OFDM 系统抗脉冲干扰的能力比单载波系统强很多。这是因为对 OFDM 信号的解调是在一个很长的符号周期内积分，从而使脉冲噪声的影响得以分散。事实上，对脉冲干扰有效的抑制作用是最初研究多载波系统的动机之一。在抗多径传播上，OFDM 系统把信息分散到许多个载波上，大大降低了各子载波的信号速率，使符号周期比多径迟延要长，从而能够减弱多径传播的影响。若再采用保护间隔和时域均衡等措施，可以有效降低符号间的干扰。而对于频谱利用率，当采用 MQAM 调制方式时，OFDM 系统的频谱利用率比串行系统提高近一倍。

采用加扰的
系统框图

确知数字信号的
最佳接收机—补充

实际接收机和
最佳接收机的
性能比较—补充

数字信号的
最佳接收—补充

调制解调过程的
统计描述—补充

习　题

1. 什么是振幅键控？2ASK 波形有什么特点？

2. 2ASK 调制方法和解调方法是什么？

3. 非相干解调(包络检波法)和相干解调(同步检测法)的原理是什么？

4. 同步检测法的抗噪声性能与包络检波法的抗噪声性能相比优点是什么？

5. 画出 2FSK 信号过零检测法的原理图。

6. 2DPSK 信号的实现方法是什么？

7. 试从占用频带和抗干扰方面比较三种数字调制(2PSK、2FSK、2ASK)方式之间的特点。

8. 已知 $s(t)$的二进制码为 011010011，则 ASK、FSK、PSK、DPSK 的波形是什么？

9. 试对二进制 2ASK 与多进制 MASK 的调制性能进行比较。

10. 试论述正交振幅调制(QAM)的概念、特点及应用。

第五章习题答案

第六章　同步系统

学习目的与要求：

多径效应

通过本章学习，掌握同步的概念、作用、同步方式及性能。

重点与难点内容：

(1) 同步的概念、分类及作用；

(2) 载波同步、位同步、群同步及网同步的原理、特点及性能；

(3) 各种同步方式的外同步法、自同步法。

同步是通信系统中一个非常重要的技术。由于一般情况下，通信收发双方不在一地，要使它们能步调一致地协调工作，必须要有同步系统来保证。同步系统的性能好坏直接影响整个通信系统的好坏，如果同步系统工作不好，甚至会造成整个系统的瘫痪。

同步的种类很多，在许多模拟通信系统和几乎所有的数字通信系统中都有同步。同步是通信领域一个重要的技术问题，随着现代通信与网络技术的飞速发展，同步的重要性更加突出。许多先进的通信技术与系统，都要求精确地实现同步，否则系统的优越性能将无法得到保证，先进性也无从发挥。

同步也是存在代价的，主要有以下几点：

(1) 增加电路的复杂性。

(2) 额外耗费一定的功率，降低功率利用率；或额外占用一定的码位，降低有效性。

(3) 同步的性能好坏直接影响到整个系统的性能。

因此，同步系统应具有比信息传输系统更高的可靠性和更好的质量指标，如同步误差小、相位抖动小以及同步建立时间短、保持时间长等。

所谓同步，是指收发双方在时间上步调一致，又称定时。在数字通信系统中，同步按照其功用分为：载波同步、位同步、群同步和网同步。

同步也是一种信息，按照获取和传输同步信息方式的不同，又可分为外同步法和自同步法。

外同步法是由发送端发送专门的同步信息(常被称为导频)，接收端把这个导频提取出来作为同步信号的方法。由于导频本身并不包含所要传送的信息，且对频率和功率有限制，故要求导频尽可能小地影响信息传送，且便于提取同步信息。

自同步法是发送端不发送专门的同步信息，接收端设法从接收到的信号中提取同步信息的方法。这种方法效率高、干扰低，但接收端设备较复杂。

6.1 载波同步

在通信中，除了短距离通信采用基带传输外，一般长距离通信都要采用频带传输，即不论是模拟通信还是数字通信都要在发送端进行调制。除了幅度调制可以采用非相干解调外，大部分都要采用相干解调，而进行相干解调需要有相干载波，即一个与所接收到信号中的调制载波完全同频同相的本地载波信号，这个本地载波的获取称为载波同步。载波同步是实现相干解调的基础。

6.1.1 直接法

直接法是一种自同步法。这种方法是设法从接收信号中提取同步载波。有些信号，如DSB、PSK等，它们虽然本身不直接含有载波信息，但经过某种非线性变换(平方变换、平方环)后，可从中提取出载波的频率和相位信息，从而恢复相干载波。

1. 平方变换法

平方变换法广泛用于DSB、PSK等信号，其载波同步信号提取原理如图6-1所示。

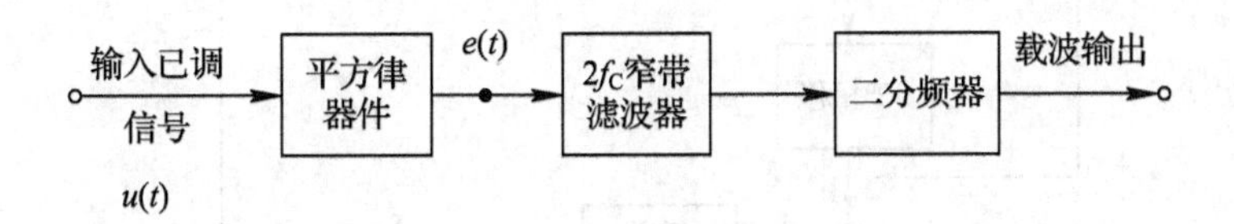

图6-1　平方变换法提取载波同步信号原理

由图6-1可知，载波提取是通过平方律器件以及二分频器来实现的。设调制信号$f(t)$无直流分量，则已调信号表达式为

$$u(t)=f(t)\cos(\omega_0 t)$$

其通过平方律器件后可以得到

$$e(t)=u^2(t)=f^2(t)\cos^2(\omega_0 t)=\frac{1}{2}f^2(t)+\frac{1}{2}f^2(t)\cos(2\omega_0 t)$$

上式含有$2\omega_0$成分，如果采用窄带滤波器滤出$2\omega_0$的分量，然后再经二分频器，便可得所需的相干载波$\cos\omega_0 t$。

2. 平方环法

平方变换法使用的是二分频器，对2PSK信号而言，将使载波提取存在180°相位模糊，这种相位模糊对相对移相键控信号以及模拟信号并无影响，但对绝对调相系统来讲，有时会使所得结果与实际完全相反。为了解决这个问题，同时为了改善性能，使恢复的相干载波更为纯净，图6-1中的窄带滤波器常用锁相环来代替，此时的平方变换法又称为平方环法，其原理如图6-2所示。

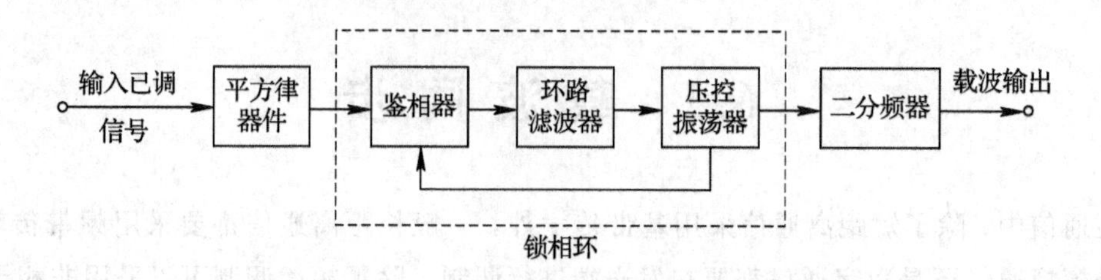

图 6-2　平方环法提取载波同步信号原理

由于锁相环具有良好的跟踪、窄带滤波和记忆功能，平方环法比一般的平方变换法具有更好的性能，应用较为广泛。

3. 同相正交环法

实际中，载波频率往往很高，用较低频率上提取环路的方式提取高频率上的环路有一定困难。若能让载波提取环路工作在基带频率上，就会给信号处理带来方便。同相正交环，又叫科斯塔斯(Costas)环，就是这样的一种电路，其原理如图 6-3 所示。

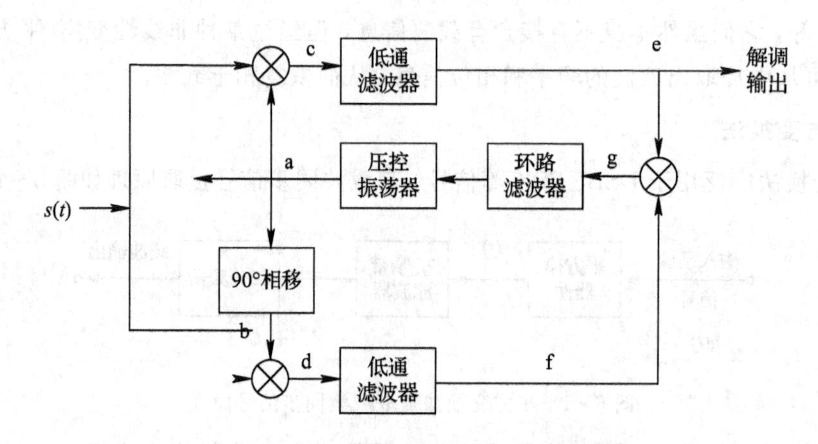

图 6-3　Costas 环提取载波同步信号原理

在此环路中，压控振荡器(VCO)提供两路互为正交的载波，与输入接收信号分别在同相和正交两个鉴相器中进行鉴相，经低通滤波器之后的输出均含调制信号，两者相乘后可以消除调制信号的影响，经环路滤波器得到仅与相位差有关的控制压控，从而能准确地对压控振荡器进行调整。

实际上，这种方法是运用了反馈控制的原理。电路刚开始工作时相干载波是杂乱的，但通过不断比较，可产生随相位差变化的控制电压来调整压控振荡器产生的相干载波，最终达到与接收信号相位相同。

Costas 环与平方环都是利用锁相环(PLL)提取载波的，其相同点是都采用了锁相环代替窄带滤波器，也都存在相位模糊性。

Costas 环与平方环相比，首先，虽然在电路上要复杂一些，但它的工作频率即为载波频率，而平方环的工作频是载波频率的两倍，显然当载波频率很高时，工作频率较低的 Costas 环更易于实现；其次，当环路正常锁定后，Costas 环可直接获得解调输出，而平方环则没有这种功能。

6.1.2　插入导频法

插入导频法就是发送端除了发送有用的信号外，还在适当的位置上插入一个供接收端恢复相干载波用的正弦波信号(这个信号通常称为导频信号)。插入导频信号的方法可分为两种：一种是在频域插入导频，另一种是在时域插入导频。

抑制载波的双边带信号(如 DSB、等概 2PSK)本身不含有载波，残留边带(VSB)信号虽含有载波分量，但很难从已调信号的频谱中把它分离出来。对这些信号的载波提取，可以用插入导频法(外同步法)。尤其是单边带(SSB)信号，它既没有载波分量，又不能用直接法提取载波，故只能用插入导频法。

1. 频域插入导频

频域插入导频，就是在已调信号频谱中额外插入一个低功率的线谱，以便接收端作为载波同步信号加以恢复，此线谱对应的正弦波称为导频信号。插入导频法的过程如图 6-4 所示。

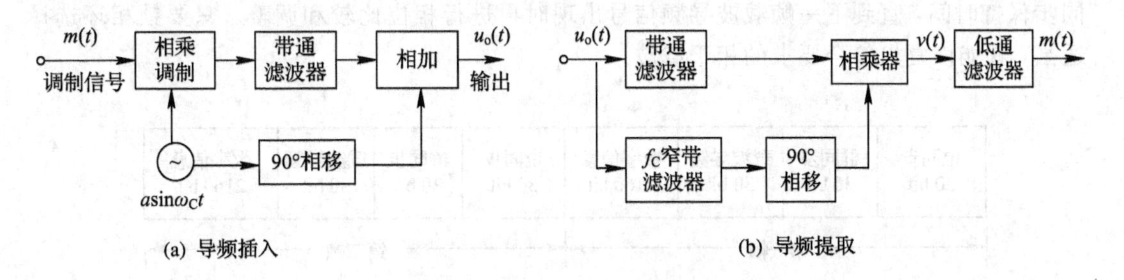

图 6-4　导频的插入和提取原理

以 DSB 信号(抑制载波双边带信号)为例，导频的插入位置应该在信号频谱为零处，否则导频与信号频谱成分重叠，接收时不易取出，如图 6-5 所示。载波频率点 f_C 处信号的能量为零，可在此点插入导频。导频的频率 f_C 与加入的调制器的载波频率是一致的，但它的相位一般与被调载波正交(即相差 90°)。在接收端，只要用滤波器提取这一导频信号，再移相 90°就可作为本地相干载波输出，进行相干解调。

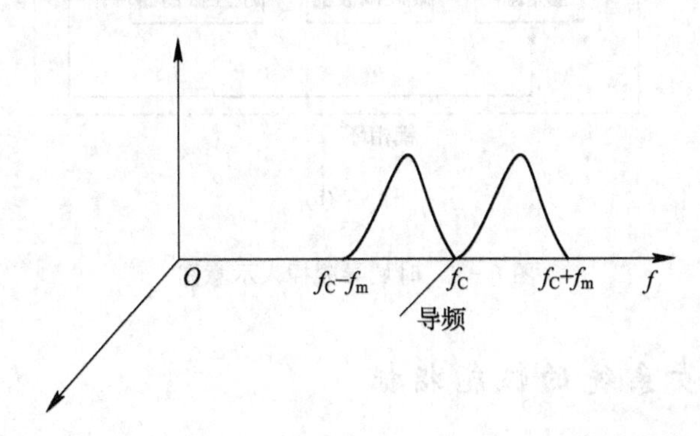

图 6-5　DSB 信号导频插入

如果发送端加入的导频不是正交载波而是调制载波，则接收端信号中还有一个不需要的直流成分，这个直流成分可通过低通滤波器对数字信号产生影响，这就是发送端正交插入导频的原因。

2PSK 信号和 DSB 信号都属于抑制载波的双边带信号，所以插入导频法对两者均适用。对于 SSB 信号，插入导频的原理也与上述相同。

2. 时域插入导频

频域插入导频法的特点是插入的导频在时间上是连续的，即信道中自始至终都有导频信号传送。时域插入导频法是按照一定的时间顺序，在指定的时间内发送载波标准，即把载波标准插到每帧的数字序列中，这种方法在时分多址卫星通信中应用较多。

每一帧除传送数字信息外，都在规定的时隙内插入载波导频信号、位同步信号、群同步信号，如图 6-6(a)所示。接收端用定时选通信号将每帧插入的导频取出，即可形成解调用的相干载波。由于一帧中只用了很少的时间来传送载波，所以发送的载波信号是不连续的，不能够用窄带滤波器来提取。为得到稳定、准确的参考载波信号，常常用锁相环来提取相干载波，如图 6-6(b)所示。锁相环由鉴相器、环路滤波器、压控振荡器组成，可在载波导频插入时间内进行相位比较和调节，当载波导频信号消失后，压控振荡器具有足够的同步保持时间，直到下一帧载波导频信号出现时再进行相位比较和调整。只要锁相环选择适当，就能恢复出符合要求的相干载波。

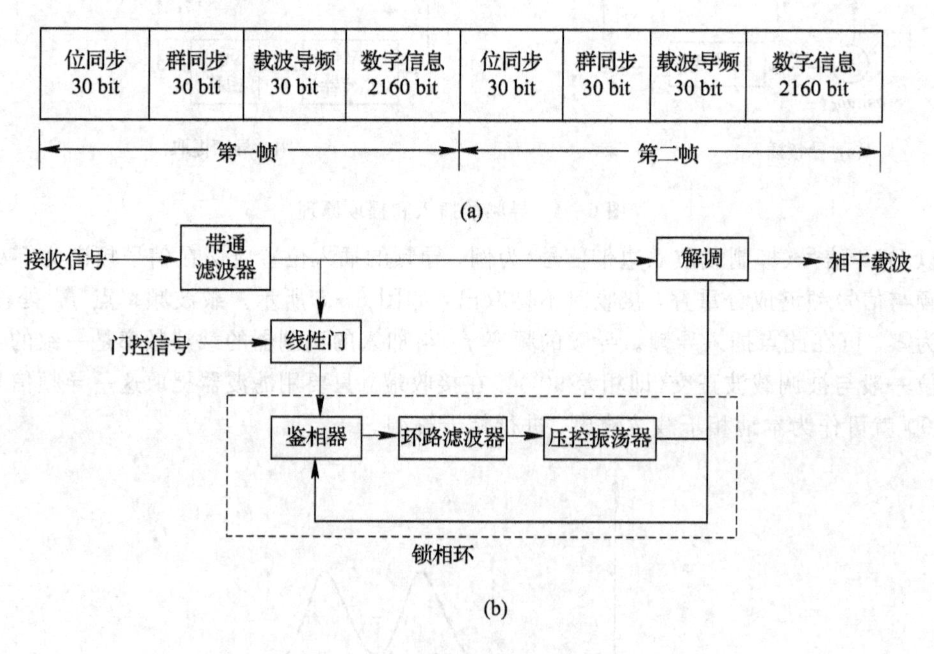

图 6-6　时域导频插入示意图

6.1.3　载波同步系统的性能指标

载波同步系统的性能指标主要有效率、精度、同步建立时间和同步保持时间。载波同步性能要求的是高效率、高精度、同步建立时间快、同步保持时间长。

(1) 效率。

高效率指为了获得载波信号应尽量少消耗发送功率。因此可知，直接法由于不需要专门发送导频，因而效率高，而插入导频法由于导频要消耗一部分发送功率，因而效率比直接法低。

(2) 精度。

载波同步系统的精度越高，传输系统误码率就越小，这是影响传输系统误码率的主要因素。因此，要求提取到的相干载波与发送端载波之间的相位误差越小越好。

(3) 同步建立时间和同步保持时间。

同步建立时间是从开始接收到信号(或从系统失步状态)到提取出稳定的载频所需要的时间。同步保持时间是从开始失去信号到失去载频同步的时间。要求同步建立时间尽可能短，同步保持时间尽可能长，但二者往往同时变长或变短，因此只能折中取舍。

6.2 位 同 步

位同步又称码元同步，在数字通信系统中，任何消息都是通过一连串码元序列传送的，所以接收时需要知道每个码元的起止时刻，以便在恰当的时刻进行取样判决。例如，在最佳接收机结构中，需要对积分器或匹配滤波器的输出进行抽样判决，判决时刻应对准每个接收码元的终止时刻。这就要求接收端必须提供一个位定时脉冲序列，该序列的重复频率与码元速率相同，相位与最佳取样判决时刻一致，提取这种定时脉冲序列的过程称为位同步。

位同步是正确取样判决的基础。只有数字通信中才需要位同步，并且不论是基带传输还是频带传输都需要位同步。如果所提取的位同步信息是频率，则等于码速率的定时脉冲；如果是相位，则根据判决时信号波形确定，可能在码元中间，也可能在码元终止时刻或其他时刻。位同步的实现方法也有直接法和插入导频法。

6.2.1 直接法

直接法中发送端不专门发送导频信号，而直接从接收的数字信号中提取位同步信号。这种方法在数字通信中得到了最广泛的应用。直接提取位同步的方法又分滤波法和锁相环法。

1. 滤波法

滤波法又可分为波形变换法和包络检波法。不归零的随机二进制序列，不论是单极性还是双极性，当 $P(0)=P(1)=1/2$ 时，都没有 $f=1/T$，$f=2/T$ 等线谱，因而不能直接滤出 $f=1/T$ 的位同步信号分量。但是，若对该信号进行某种变换，例如，变成归零的单极性脉冲，其谱中含有 $f=1/T$ 的分量，然后用窄带滤波器取出该分量，再经移相调整后就可形成位定时脉冲，这就是波形变换法，其原理如图 6-7 所示。波形变换电路可以用微分、整流环节来实现。

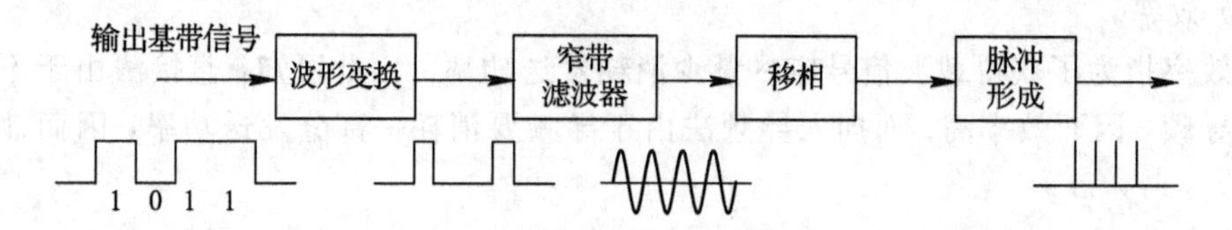

图 6-7　波形变换法提取位同步信息原理图

这种方法的优点是电路简单，缺点是当数字信号中有长连“0”或长连“1”码时，信号中位定时频率分量衰减会使得到的位定时信号不稳定、不可靠，而且只要发生短时间的通信中断，系统就会失去同步。不过，在现代数字通信系统中，数字信号多采用抑制长连“1”或长连“0”的传输码型，以及解码和扰码电路，因此波形变换法在实际中的应用还是比较广泛。

此外，对于 PSK 信号，还可以用包络检波法，其波形图如图 6-8 所示。虽然 PSK 信号是包络不变的等幅波，具有极宽的频带，但由于信道频带宽度有限，或者接收端带通滤波器带宽小于信号带宽，所以在信道中传输后，会在相邻码元相位突变点附近产生幅度凹陷的失真，也称“陷落”。在解调 PSK 信号时，用包络检波器检出这种幅度“陷落”的包络如图 6-8(a)所示，即可得到脉冲序列如图 6-8(b)所示，去掉其中的直流分量后可得到归零脉冲如图 6-8(c)所示，最后用窄带滤波器提取包含于其中的位同步频谱分量，经脉冲整形即可得到位同步信号。

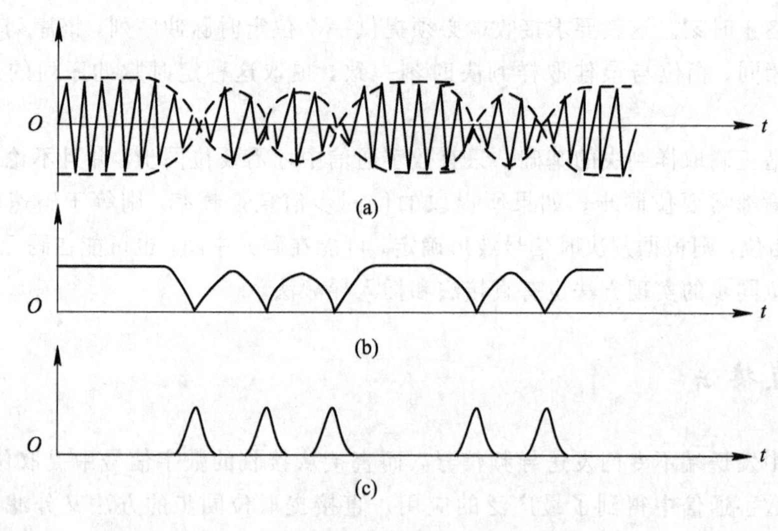

图 6-8　包络检波法提取位同步信息波形图

2. 锁相环法

锁相环法通常分两类：一类是利用环路中的误差信号连续调整位同步信号的相位，这一类属于模拟锁相法；另一类是采用高稳定度的振荡器(信号钟)，从鉴相器所获得的与同步误差成比例的误差信号不是直接用于调整振荡器，而是通过一个控制器在信号钟输出的脉冲序列中附加或扣除一个或几个脉冲，这样同样可以调整加到鉴相器上的位同步脉冲序列的相位，达到同步的目的，如图 6-9 所示。这种电路可以完全用数字电路构成，实现全数字锁相环电路。

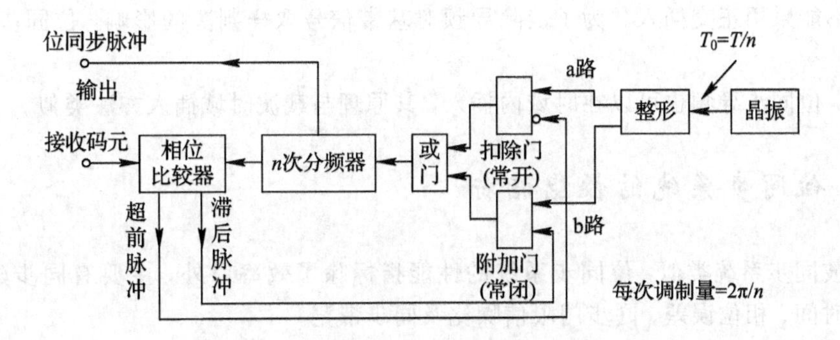

图 6-9　数字锁相法提取位同步信息

6.2.2　插入导频法

插入导频法与载波同步时的类似，也是在基带信号频谱的零点处插入所需的位定时导频信号。在无线通信中，数字基带信号一般都采用非归零(NRZ)码的矩形脉冲，并以此对高频载波进行各种调制。解调后得到的也是非归零的矩形脉冲，载波频率点 f_C 处信号的能量为零，可以在基带信号频谱的零点处，即 f_C 或 $2f_C$ 处插入所需要的导频信号，如图 6-10 所示。

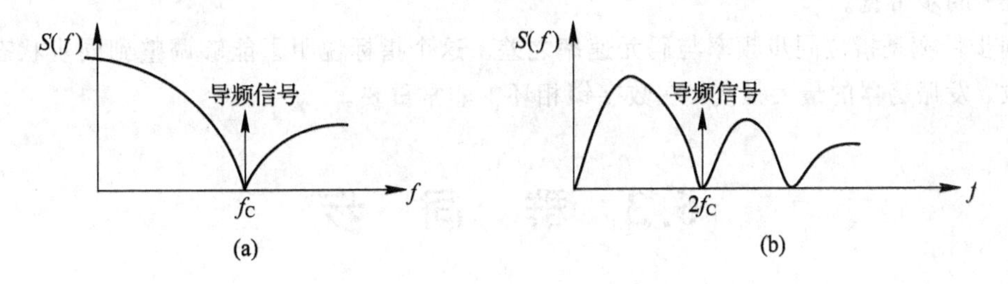

图 6-10　位同步插入导频的频谱

位同步插入导频的提取原理如图 6-11 所示，解调以后的基带信号用窄带滤波器提取出导频信号，然后经移相整形形成位定时脉冲，即位同步信号。

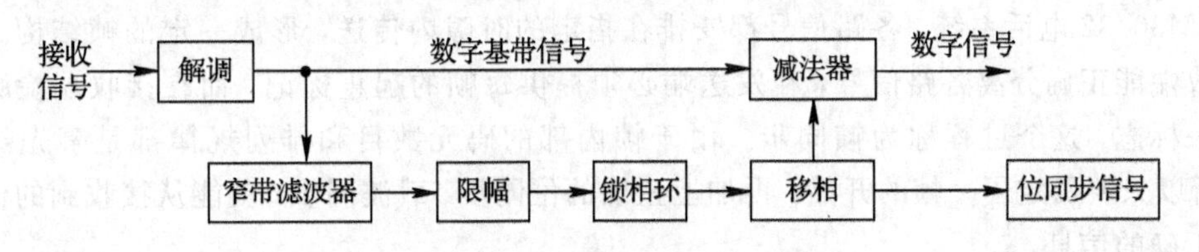

图 6-11　位同步插入导频的提取原理

解调后，设置了窄带滤波器，其作用是取出位同步信号。移相、减法器是为了从信号中消去插入导频，使进入取样判决器的基带信号没有插入导频。这样做是为了避免插入导频对取样判决的影响。与插入载波导频法相比，它们消除插入导频影响的方法各不相同，载波同步中采用正交插入，而位同步则采用反向相消的办法。这是因为载波同步在接收端进行相干解调时，相干解调器有很好的抑制正交载波的能力，它不需要另加电路就能抑制正交载波，因此载波同步采用正交插入。而位定时导频是在基带中加入的，它没有相干解调器，故不能采用正交插入。为了消除导频对基带信号取样判决的影响，位同步采用了反向相消。

此外，位同步导频也可以在时域内插入，其原理与载波时域插入方法类似。

6.2.3 位同步系统的性能指标

与载波同步系统类似，位同步系统的性能指标除了效率以外，主要有同步建立时间、同步保持时间、相位误差、同步门限信噪比及同步带宽。

(1) 相位误差。

衡量位同步性能最重要的指标就是相位误差。通信系统接收端的取样判决时刻总是选取在接收信息码的中央位置，因为在这一位置的信号能量是最大的，它可以保证当信号受到信道噪声干扰时不至于造成判决错误。但如果相位误差过大致使判决时刻偏离信息码中心过多，信道干扰的存在就很容易引起误判。可见，当同步信号的相位误差增大时，必然引起传输系统误码率的增高。

(2) 同步门限信噪比。

在保证一定的位同步质量的前提下，接收机输入端所允许的最小信噪比，称为同步门限信噪比，这个指标说明了位同步对深衰落信道的适应能力。

(3) 同步带宽。

同步带宽是指位同步频率与码元速率之差。这个指标说明了能够调整到同步状态所允许的收、发振荡器的最大频差，在数字锁相环中非常重要。

6.3 群 同 步

群同步包含字同步、句同步、分路同步，也称为帧同步。在数字通信中，信息流是用若干码元组成一个“字”，又用若干个“字”组成“句”的。在接收这些数字信息时，必须知道这些“字”、“句”的起止时刻，否则接收端无法正确恢复信息。对于数字时分多路通信系统，如 PCM30/32 电话系统，各路信号都安排在指定的时隙内传送，形成一定的帧结构。为了使接收端能正确分离各路信号，在发送端必须提供每帧的起止标记，而在接收端检测并获取这一标志，这个过程称为帧同步。由于帧内部的码元数目和排列规律都是事先约定好的，所以只要确定了一帧的开始，再加上正确的位同步、载波同步，就能从接收到的信号中提取正确的信息。

群同步通常采用起止同步法和插入同步码方式，而插入同步码方式一般有两种，分别是连贯插入法和间隔插入法。所谓插入法，是指在发送端的数字信息中插入约定好的特殊码组，如在接收端能检测到这些码组即为同步。

6.3.1 起止同步法

电传机传输的信息码字由 7.5 个码元组成，即 1 个码元的负脉冲，5 个码元的信息，最后是 1.5 个码元的正脉冲作为结束位。接收端根据 1.5 码元正电平转到 1 码元负电平的特殊规律确定起始位置，实现帧同步。这种非整数倍的码元方式传输不方便，效率低。起止同步法波形如图 6－12 所示。

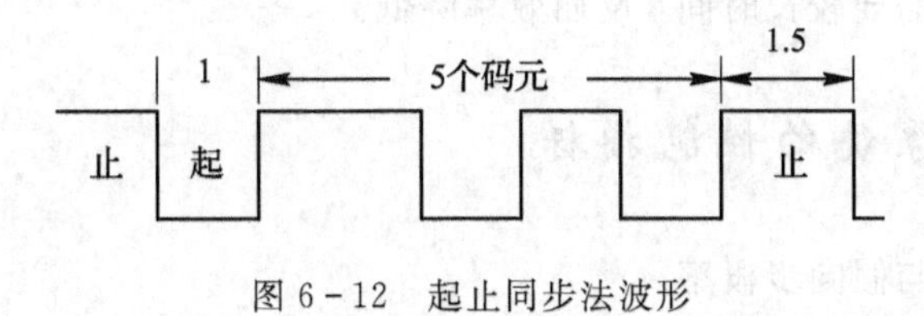

图 6－12　起止同步法波形

6.3.2　插入同步码方式

1. 连贯插入法

连贯插入法又称为集中插入法，这种方式就是将帧同步码以集中的形式插入信息码流中。此方法的关键是要找出作为群同步码组的特殊码组。这个特殊码组一方面在信息码元序列中不易出现，另一方面识别器也要尽量简单。连贯插入法适用于要求快速建立同步的地方，或间断传输信息并且每次传输时间很短的场合。目前，最常用的群同步码组有巴克码。图 6－13 所示为连贯式插入法示意图。

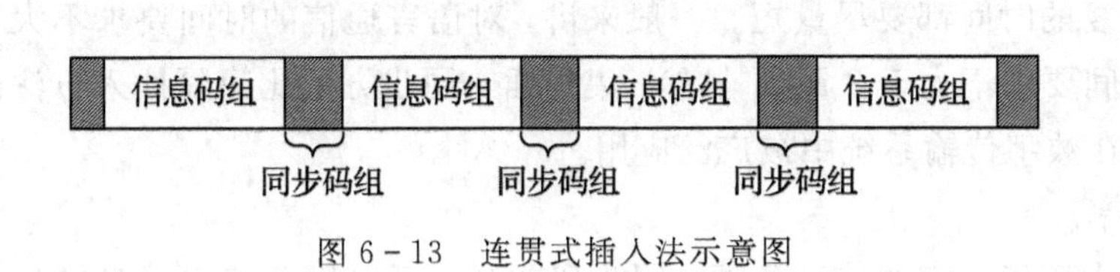

图 6－13　连贯式插入法示意图

群同步码的插入方法

2. 间隔插入法

间隔插入法又称为分散插入法，它是将群同步码以分散的形式均匀插入信息码流中的方法，常用在多路数字电路系统中。例如，24 路 PCM 基群设备以及一些简单的 AM 系统一般都采用 1、0 交替码型作为帧同步码间隔插入，即一帧插入“1”码，下一帧插入“0”码，如此交替插入。在同步捕获时，不是检测一帧两帧，而是连续检测数十帧，每帧都符合这种交替规律才确认同步。图 6－14 所示为间隔插入法示意图。

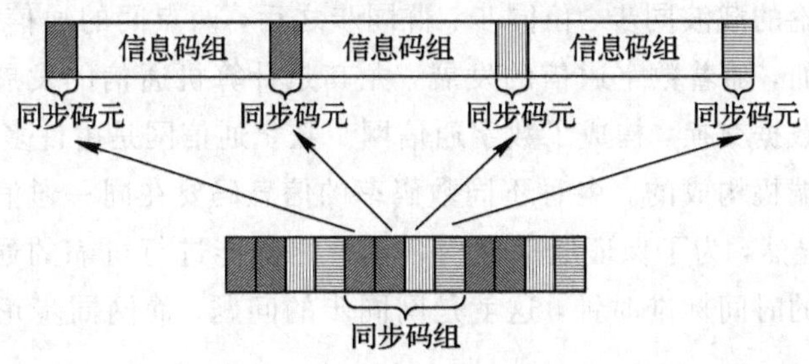

图 6－14　间隔插入法示意图

间隔插入法由于同步需花费较长时间接收多组码元，因此适用于连续传输信息之处，例如数字电话系统中。间隔插入法最大的特点是同步码不占用信息时隙，每帧传输效率较高，但是同步捕获时间较长，比较适合连续发送信号的通信系统。如果是断续发送信号方式，则每次捕获同步需要较长时间，反而效率降低。

6.3.3 群同步系统的性能指标

(1) 漏同步概率与假同步概率。

由于干扰的存在，接收的同步码组中可能出现一些错误码元，从而使识别器漏识别已发出的同步码组，出现这样的概率称为漏同步概率；在接收的数字信号序列中，也可能在表示信息的码元中出现与同步码组相同的码组，它被识别器识别出来误认为是同步码组而形成假同步信号，出现这种情况的概率称为假同步概率。群同步实质上就是要正确检测群同步的标志，在防止漏检的同时还要防止错检。群同步系统应该建立时间短，并且在群同步建立后应有较强的抗干扰能力。漏同步概率和假同步概率是群同步系统的重要性能指标。

(2) 同步捕捉时间。

现代通信都采取多路复用的方式传输信息，每一帧中都包含有很多信息，一旦同步丢失，这些信息也会随之丢失。为此，就要求同步系统在开始工作或失去同步后，要能在很短的时间内捕捉到同步码组，建立同步。这一时间也称为同步捕捉时间或同步恢复时间，而需要同步建立和同步恢复的时间都要尽量短。一般来讲，对语言通信的时间要求不大于100 ms，对数据通信的时间要求不大于2 ms。显然，集中插入同步方法比间隔插入方法的捕捉时间要短得多，因而在数字传输系统中被广泛应用。

(3) 有效信息传输效率。

同步码在每一帧中都占用了一定的信道资源，同步码越长，可以用于传送信息的信道资源就越少。在保证同步性能的前提下，同步码应该越短越好。但这一要求同上述同步恢复时间要短的要求相矛盾，需要折中考虑。

6.4 网 同 步

在获得以上讨论的载波同步、位同步、群同步之后，两点间的通信就可以有序、准确、可靠地进行了。然而，随着数字通信的发展，尤其是计算机通信的发展，多个用户之间的多种多样的通信和数据交换，构成了数字通信网。数字通信网是由许多交换局、复接设备、多条连接线路和终端机构成的。各种不同数码率的信息码要在同一通信网中进行正确的交换、传输和接收。显然，为了保证通信网内各用户之间能进行可靠的通信和数据交换，全网必须有一个统一的时间标准时钟，这就是网同步的问题，而网同步正是数字通信网中的关键技术。

实现网同步的方式有两类，一类是全网同步系统，即在通信网中使各通信实体的时钟彼此同步，各地的时钟频率和相位都保持一致。建立这种网同步的主要方法有主从同步方式和相互同步方式。另一类是准同步系统，即在各通信实体内均采用高稳定性的时钟，各时钟相互独立，且允许其速率偏差在一定的范围之内，在转接设备中设法把各支路输入的数据流进行调整和处理之后，使之变成相互同步的数据流。

6.4.1　全网同步系统

1. 主从同步方式

主从同步方式适用的条件与准同步方式不同，后者适用于各转接站使用独立时钟源的场合，而前者在整个通信网中只有一个时钟源。该时钟源一般是一个极高稳定度的频率振荡器或原子钟，有该时钟源的站点称为本通信网的主站。主站将本时钟信号作为网内唯一的标准频率发往其他各站(称为从站)，各从站通过锁相环来使本站频率与主站频率保持一致而获得同步。主从同步方式又可分为简单主从方式和等级主从方式两种，如图 6-15 所示。

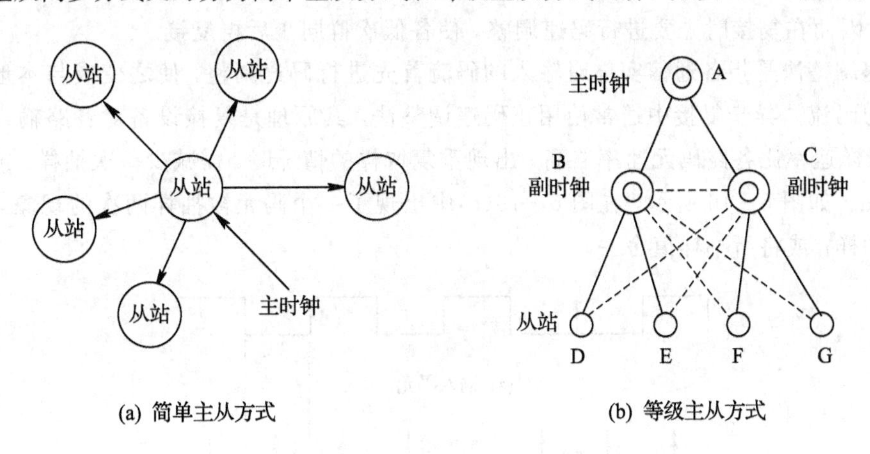

图 6-15　主从同步方式

图 6-15 中实线为正常情况下的时钟供给，虚线为副时钟故障时的时钟供给。

主从同步方式的缺点是全网依赖于主时钟或者副时钟，可靠性较差。由于主从同步方式自身的特点，故其广泛应用于规模小、距离近、交换点较少的星型或树型数字通信网；而当通信网为分布式网状结构的大系统时，主从同步方式就不再适用了。

2. 相互同步方式

相互同步方式是为了克服主从同步方式的缺点而提出的。在该方式中，各站没有主站和从站之分，各节点都设有时钟源且互相控制、互相影响，使得各时钟都达到某一个稳定的平均频率，这个频率即为该通信网的网频，从而实现网同步。相互同步方式虽然提高了可靠性，但是每一站都较复杂。

相互同步方式优于主从同步方式的主要一点在于当某一站时钟或某一传输链路发生故障时，本通信网仍然可以同步工作，它的网频可以由其他正常的站点来产生，而且由于网频受多个站点的频率控制，每个站点的时钟频率波动对网频的影响微乎其微，故通信网中站点越多，其稳定性就越高。因此，相互同步方式适用于网络节点较多的大规模通信网。

6.4.2 准同步系统

准同步方式又称独立时钟同步方式，或称异步复接方式。这种同步方式适用于准同步数字通信系统。所谓准同步系统，是指各通信实体的时钟是相互独立的，且它们都采用高稳定度的时钟源，基准频率相同，但其频率并不完全一致，这就导致从各通信实体送来的信息码率不是完全一致的。要使送来的信息频率和本通信实体时钟频率保持一致，可以采用码速调整法或水库法来实现。

1. 码速调整法

在数字通信系统中，为了扩大传输容量和提高传输效率也常常需要把若干个低速数字信号流合并成一个高速数字信号流，以便在高速信道中传输。把低速数字信号流合并成一个高速数字信号流的过程就是数字复接。数字复接实质上是对数字信号的时分多路复用。在数字复接的异步复接中，各低次群均使用各自的时钟，这样各低次群的时钟速率就不一定相等，因而在复接时先要进行码速调整，使各低次群同步后再复接。

码速调整法是指各通信实体对输入的码流首先进行码速调整，使之变成与本地通信实体同步的码流。异步复接中通常使用正码速调整法，其原理是复接设备对各路输入信号抽样时，取样速率比各路码元速率略高，出现重复取样的情况时，需减少一次抽样，或将所抽样值舍去。如图 6-16 所示，在图 6-16(c)中出现了一个码元被抽样两次的现象，需要减少一次抽样，或将所抽样值舍去。

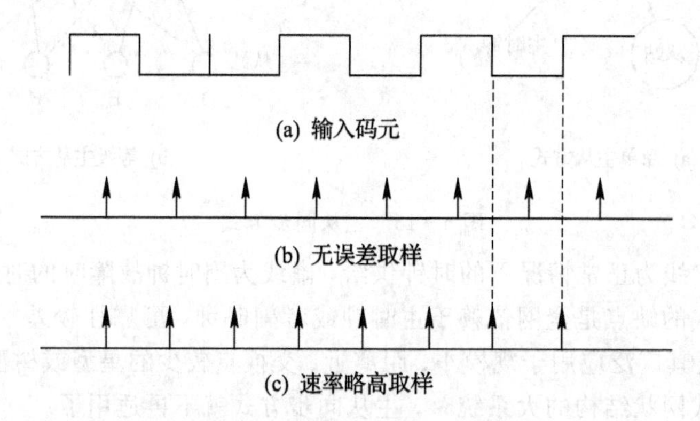

图 6-16 正码速调整法原理

正码速调整法的主要优点是各站可工作于准同步状态，而无需统一时钟，故使用起来灵活、方便，这对大型通信网有着重要的实用价值。

2. 水库法

水库法不是依靠填充脉冲或扣除脉冲的方法，其各通信实体内均设置高稳定度的时钟源和大容量的缓冲存储器，它们先将传来的信息码存入缓冲存储器，然后逐位取出，这样输出的码流就与本地通信实体同步，而且缓冲存储器在很长一段时间间隔内，既不会“取空”，也不会“溢出”。大容量的缓冲存储器就像水库一样，既不容易将水抽干，也不容易将水灌满，“水库法”因此而得名。

6.4.3　网同步等级

我国的数字同步网是分布式的、多个基准时钟控制的全同步网，采用等级主从同步方式，按照时钟性能可划分为四级，如图 6-17 所示。

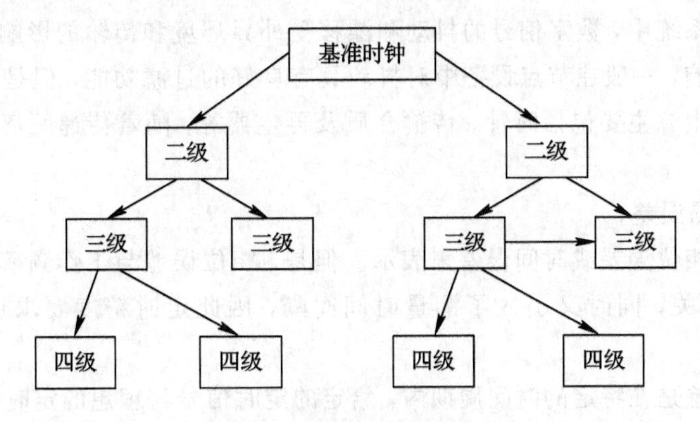

图 6-17　我国的数字同步网

第一级为基准时钟，是全网中等级最高的标准时钟，使用稳定度极高的铯原子时钟，一般设置在一级长途交换中心。为可靠起见，还需另设备用时钟，以便主钟故障时可进行切换。

第二级为有记忆功能的高稳定度晶体时钟，一般设置在各级长途交换中心，在正常情况下接收一级时钟信号并与之保持同步。

第三级为有记忆功能的一般高稳定度晶体时钟，通常设置在本地网的端局和汇接局，它受二级时钟的控制。

第四级为一般晶体时钟，设置在本地网中的远端模块、数字终端设备以及用户交换设备中。

6.4.4　网同步的技术指标

网同步的主要技术指标包括滑动、抖动、漂移和时间间隔误差。

(1) 滑动。

时隙交换前要实现帧同步，假设输入的两个数字流是来自另外两个节点的 PCM 复用信号 A 与 B，要进行准确的时隙交换，数据流 A 与 B 的帧必须取得同步。通常在时隙交换之前设置一个帧调整器。帧调整器是一个存储缓冲器，数据流按帧顺序写入缓存器，交换节点以同一时钟对缓冲器做同时的顺序读取，这样就实现了时隙交换前的帧同步。

在数字通信系统中，若写时钟和读时钟在同一基准频率上下有偏差，当写时钟和读时钟之间误差积累到一定程度时，在数字信号流中将产生滑动。滑动对不同的通信业务会产生不同的效果，信息冗余度越高的系统，滑动的影响就越小。例如，滑动对语音的影响较小。对于 PCM 基群，一次滑动将丢失或增加一个整帧，但对于 64 kb/s 的一路语音信号则丢失或增加一个取样值，这时感觉到的仅是轻微的咔嗒声。

(2) 抖动和漂移。

数字信号的抖动定义为数字信号的有效瞬间在时间上偏离其理想位置的短期变化，而数字信号的漂移定义为数字信号的有效瞬间在时间上偏离其理想位置的长期变化。抖动和漂移具有同样性质，即从频率角度衡量定时信号的变化，通常把变化频率超过 10 Hz 的称为抖动，而将相位变化小于 10 Hz 的称为漂移。

在实际通信系统中，数字信号的抖动和漂移受外界环境和传输的影响，也受时钟自身老化和噪声的影响，一般在节点设备中对抖动具有良好的过滤功能，但是漂移是非常难以滤除的。漂移产生源主要包括时钟、传输介质及再生器等，随着传递距离的增加，漂移将不断累积。

(3) 时间间隔误差。

定时精度用相位误差或时间误差来表示。但是，相位误差与工作频率有关，而时间误差与工作频率无关，同时又引入了测量时间间隔，因此定时精度要求用时间间隔误差(TIE)来描述。

时间间隔误差是在特定的时间周期内，给定的定时信号与理想的定时信号的相对时延变化，通常用 ns 或单位时间间隔(UI)来表示。考虑到在较长的测量周期内时间间隔误差主要是由定时信号的频率误差引起，而在较短的测量周期内时间间隔误差主要是由定时信号的抖动和漂移等因素引起，因此，时间间隔误差用频率误差和抖动(或漂移)成分的两项内容之和来描述。

同步系统扩展资料.pdf

习　题

1. 为何要进行同步?
2. 数字通信中有几种同步类型?
3. 插入的导频为何要与载波正交?
4. 同相正交环法的优点有哪些?
5. 载波同步系统的主要性能指标有哪些?
6. 位同步的调整原理是什么?
7. 对位同步系统性能的主要要求是什么?
8. 群同步的实现方法通常有哪两类?
9. 对群同步系统性能的主要要求是什么?
10. 试述主从同步方式与相互同步方式的工作原理及优缺点。

11. 在如题 6－1 图所示的插入导频法发送端方框图中，$a_C\sin\omega_C t$ 不经 90°相移，直接与已调信号相加输出，试证明接收端的解调输出中还有直流分量。

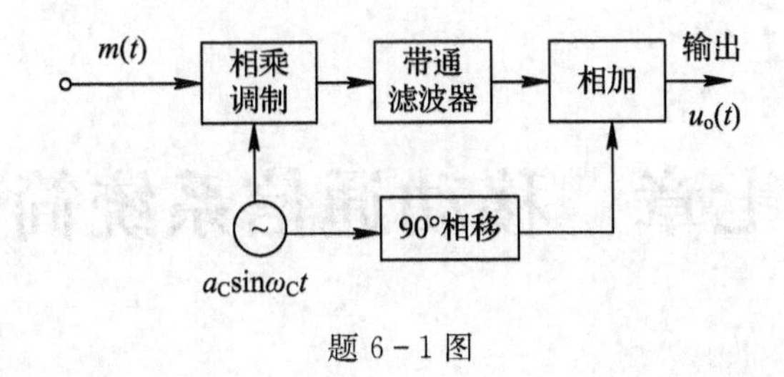

题 6－1 图

12. 已知单边带信号的表达式为 $s(t)=m(t)\cos\omega_C t+m(t)\sin\omega_C t$，试证明不能用题 6－2 图所示的平方变换法提取载波。

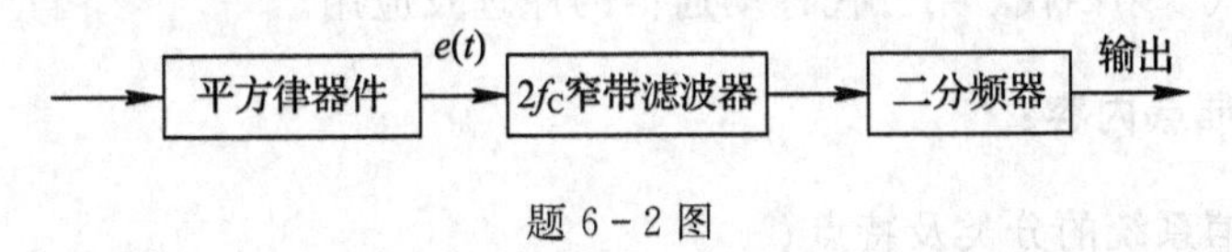

题 6－2 图

13. 正交双边带调制的原理方框图如题 6－3 图所示，试讨论载波相位误差 φ 对该系统有什么影响？

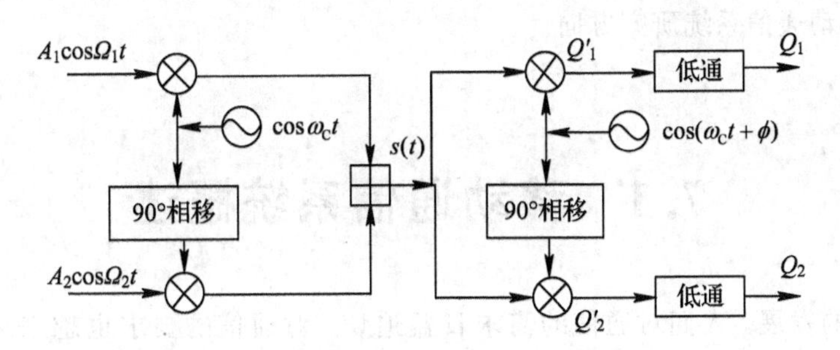

题 6－3 图

第六章习题答案

第七章　移动通信系统简介

学习目的与要求：

通过本章学习，掌握移动通信的概念、原理及实现方式，并了解移动通信发展历程及趋势，以及第三代、第四代、第五代移动通信的原理及应用。

重点与难点内容：

(1) 移动通信系统的分类及特点；
(2) 移动通信系统的技术原理及不同制式通信系统的区别；
(3) 3G、4G 移动通信系统的特点、网络架构；
(4) 5G 移动通信系统研究方向。

7.1　移动通信系统概述

随着社会的发展，人们对通信的需求日益迫切，对通信的要求也越来越高，理想的目标是在任何时候、任何地方与任何人都能及时沟通联系、交流信息。显然，没有移动通信，这种愿望是无法实现的。

顾名思义，移动通信是指通信双方至少有一方在移动中(或者停留在某一非预定的位置上)进行信息传输和交换，这包括移动体(车辆、船舶、飞机或行人)和移动体之间的通信，移动体和固定点(固定无线电台或有线用户)之间的通信。常见的有蜂窝通信系统、集群移动通信系统、卫星通信系统、无线寻呼系统、无绳电话系统等，它们都属于移动通信系统。

7.1.1　移动通信系统的主要特点

移动通信系统的主要特点如下：

(1) 移动通信必须利用无线电波进行信息传输。

无线电波允许通信中的用户在一定范围内自由活动，且其位置不受束缚，不过无线电波的传播特性一般要受到诸多因素的影响。移动通信的运行环境十分复杂，无线电波不仅会随着传播距离的增加而发生弥散消耗，并且会受到地形、地物的遮蔽而发生“阴影效应”，而且信号经过多点反射，会从多条路径到达接收地点，这种多径信号的幅度、相位和到达时间都不一样，它们互相叠加会产生电平衰落和时延扩展。

移动通信常常在快速移动中进行，这不仅会引起多普勒频移，产生随机调频，而且会使得电波传输特性发生快速的随机起伏，严重影响通信质量。故移动通信系统必须根据移动信道的特征，进行合理的设计。

(2) 通信是在复杂的干扰环境中运行的。

移动通信系统采用的是多信道共用技术。在一个无线小区内，同时通信者会有成百上千，基站会有多部收、发信机同时在同一地点工作，将会产生许多干扰信号，还有各种工业干扰和人为干扰，归纳起来有通道干扰、互调干扰、邻道干扰、多址干扰，以及近基站强信号会压制远基站弱信号等，这种现象称为“远近效应”。在移动通信中，将采用多种抗干扰、抗衰落技术措施以减少这些干扰信号的影响。

(3) 移动通信业务量的需求与日俱增。

移动通信可以利用的频谱资源非常有限，但不断扩大移动通信系统的通信容量始终是移动通信发展中的焦点。要解决这一难题，一方面要开辟和启动新的频段，另一方面要研究发展新技术和新措施，提高频谱利用率。因此，有限频谱合理分配和严格管理是有效利用频谱资源的前提，这是国际上和各国频谱管理机构和组织的重要职责。

(4) 网络结构多种多样，网络管理和控制必须有效。

根据通信地区的不同需要，移动通信网络结构多种多样。为此，移动通信网络必须具备很强的管理和控制能力，如用户登记和定位，通信(呼叫)链路的建立和拆除，信道分配和管理，通信计费、鉴权、安全和保密管理，以及用户过境切换和漫游控制等。

(5) 移动通信设备必须适于在移动环境中使用。

移动通信设备要求体积小、重量轻、省电、携带方便、操作简单、可靠耐用和维护方便，还应保证在振动、冲击、高低温环境变化等恶劣条件下都能够正常工作。

7.1.2　典型移动通信系统

1. 无线寻呼系统

无线寻呼系统是移动通信的一个分支，是一种单向、大区制的通信系统。主呼用户(固定电话或移动电话)通过公用电话网连接寻呼中心，再由寻呼中心将信息传送给被叫用户。无线寻呼系统由于采用广播方式，而基站采取大区制，因此设备简单、投资少、见效快、使用方便，发展极为迅速，其系统示意图如图 7-1 所示。20 世纪 90 年代，中国在短短的几年中就发展了全球最大的无线寻呼网络。

2. 无绳电话系统

初期的无绳电话十分简单，只是把一个电话单机分成一个座机和一部手机(主机和副机)，二者之间用无线电(一般用调频)连接，传输模拟话音。因为手机与座机之间不需要电缆连接，故称之为“无绳电话”，如图 7-2 所示。虽说这样的无绳电话还很常见，但实际上，无绳电话已经逐步向网络化和数字化方向发展，形成了多种依托于公共交换电话网(PSTN)的网络结构，成为独立的移动通信系统。

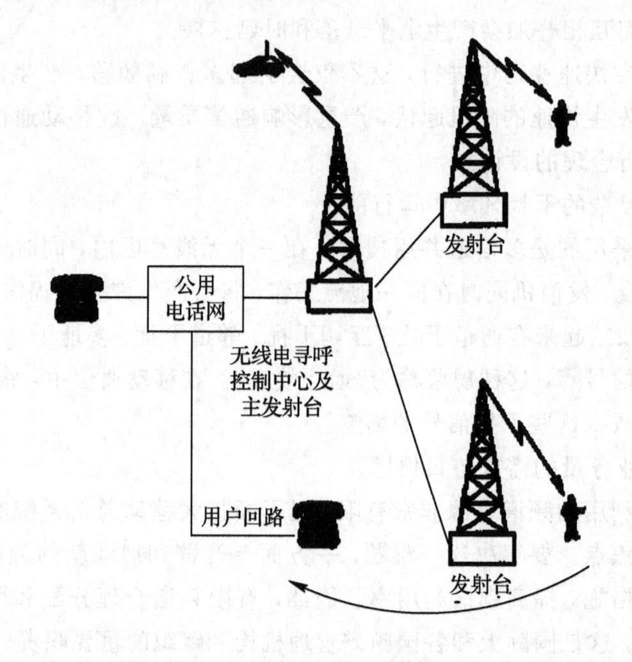

图 7-1　无线寻呼系统示意图

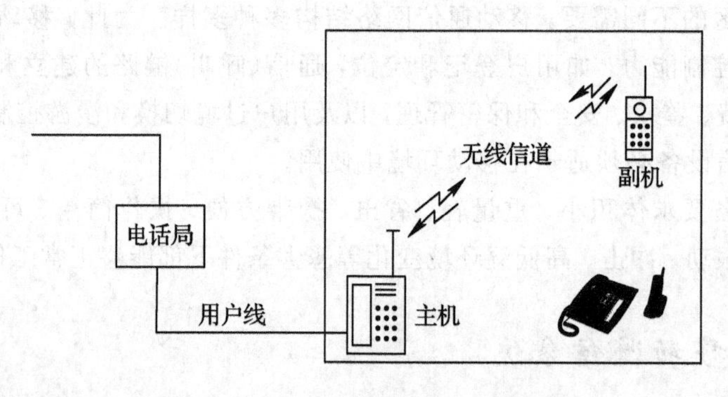

图 7-2　无绳电话系统示意图

3. 集群移动通信系统

集群移动通信系统一般作为调度系统的专用通信网。最初的集群移动通信系统由若干个使用同一频率的移动台组成，其中一个充当调度台，用广播方式向其他移动台发送消息，完成指挥或调度。这种系统通常是单向、模拟的，图 7-3 是一个简单的集群移动通信系统示意图。随着技术的发展，现在的集群移动通信系统已经克服了早期简单调度系统存在的频率资源混乱、选址方式单一和功能有限的缺陷，采用频率共用技术，把各个部门分散建立的专用通信网集中起来，统一建网和管理，动态利用有限的频道，以容纳更多的用户。集群移动通信系统由于布放灵活、开展业务方便的特点，在公安、消防、煤矿、车辆调度等领域得到广泛的应用，在战场、战术场合也有很好的应用。

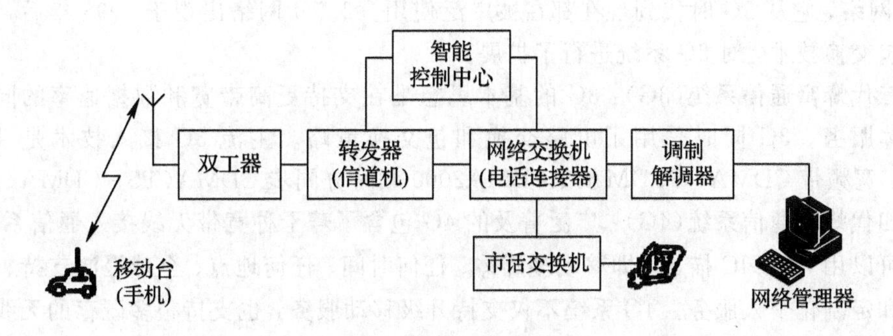

图 7-3　集群移动通信系统示意图

4. 蜂窝移动通信系统

早期的移动通信系统需要在其覆盖区域中心设置大功率的发射机，并采用高架天线把信号发送到整个覆盖地区(半径可达几十千米)。这种系统的主要矛盾是它同时能提供给用户使用的信道数极为有限，远远满足不了移动通信业务迅速增长的需要。例如，在 20 世纪 70 年代于美国纽约开通的 IMTS 系统，仅能提供 12 对信道。也就是说，网中只允许 12 对用户同时通话，倘若同时出现第 13 对用户要求通话，就会发生阻塞。

随着蜂窝移动通信系统的出现，通信能力大大提高。蜂窝移动通信网络把整个服务区域划分成若干个较小的区域(Cell，在蜂窝移动通信系统中称为小区)，各小区均用小功率的发射机(即基站发射机)进行覆盖，许多小区像蜂窝一样布满(即覆盖)任意形状的服务区。图 7-4 所示为一个蜂窝移动通信系统。

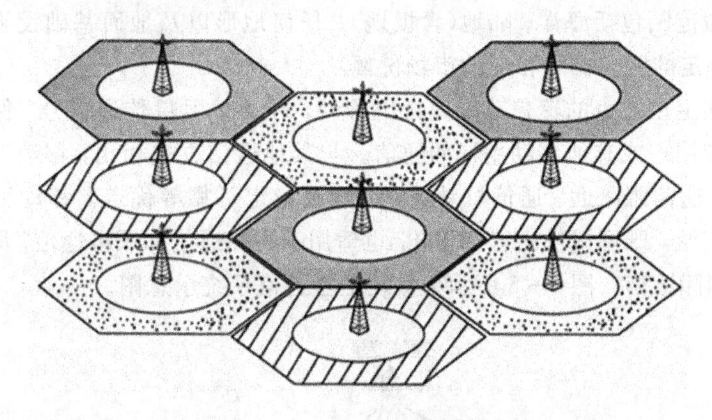

图 7-4　蜂窝移动通信系统

蜂窝移动通信系统是当前世界上应用最广泛的移动通信系统，从发明至今，已经发展了五代。

第一代模拟蜂窝移动通信系统(1G)：基于模拟技术，且基本面向模拟电话的通信系统。它诞生于 20 世纪 80 年代初，是移动通信的第一个基本框架——包含了基本蜂窝小区架构、频分复用和漫游的理念。高级移动电话服务(AMPS)就是一种主流 1G 技术。

第二代蜂窝通信系统(2G)：2G 网络标志着移动通信技术从模拟时代走向了数字时代。这个引入了数字信号处理技术的通信系统诞生于 1992 年。2G 系统第一次引入了流行的用户身份模块(SIM)卡。主流 2G 接入技术是 CDMA 和 TDMA。GSM 是一种非常成功的

TDMA 网络，它从 2G 时代到现在都在被广泛使用。2.5G 网络出现于 1995 年后，它引入了合并包交换技术，对 2G 系统进行了扩展。

第三代蜂窝通信系统(3G)：3G 的基本思想是在支持更高带宽和数据速率的同时，提供多媒体服务。3G 同时采用了电路交换和包交换策略。主流 3G 接入技术是 TDMA、CDMA、宽频带 CDMA(WCDMA)、CDMA2000 和时分同步 CDMA(TS-CDMA)。

第四代蜂窝通信系统(4G)：广泛普及的 4G 包含了若干种宽带无线接入通信系统。4G 的特点可以用 MAGIC 描述，即移动多媒体、任何时间、任何地点、全球漫游支持、集成无线方案和定制化个人服务。4G 系统不仅支持升级移动服务，也支持很多既存的无线网络。

第五代蜂窝通信系统(5G)：对于 5G 和超 4G 无线网络通信，目前还处于研究阶段，有一系列的设想。一些人认为它将是高密度网络，有着分布式 MIMO，以提供小型绿色柔性小区。5G 系统中，先进的串扰和移动率管理将伴随着不同传输点和重叠的覆盖区之间的协作而实现；对每个小区的上行链路和下行链路传输，资源的使用也将更加灵活；用户连接支持多种无线接入技术，并且在它们之间切换时能真正做到无缝兼容；人们普遍期待的认知无线技术，即智能无线技术，将会在主用户离开时，通过自适应查找并使用未占用的频谱，支持不同的无线技术高效共享同一个频谱。这一动态无线资源管理将基于软件无线电技术实现。

5. 移动卫星通信系统

与其他技术体制相比，移动卫星通信系统拥有全球覆盖和网络安全的优势，能为终端用户直接提供国际漫游和低资费通信，是目前唯一面向全球用户、独立完整的点对点通信系统。它的覆盖范围包括海洋、陆地(含极地)、任何地形以及地面基础设施不宜涉足的地方，因此有着特定的客户群和相应的市场份额。

用户可以在卫星波束的覆盖范围内自由移动，并通过卫星传递信号，保持与地面通信系统和专用系统用户或其他移动用户的通信。与其他通信方式相比，移动卫星通信系统具有覆盖区域大、通信距离远、通信机动灵活、线路稳定可靠等优点。移动卫星通信系统的应用范围相当广泛，既可提供话音、电报，也适用于民用通信和军事通信；既适用于国内通信，也可用于国际通信。图 7-5 所示为移动卫星通信系统示意图。

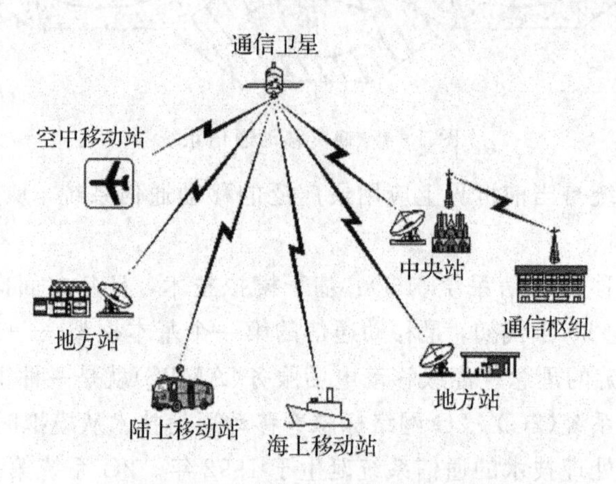

图 7-5　移动卫星通信系统示意图

7.1.3　移动通信的发展趋势

移动通信的发展过程和趋势可概括如下：

• 工作频段由短波、超短波、微波到毫米波、红外线和超长波。

• 频道间隔由 100 kHz、50 kHz、25 kHz、12.5 kHz 到宽带扩频信道。

• 调制方式由振幅压扩单边带、模拟调频到数字调制。

• 多址方式由 FDMA、TDMA、CDMA 到混合多址和随机多址的结合。

• 网络覆盖由宏蜂窝到微蜂窝、微微蜂窝、毫微微蜂窝和混合蜂窝。

• 服务范围由局部地区、大中城市到全国、全世界，并由陆地、水上、空中发展到陆海空一体化。

• 业务类型由通话为主到传输数据、传真、图像、视频等综合业务。

20 世纪 80 年代，语音业务是新兴需求，因此基于模拟蜂窝技术的 1G 应运而生。20 世纪 90 年代，语音业务需求量与日俱增。此时，数字技术取代模拟技术已经成为必需。数字技术的出现使得 2G(GSM)进一步提高了语音通话的质量和频谱利用率，同时降低了组网成本，满足了 90 年代新业务(语音和短信)的需求。21 世纪，多媒体应用逐渐成为主流，“移动宽带”需求到来，以码分多址(CDMA)为主要特征的 3G 出现，支持了数据和多媒体业务；而最近两年，移动互联网又全面兴起，“移动宽带”需求进一步提升，以正交频分复用(OFDM)和多入多出(MIMO)为主要特征的 4G 成为支持宽带数据和移动互联网业务的关键。5G 即第五代移动通信技术，是 4G 之后的延伸。目前，5G 的需求及关键技术指标(KPI)已大体上确定，国际电联将 5G 应用场景划分为移动互联网和物联网两大类，各个国家均认为 5G 除了支持移动互联网的发展，还将解决机器海量无线通信的需求，这极大促进了车联网、工业互联网等领域的发展。

7.2　移动通信的基本技术

7.2.1　编码与解码技术

1. 信源编解码技术

移动通信中最典型的信号是话音信号，因而语音编码技术在数字移动通信中具有相当重要的作用。语音编码技术可以直接影响到数字移动通信系统的通信质量。

语音编码属于信源编码，是指利用话音信号及人的听觉特性上的冗余性，在将冗余性进行压缩(信息压缩)的同时，将话音信号转变为数字信号的过程。语音编码的目的是在保证一定的算法复杂度和通信时延的前提下，占用尽可能少的信道容量传输尽可能高质量的话音信号。

移动通信中采用的语音编码方式主要取决于无线移动信道的条件。由于频率资源十分有限，因此要求编码信号的速率较低，编码算法应有较好的抗误码特性。另外，从用户角度出发，还应有较好的话音质量和较短的时延。

移动通信对数字语音编码的要求如下：

- 速率应较低，纯编码速率应低于 16 kb/s。
- 在一定编码速率下的音质应尽可能高。
- 编码时延要短，要控制在几十毫秒之内。
- 编码算法应具有较好的抗误码性能，计算量小，性能稳定。
- 编码器应便于大规模集成。

在实际应用中，不同的通信制式采用了不同的语音编码方式，其中 GSM 与 IS-95 是 2G 通信系统，WCDMA 和 CDMA2000 是 3G 通信系统，LTE 是 4G 通信系统，如表 7-1 所示。

表 7-1　常用的语音编码方式

标　准	语音编码方式
GSM	RPE-LTP
IS-95	CELP
WCDMA	AMR
CDMA2000	SMV
LTE	AMR-WB

随着移动通信技术的不断发展演进，在当前的 4G 通信系统中，VoLTE 的语音通信方式采用 AMR-WB 语音编码，支持更高的语音通信带宽，大大提高了话音质量和用户感知，而在未来的 5G 通信系统中，还会有全高清语音编码应用。

2. 信道编解码技术

为了保证通信的可靠性，必须采用信道编解码技术。在移动信道上，误码有两种类型：一种是随机性误码，它产生的是一种单个码元错误，并且它是随机产生的，主要由噪声引起，另一种是突发性误码，即在连续码元中均发生连片错误，亦称群误码，它主要是由于衰落或阴影影响所造成的。因此，纠错编码应具备克服两类误码的能力。在移动通信系统中，用于纠正随机错误的编码方法有许多种，包括循环码、BCH 码、缩短 BCH 码、R-S 码等；既能纠正随机错误，又可纠正突发错误的编码方法称为卷积码。表 7-2 说明了不同通信制式中采用的信道编码方式。

表 7-2　常用的信道编码方式

标　准	信道编码方式
GSM	卷积码、循环码、奇偶码
IS-95	卷积码、Turbo 码
WCDMA	卷积码、Turbo 码
CDMA2000	卷积码、Turbo 码
LTE	Turbo 码、LDPC 码

7.2.2　调制与解调技术

调频技术的应用曾对模拟移动通信的发展产生过极大的推动作用。迄今，这种调制技术仍广泛应用于许多模拟移动通信系统中，而到了第二代移动通信即数字移动通信，其关键技术之一是数字调制技术。对数字调制技术的要求是：已调信号的频谱窄和带外衰减快(即所占频带窄，或者说频谱利用率高)；易于采用相干或非相干解调；抗噪声和抗干扰的能力强；适宜在衰落信道中传输。

数字信号调制的基本类型分为振幅键控(ASK)、移频键控(FSK)和移相键控(PSK)。此外，还有许多由基本调制类型改进或综合而获得的新型调制技术。数字移动通信发展迅速，为适应25kHz信道带宽，提出了多种窄带调制方式，如MSK、TFM、GMSK、QPSK、MQPSK等。

第三代移动通信系统采用了宽带调制技术，如CDMA扩频技术。因为所有话路共用一个公共频段，可达到频率资源共享，所以采用扩频技术可得到好的抗人为干扰和噪声性能，且对抗多径干扰非常有效，并具有很高的隐蔽性和保密性。因此，第三代移动通信系统早期用于军事通信，现在已经用于民用通信。常用的调制方式如表7-3所示。

表7-3　常用的调制方式

标　准	调制方式
GSM	GMSK
IS-95	BPSK(上行)、QPSK(下行)
WCDMA	BPSK(上行)、QPSK(下行)
CDMA2000	OQPSK(上行)、QPSK(下行)
LTE	QPSK，16QAM，64QAM

7.2.3　多址技术

在蜂窝移动通信系统中，多个移动用户要同时通过一个基站和其他移动用户进行通信，就必须对基站和不同的移动用户发出的信号赋予不同的特征，使基站能从众多移动用户的信号中区分出是哪一个移动用户发来的信号，同时各个移动用户又能够识别出基站发出的信号中哪个是发给自己的。

移动中主要有五种多址方式，即频分多址(FDMA)、时分多址(TDMA)、码分多址(CDMA)和空分多址(SDMA)，以及在4G通信中使用的正交频分多址(OFDMA)。在实际应用中，还包括基本多址方式的混合方式。表7-4说明了不同通信制式的多址方式。

表 7-4 常用的多址方式

标 准	多 址 方 式
GSM	FDMA、TDMA
IS-95	CDMA
WCDMA	CDMA
CDMA2000	CDMA
LTE	OFDMA

7.2.4 抗干扰措施

抗干扰历来是无线电通信的重点研究课题。在移动信道中，除存在大量的环境噪声和干扰外，还存在大量电台产生的干扰，如邻道干扰、共道干扰和互调干扰等。

网络设计者在设计、开发和组建移动通信网络时，必须预计到网络运行环境中会出现的各种干扰(包括网络外部产生的干扰和网络自身产生的干扰)强度，并应采取有效措施，保证网络在运行时，干扰电平和有用信号相比不超过预定的门限值(通常用信噪比或载干比来度量)，或者保证传输差错率不超过预定的数量级。

移动通信系统中采用的抗干扰措施是多种多样的，主要有：

• 为克服由多径干扰所引起的多径衰落，广泛采用分集技术(包括空间分集、频率分集、时间分集以及 RAKE 接收技术等)、自适应均衡技术、具有抗码间串扰和时延扩展能力的调制技术(如多电平调制、多载波调制等)。

• 利用信道编码进行检错和纠错(包括前向纠错 FEC 和自动请求重传 ARQ)是降低通信传输的差错率，保证通信质量和可靠性的有效手段。

• 为提高通信系统的综合抗干扰能力而采用扩频和跳频技术。

• 为减少蜂窝网络中的共道干扰而采用扇区天线、多波束天线、自适应天线阵列、智能天线等技术。

• 在 CDMA 通信系统中，为了减少多址干扰而使用干扰抵消和多用户信号检测器技术。

7.2.5 组网技术

移动组网技术涉及的技术问题非常多，大致可分为网络结构、网络接口和网络的控制与管理等几个方面。

1. 网络结构

在通信网络的总体规划和设计中，必须解决的一个问题是：为了满足运行环境、业务类型、用户数量和覆盖范围等要求，通信网络应该设置哪些基本组成部分(比如，基站、移动台、移动交换中心、网络控制中心、操作维护中心等)以及这些组成部分应该怎样部署，才能构成一种实用的网络结构。此外，随着移动通信的发展，网络结构的确定也日益复杂和困难。举例说，在蜂窝结构的研究中，应适应不同用户的要求，即既能满足大地区、高速移动用户的需求，又能满足高密度、低速移动用户的要求，同时还能满足室内用户的需求，但显然要全部达到这些要求是很不容易的。

图 7－6 所示是 GSM 通信系统的网络结构，该系统由不同的网元设备(或功能实体)组成，相互连接后协同工作，向用户提供移动通信的各类业务服务。

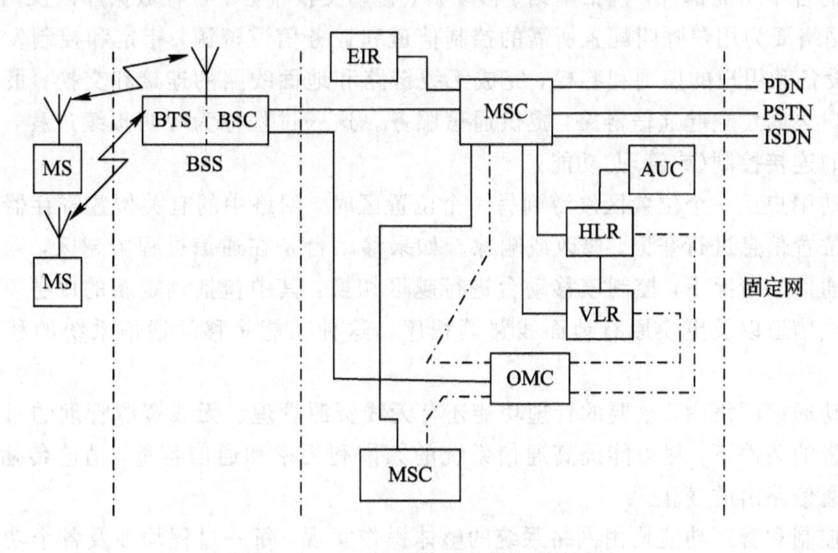

图 7－6　GSM 通信系统的网络结构

2. 网络接口

如前所述，移动通信网络由若干个基本部分(或称功能实体)组成。在用这些功能实体进行网络部署时，为了能相互之间交换信息，有关功能实体之间都要用接口进行连接。同一通信网络的接口，必须符合统一的接口规范。图 7－7 展示了 GSM 通信系统的网络接口。例如，Sm 是用户和网络之间的接口；Um 是移动台与基站收发信台之间的接口，也称之为空中接口。A～G 接口是网络内各功能实体之间的接口等。

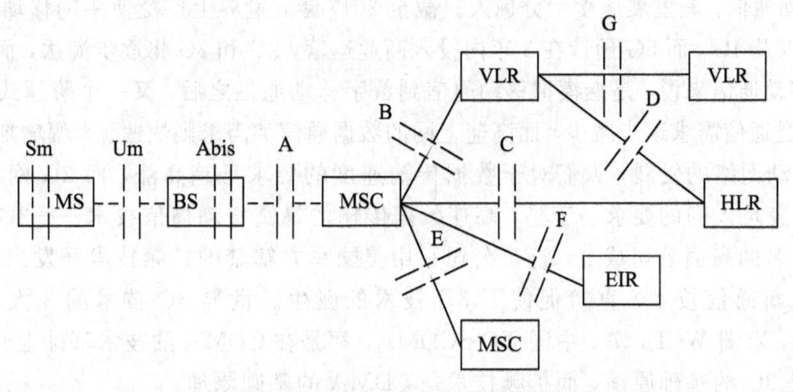

图 7－7　GSM 通信系统的网络接口

在一个移动通信网络中，上述许多接口的功能和运行程序必须具有明确要求并建立统一的标准，这就是所谓的接口规范。只要遵守接口规范，无论哪一厂家生产的设备都可以用来组网，而不必限制这些设备在开发和生产中采用何种技术。显然，这对厂家的大规模生产与不断进行设备的改进也提供了方便。

3. 网络的控制与管理

无论何时，当某一移动用户在接入信道上向另一移动用户或有线用户发起呼叫，或者某一有线用户呼叫移动用户时，移动通信网络就要按照预定的程序开始运转，这一过程会涉及网络的各个功能部件，包括基站、移动台、移动交换中心、各种数据库以及网络的各个接口等，网络要为用户呼叫配置所需的控制信道和业务信道资源，指定和控制发射机的功率，进行设备和用户的识别和鉴权，完成无线链路和地面线路的连接和交换，最终在主呼和被呼用户之间建立起通信链路，提供通信服务。这一过程称为呼叫接续过程，它是移动通信系统的连接控制(或管理)功能。

当移动用户从一个位置区漫游到另一个位置区时，网络中的有关位置寄存器要随之对移动台的位置信息进行登记、修改或删除。如果移动台是在通信过程中越区，网络要在不影响用户通信的情况下，控制该移动台进行越区切换，其中包括判定新的服务基台、指配新的频率或信道以及更换原有地面线路等程序。这种功能是移动通信系统的移动性管理功能。

在移动通信网络中，重要的管理功能还有无线资源管理。无线资源管理的目标是在保证通信质量的条件下，尽可能提高通信系统的频谱利用率和通信容量，适应传播环境、网络结构和通信路由的变化。

上述控制和管理功能均由网络系统的整体操作实现，每一过程均涉及各个功能实体的相互支持和协调配合。为此，网络系统必须为这些功能实体规定明确的操作程序、控制规程和信令格式。

7.3 第三代移动通信系统

蜂窝移动通信从开始使用到目前不过30多年时间，从第一代的1G模拟技术到当前第五代的5G移动通信，其发展速度十分惊人。截至2017年，世界上广泛使用的移动通信技术包括2G、3G以及4G，而5G预计在3年内投入商业运营，2G和3G将逐步淘汰，而从2G发展到3G，对移动通信来说，是继模拟移动通信到数字移动通信之后，又一个跨越式发展，人们语音、短信类通信需求逐步减少，而高速上网的数据通信类需求则快速、大幅增加。

随着移动网络的发展，人们对于数据传输速度的要求日趋高涨，而2G网络的传输速度显然不能满足人们的要求。于是，高速数据传输的蜂窝移动通信技术——3G应运而生。1985年，著名的高通公司成立，这个公司利用美国军方解禁的扩频技术开发出一个被名为“CDMA”的新通信技术，直接促使了3G技术的诞生。世界3G技术的3大标准：美国CDMA2000，欧洲WCDMA，中国TD-SCDMA，都是在CDMA的技术基础上开发出来的，CDMA就是3G的基础原理，而扩频技术是CDMA的基础原理。

下面以我国具有自主知识产权的TD-SCDMA为例，介绍3G移动通信的相关内容。

7.3.1　TD-SCDMA 概述

TD-SCDMA(Time Division-Synchronous Code Division Multiple Access，时分同步码分多址)，是中国提出的第三代移动通信标准，也是 ITU 批准的三个 3G 标准中的一个，还是以我国知识产权为主的、被国际上广泛接受和认可的无线通信国际标准，同样是我国电信史上重要的里程碑。

TD-SCDMA 在频谱利用率、频率灵活性、对业务支持具有多样性及成本等方面有独特优势。一般认为，TD-SCDMA 由于智能天线和同步 CDMA 技术的采用，可以大大简化系统的复杂性，适合采用软件无线电技术，因此，设备造价有望更低。

TD-SCDMA 技术的特点有：

• 采用综合的寻址(多址)方式：TD-SCDMA 空中接口采用了四种多址技术，即 TDMA、CDMA、FDMA 和 SDMA(智能天线)；综合利用四种技术资源分配时在不同角度上的自由度，得到可以动态调整的最优资源分配。

• 时分双工，不需要成对的频带。因此，和另外两种频分双工的 3G 标准相比，在频率资源的划分上更加灵活。

• 灵活的上下行时隙配置：可以随时满足用户打电话、网页浏览、下载文件、视频业务等需求，保证用户清晰、畅通地享受 3G 业务。

• 克服呼吸效应和远近效应。

7.3.2　网络架构

TD-SCDMA 网络分为无线接入网络(UTRAN)和核心网(CN)两部分，其网络架构(R4 版本)如图 7-8 所示。

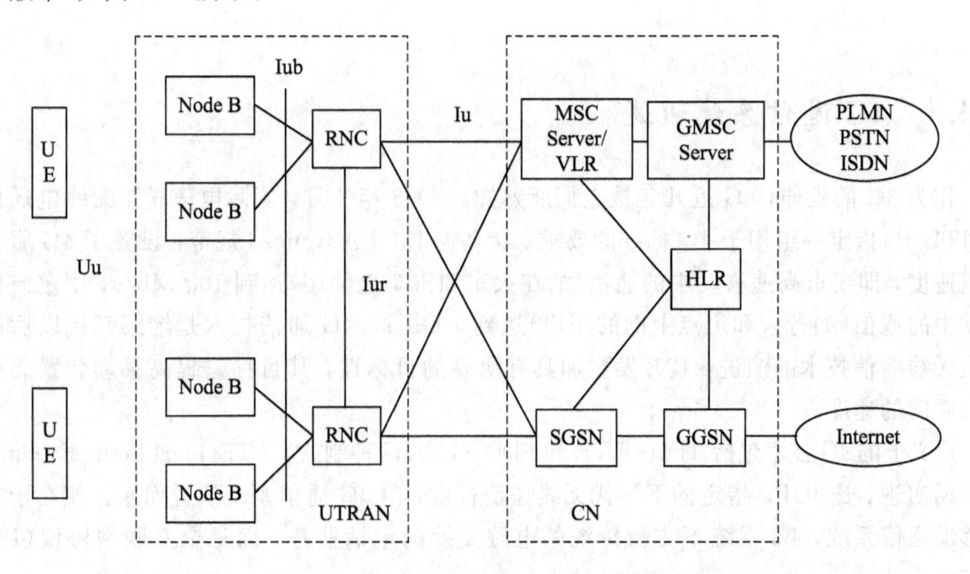

图 7-8　TD-SCDMA 的网络架构

1. 核心网(CN)

核心网的功能主要是提供用户连接、对用户进行管理以及对业务完成承载，并且作为承载网络提供到外部网络的接口。CN 包括 MSC Server/VLR、GMSC Server、SGSN、GGSN、HLR 等设备，从逻辑上可划分为 CS 域和 PS 域。

CS 域为用户业务提供“电路型连接”，或提供相关信令连接；而 PS 域为用户提供分组型数据业务。其他设备如 HLR、AUC、EIR 等为 CS 域和 PS 域共用，完成移动性管理、鉴权、计费等重要功能。

2. 无线接入网(UTRAN)

UTRAN 是第三代移动通信网络中的无线接入网络部分，完成所有与无线有关的功能。接入网包括 UE(移动台、用户设备)、Node B(基站)和 RNC(基站控制器)。移动台 UE 是组成 TD-SCDMA 系统不可缺少的部分，它还包含移动设备 ME 和用户识别卡 SIM / USIM。

UTRAN 的主要功能有：

• 用户数据的传输：UTRAN 提供 Uu 和 Iu 接口的用户数据传输功能。

• 系统接入控制功能：包括接入控制、拥塞控制、系统广播消息等。

• 移动性功能：包括切换、SRNS(服务 RNS)重定位功能。

• 无线资源的管理和控制：包括无线资源配置和操作、无线环境调查、合并/分离控制、无线承载控制、无线协议功能、功控、无线信道译码、随机接入检测和处理、对 NAS(非接入层)消息的 CN 分发功能、对 NAS 消息的业务特定功能。

• 广播/多播业务信息的分发：广播/多播信息分发、广播/多播流控制、CBS 状态报告。

7.4 第四代移动通信系统

7.4.1 4G 通信系统概述

作为 3G 的延伸，4G 近几年被人们所熟知。2008 年 3 月，国际电信联盟无线电通信部门(ITU-R)指定一组用于 4G 标准的要求，命名为 IMT-Advanced 规范，设置了 4G 服务的峰值速度，即要求高速移动中的通信(如在火车和汽车上使用)达到 100 Mb/s，固定或低速移动中的通信(如行人和定点上网的用户)达到 1 Gb/s。4G 通信技术是继第三代以后的又一次无线通信技术的演进，其开发更加具有明确的目标性，其目标是提高移动装置无线访问互联网的速度。

广义上的 4G 技术包括 TDD－LTE 和 FDD－LTE 两种制式。LTE(Long Term Evolution)，即长期演进，是 3GPP 指定的下一代无线通信标准，由 3G 通信系统演进而来。相对于前几代移动通信系统，4G 系统不支持传统的电路交换的电话业务，而是全互联网协议(IP)的通信。

4G 通信技术并没有脱离以前的通信技术，而是以传统通信技术为基础，并利用了一些新的通信技术来不断提高无线通信的网络效率和功能。如果说 3G 能为人们提供一个高速传输的无线通信环境，那么 4G 通信会是一种超高速无线网络，一种不需要电缆的信息超级高速公路，这种新网络可使电话用户以无线及三维空间虚拟实境连线。

4G 将为用户提供更快的速度并满足用户更多的需求。与其说它是 3G 技术的“演进”，不如说是“革命”，其主要特点有

(1) 高速、高效、低时延。

4G 通信系统可提供最低 100 Mb/s(TDD-LTE)或 150 Mb/s(FDD-LTE)的无线下载速率，是 3G 的 10 倍以上；由于采用了 OFDM 技术，4G 通信系统的频谱利用率也更高，可达 3G 通信系统的 2～4 倍；同时，高速率可提供给用户更低的时延，使得用户体验更好。

(2) 简单、灵活和统一的网络。

4G 通信系统为了降低用户面延迟，取消了无线网络控制器(RNC)，采用了扁平网络结构，降低了网络维护成本；同时，4G 通信系统采用全 IP 技术，不再和 2G 系统、3G 系统一样区分语音业务和数据业务，而是将所有业务承载在 IP 技术上，更便于组网，且 IP 能与多种无线接入协议相兼容，因此在设计网络时具有很大的灵活性，不需要考虑无线接入究竟采用何种方式和协议。

(3) 更低的成本。

4G 通信系统有更高的流量承载能力，是 3G 通信系统的 10 倍以上，也就是说可承载更多的用户，因此 4G 技术的成本更低，仅仅是 3G 的 1/4～1/3；同时，4G 通信系统是由现有的 3G 通信系统平滑升级而来，传输代价也更加便宜，这也就进一步降低了网络建设成本。

7.4.2 网络架构

1. SAE 概述

3GPP R8(Release 8)在提出 LTE 的同时，也提出了 SAE(Service Architecture Evolution，系统体系结构演进)的概念。SAE 由演进分组核心网(EPC)和演进统一陆地无线接入网(E-UTRAN)两大部分构成。SAE 采用了全 IP 的构架，简化了网络结构，使之更加扁平，集成了其他非 3GPP 的接入技术，能支持更加灵活的业务。该体系结构将节点类型从以前的 4 种(Node B、RNC、SGSN 和 GGSN)缩减到 2 种(eNode B 和 GW)。所有接口均支持基于 IP 的协议，节约了运营商的成本。

SAE 是一个同时支持 GSM、3G 和 LTE 技术的通用分组核心网，能实现用户在 LTE 系统和其他系统之间的无缝移动，以及从 3G 到 LTE 的灵活迁移，也能够集成采用基于客户端和网络的移动 IP，以及 WiMAX 等的非 3GPP 接入技术。

2. 网络组成

整个 LTE 系统由演进型分组核心网(Evolved Packet Core，EPC)、演进型基站(eNode B)和用户设备(UE)三部分组成，如图 7-9 所示。其中，EPC 负责核心网部分，EPC 控制处理部分称为 MME，数据承载部分称为 SAE GateWay (SGW)；eNode B 负责接入网部分，也称 E-UTRAN；UE 为用户终端设备。

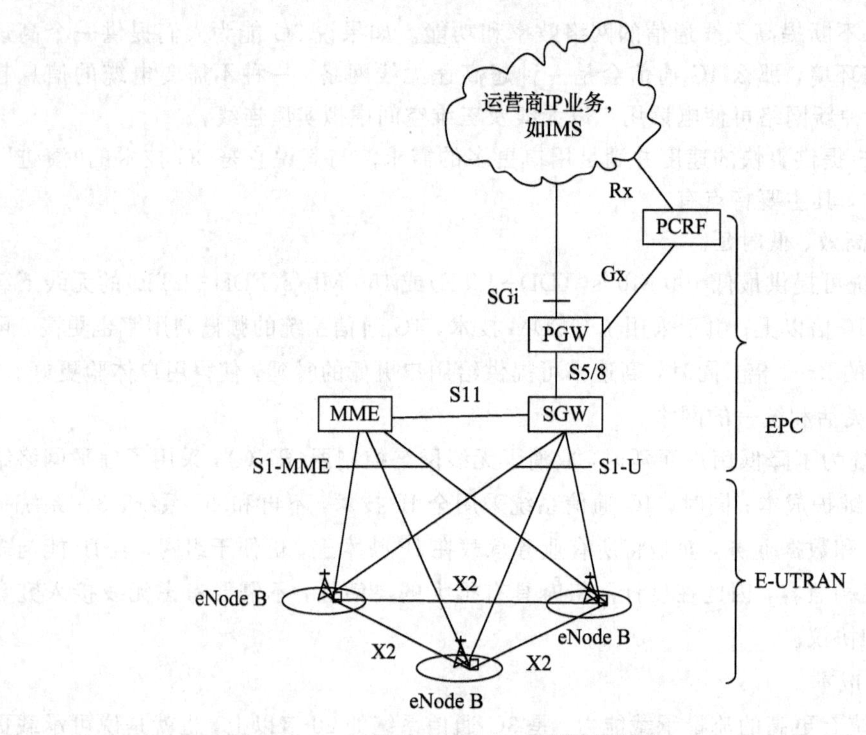

图 7-9　LTE 系统网络结构

eNode B 与 EPC 通过 S1 接口连接；eNode B 之间通过 X2 接口连接；eNode B 与 UE 之间通过 Uu 接口连接。与 3G 网络相比，由于 Node B 和 RNC 融合为网元 eNode B，所以 LTE 少了 Iub 接口。图 7-10 显示了 LTE 系统的功能划分。由图可见，在扁平化架构下，LTE 网络相比 2G 和 3G 网络更加简洁。

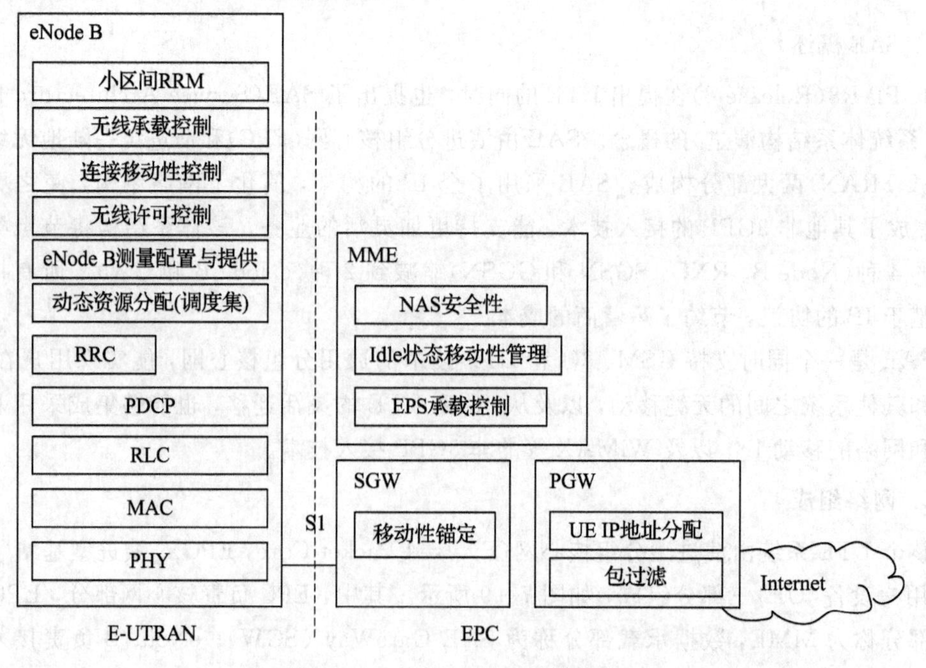

图 7-10　LTE 系统的功能划分

在 EPC 系统中，核心网有三个关键的功能实体：MME、SGW 以及 PGW。MME 主要完成信令面功能的处理；SGW 是一个用户面功能实体，完成分组数据的路由和转发；PGW 是连接外部数据网的网关。UE 可以通过连接到不同的 PDN Gateway 访问不同的外部数据网。此外，EPC 系统还包括 HSS 和 PCRF(Policy and Charging Rule Function)。

HSS 和 PCRF 是和 EPC 网络密切相关的两个网元。HSS 是归属位置服务器，在网络中的位置属于核心控制层，可为核心控制设备提供鉴权、认证、路由和业务触发等，而 PCRF 是策略控制和计费规则功能组件。

如图 7-9 所示，LTE 的无线接入网(E-UTRAN)仅仅由 eNode B(eNB)组成，而非 3G 系统中的 E-UTRAN 则由 RNC 和 Node B 组成，因此在 4G 系统中，E-UTRAN 可认为就是一组基站 eNode B 构成的网络。

基站 eNode B 的主要功能包括：

- RRM(Radio Resource Management，无线资源管理)。
- IP 报头压缩和用户数据流加密。
- 将用户平面数据路由到 SGW。
- 调度和传输寻呼消息(由 MME 发出)。
- 调度和传输广播信息(由 MME 或者 O&M 发出)。
- 执行测量，并负责测量报告配置。
- 给在上行链路为传输层的分组包做标记。

3. 网络接口

与 3G 系统的 Iu、Iub 及 Uu 接口协议类似，LTE 系统也有类似的架构，只是省去了 Iub 接口。EPC 与 E-UTRAN 的接口称为 S1 接口，E-UTRAN 与终端之间的接口称为 LTE-Uu 接口，如图 7-11 所示。

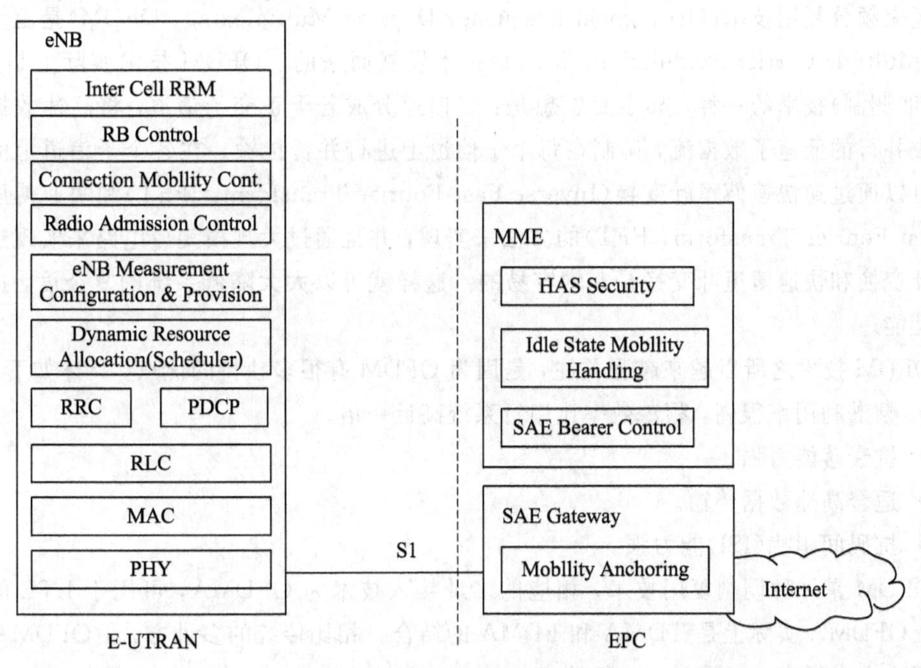

图 7-11　LTE 接口结构(此为 5G 新标准，尚无人翻译)

与3G系统类似，LTE的网络接口协议也可以从分层和分面上来讨论，如图7－12所示。垂直可分为无线网络层和传输网络层，水平可分为控制平面和用户平面。

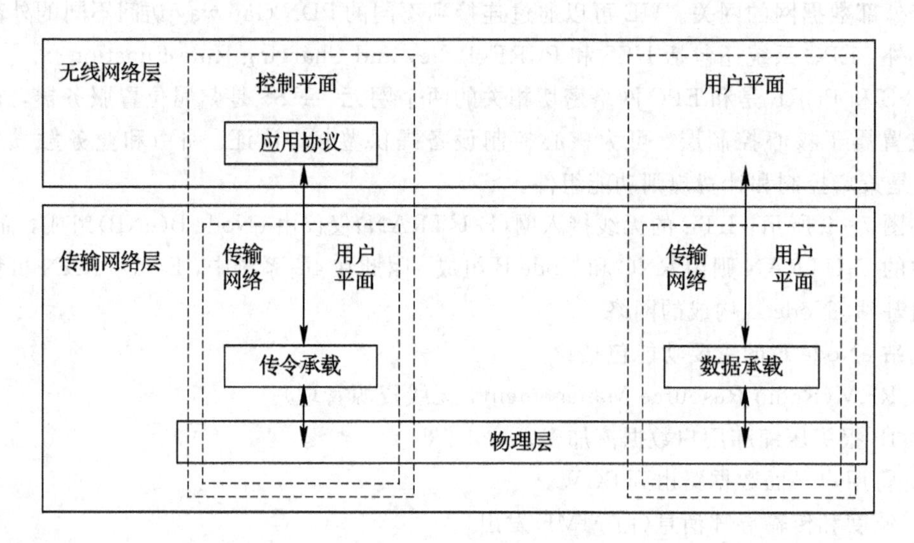

图7－12　LTE接口协议

7.4.3　关键技术

为了达到4G移动通信的目标，LTE通信系统采用了很多新的关键技术，主要包括：OFDM、MIMO、VoLTE等。

(1) LTE核心技术OFDM。

正交频分复用技术(Orthogonal Frequency Division Multiplexing，OFDM)是由多载波调制(Multiple Carrier Modulation，MCM)技术发展而来的。OFDM技术实际上是MCM(多载波调制)技术的一种，其主要思想是：将信道分成若干正交子信道，将高速数据信号转换成并行的低速子数据流，调制在每个子信道上进行并行传输。在各个子信道上的正交调制可以通过逆快速傅里叶变换(Inverse Fast Fourier Transform，IFFT)和快速傅里叶变换(Fast Fourier Transform，FFT)的方法来实现，并且通过大规模集成电路来实现逆快速傅里叶变换和快速傅里叶变换是非常容易的。这样就可以大大降低系统的复杂度，提高系统的性能。

OFDM技术之所以越来越受关注，是因为OFDM有很多独特的优点，具体如下：

- 频谱利用率很高，频谱效率比串行系统高近一倍。
- 抗衰落能力强。
- 适合高速数据传输。
- 抗码间串扰(ISI)能力强。

OFDM是一种调制复用技术，相应的多址接入技术为OFDMA，可用于LTE的下行链路。OFDMA实际上是TDMA和FDMA的结合。相比传统的多址方式，OFDMA的频谱利用率大大提高，如图7－13所示。

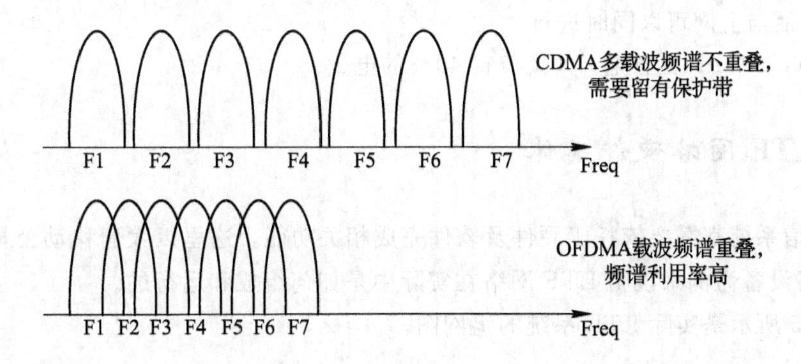

图 7-13 OFDMA 多址方式

(2) LTE 核心技术 MIMO。

MIMO(Multiple-Input Multiple-Output，多入多出)，是一种多天线传输技术，其发射端利用多根发射天线将多个数据流在相同时间、频率资源上同时发送，而接收端则利用多根接收天线同时接收多个数据流。由于收发两端使用了多根天线，相比相同带宽的单发单收链路，MIMO 信道容量有了成倍提升。本质上，MIMO 系统就是利用发射器及接收器上的天线和“处理能力”，在发射器和接收器之间建立多个非相关的射频链路(数据流)的。这些数据流使用相同的时间和频率资源，这意味着在相同的频谱数量下可以倍增容量。

图 7-14 所示为 MIMO 多天线技术示意图。

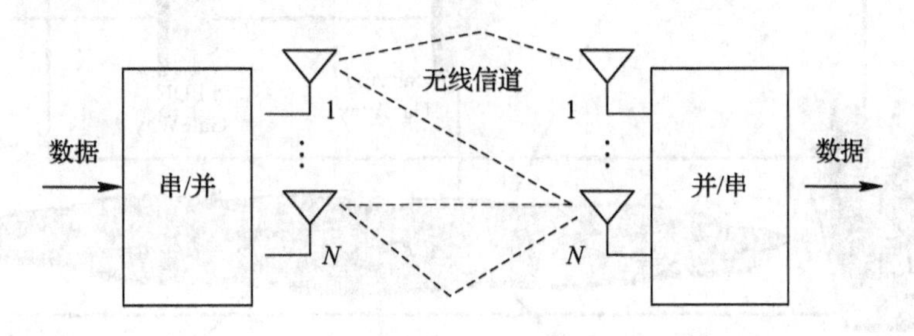

图 7-14 MIMO 多天线技术示意图

(3) LTE 创新技术 VoLTE。

VoLTE 即 Voice over LTE，是 3GPP 标准定义的基于 IMS 网络的 LTE 语音解决方案，即在 LTE 覆盖区域内提供基于 IP 的高清晰语音业务，也就是 LTE 网络承载的语音业务，或者可以简单理解为 4G 网络的语音业务。

VoLTE 与 2G/3G 网络的传统语音业务的最大区别是，传统语音是电路交换，产生的是话务量，而 VoLTE 是 IP 包交换，产生的是数据流量。

VoLTE 与互联网应用 OTT VoIP 的区别：OTT VoIP 是互联网企业开发的语音通话软件，依托于互联网，无法保障通话的时延、质量等；VoLTE 是基于 IMS(IP 多媒体子系统)的语音业务，能够提供更高水准的 QoS(服务质量保证)，确保通话的时延、音质等。

VoLTE 的优点有：

- 接通更快，大概在 4 秒内接通，2G/3G 为 5～8 秒。
- 音质更清晰，声音的立体感更强。
- 视频通话清晰度更高。

- 打电话与上网可以同时进行。
- 比 OTT VoIP 更省电，大概节省 40%的电量。

7.4.4 LTE 网络硬件实体

任何通信系统都需要依托于硬件及软件完成相关功能。这里以大唐移动公司研发的具体 LTE 网络设备为例来说明 LTE 网络在实际中是如何组成和运行的。

图 7-15 所示是实际 LTE 系统的组网图。

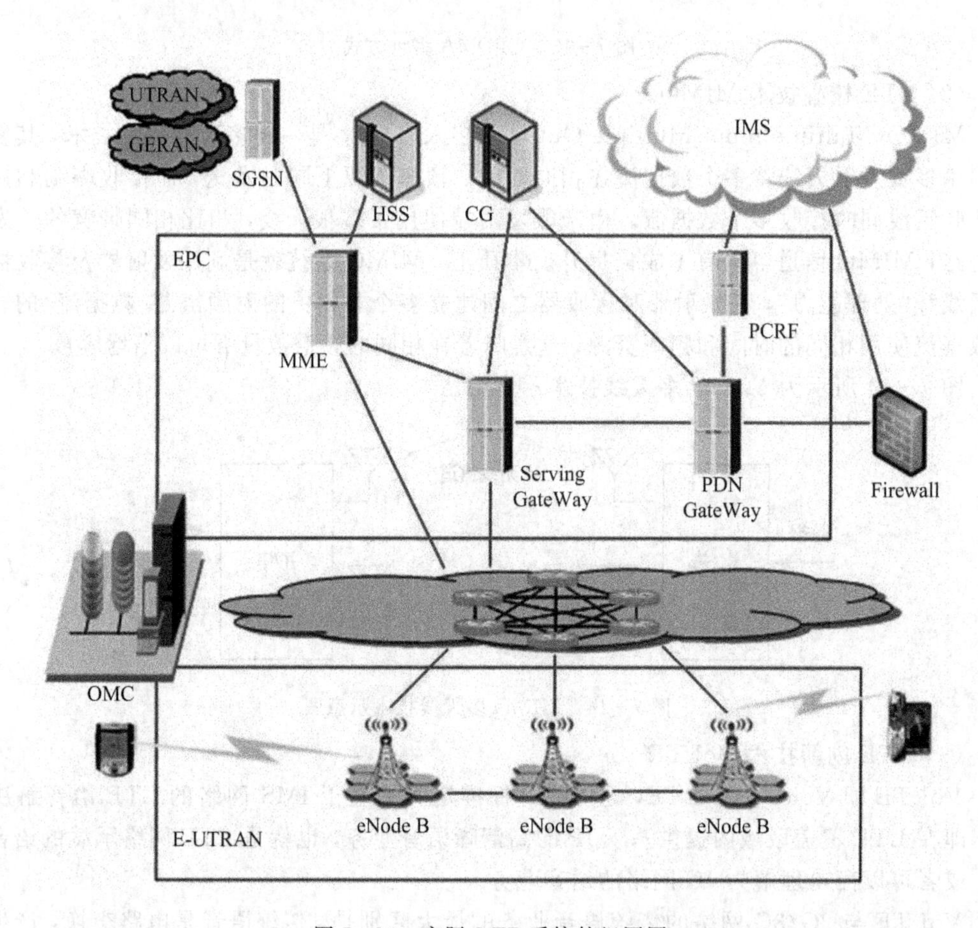

图 7-15 实际 LTE 系统的组网图

1. 核心网产品

大唐 EPC 核心网产品 TLE3000，包括 MME、SGW 等网元。TLE3000 产品按照硬件物理配置为 TLE3000 标准机柜，MME 网元设备、SGW 网元设备、PGW 网元设备和 PCRF 网元设备都使用一个或多个 13U 高、19U 宽的插箱放置在 TLE3000 机柜中，插箱中配置的硬件板卡根据不同的单板配置来实现不同的网元功能，其外观及结构图如图 7-16 所示。

TLE3000 作为 LTE 系统的一部分，具有以下功能：为用户提供数据带宽高、业务时延

图 7-16　大唐 EPC 核心网 TLE3000 的外观及结构图

低、接入速度快、安全性强的 IP 传输服务；支持多种不同的接入技术，使得用户在不同接入网间移动时能够获得不间断的服务；支持紧急呼叫；支持漫游用户路由优化；能为运营商提供灵活的控制策略和计费方法；提供了丰富的操作维护手段。

TLE3000 硬件平台基于开放的 ATCA 架构，主要有以下特点：

- 实现控制与业务流量的分离；
- 具有很高的开放性和标准化；
- 具有可管理性以及可互操作性；
- 多种高性能交换互连技术带来高数据带宽；
- 满足运营级电信网所要求的五个"9"的高可靠性；
- 模块化和可扩展性提供直接的升级通道，方便业务扩展；
- 高集成度的板卡和有效的散热使系统拥有更高的运算能力。

TLE3000 为大容量设备，集成度很高，技术指标如下：

- 最大支持 13000 kb 的话务量；
- 支持 200 万用户；
- 业务数据处理能力为 200 Gb/s；
- 内部连接采用 IP 交换，控制面交换与业务面交换分离；
- 支持连接的 eNode B 最大个数 500 个。

2. eNode B 产品

EMB5216 是紧凑型分布式基站产品，基于大唐移动第五代多制式基站硬件平台开发，继承了前四代基站平台产品的既有优点，同时具备更高集成度、更高性能、更高带宽及更高灵活性的特点，如图 7-17 所示。

EMB5216 充分考虑了用户在业务、容量、覆盖、传输、电源、安装、维护等方面的需求，采用一体化设计，集成度高，可实现远端独立覆盖，节省了站址资源。

图 7-17 EMB5216 示意图

eNode B 产品技术指标如下：

• 每小区 20M 带宽支持的激活态用户数为 400，连接用户数为 1200；

• 标准配置 3 个小区，最大支持 60M 带宽处理能力，可支持激活态用户数 1200，连接用户数 3600；

• 以 10M 带宽为最小配置单位，增加基带板即可实现扩容；

• 支持 O1、O2 小区配置；

• 支持 S1/1/1、S2/2/2 小区配置；

• 可支持 2 个电口/光口的 FE/GE 自适应接口；

• 支持星型、链型、环型组网，支持同频组网；

• 支持 GPS 同步、北斗卫星同步、GPS/北斗卫星光纤拉远同步、上级 eNode B 同步。

3. RRU 产品

RRU(Radio Remote Unit)即射频拉远模块，拉远就是把基站的基带单元和射频单元分离，两者之间传输的是基带信号。RRU 的作用就是在距离基站的远端将基带光信号转成射频信号放大传送出去。

大唐移动提出了 TD-LTE 八天线双流波束赋形技术，大唐移动的 TD-LTE 射频拉远单元 TDRU318D 基于该八天线 RRU，用以进行 TD-LTE 的室外宏小区覆盖。RRU 产品如图 7-18 所示，TDRU318D 的相关参数指标如表 7-5 所示。

图 7-18 RRU 产品

表 7-5　TDRU318D 的相关参数指标

参数名称	指　标	
尺寸(宽×高×厚)	495 mm×341 mm×141 mm	
重量	22 kg	
设备容量	23.8 L	
安装方式	抱杆、挂墙	
功耗	＜200W	
温度环境(长期/短期)	−40～ +55℃(长期) −40～ +70℃(短期)	
湿度环境(长期/短期)	测量点：地板以上 2 m 和设备前方 0.4 m 处 5%～98%(长期) 2%～100%(短期)	
防护等级	IP65	
输入电源	−48V(电压波动范围−40 ～−57 V)	
防雷等级	电源端口防雷等级为 20 kA，射频接口、电调天线接口防雷等级大于等于 5 kA，RS-485 接口、干接点接口防雷满足 1500 V 要求	
是否采用外置室外防雷单元	无需外置防雷	
射频输入口数量/频段	8/D：2575～2615 MHz	
射频输出口数量/频段	8/D：2575～2615 MHz	
可靠性	可用性指标	99.999%
	MTBF	大于等于 150 000 h
	MTTR	小于等于 30 min
	系统中断服务时间	小于等于 3 min/年
室外单元连接天线距离限制	12 m	

7.5 第五代移动通信系统

7.5.1 5G概述

第五代移动电话行业通信标准，也称第五代移动通信技术，简写为5G。它是4G之后的延伸和演进，截至2017年世界各国以及相关国际标准组织还在研发之中。在2018年，部分国家进行试商用；到2020年，5G网络标准基本定型，可以全面建设、推广商用。

由于物联网尤其是互联网汽车等产业的快速发展，对网络速度有着更高的要求，这无疑成为推动5G网络发展的重要因素。因此，全球各地均在大力推进5G网络，以迎接下一波科技浪潮。5G的容量是4G的1000倍，峰值速率可达10～20 Gb/s。简单来看，5G的速度将会更快，而功耗将低于4G，从而会带来一系列新的无线产品，能够满足消费者对虚拟现实、超高清视频等更高的网络体验需求。5G带来的不只是速度的提升。实际上，对于用户来说更重要的是5G在网络容量上的提升，它可以承载更多的设备。例如，随着物联网建设的深入，未来联网设备会变得越来越多，从办公室的安防系统到车上的广播都会成为5G网络中的一员。

从行业应用看，5G具有更高的可靠性、更低的时延，能够满足智能制造、自动驾驶等行业应用的特定需求，拓宽融合产业的发展空间，支撑经济社会创新发展。

7.5.2 研究方向

当前，国际上多个标准化组织，如ITU、NGMN联盟等，都已经开始进行5G网络及其架构的研究工作。3GPP作为移动网络标准最主要的制定方，5G网络架构的设计将是其国际组织的重点工作。目前，5G研究仍处于需求制定和空中接口技术攻关阶段，尚未提出明确的网络架构。

5G很可能会采取综合化发展，也可以说是5G弥补了4G技术的不足，在数据传输速率、连接数量、时延、移动性、能耗等方面进一步提升系统性能。5G既不是单一的技术演进，也不是几个全新的无线接入技术，而是整合了新型无线接入技术和现有无线接入技术(WLAN，4G、3G等)，通过集成多种技术来满足不同的需求，是一个真正意义上的融合网络，并且由于融合，5G可以延续使用4G、3G的基础设施资源，并实现与之共存。移动网全球漫游、无缝部署、后向兼容的特点，决定了5G无线网络架构的设计不可能是“从零开始”的全新架构。5G无线网络架构是一种演进，也是一种变革，它将取决于运营商和用户需求、产业进程、时间要求和各方博弈等多种因素。

国际上多个标准化组织在5G架构设计的需求以及可能的技术方面，已经形成了一些共识。在需求方面，普遍将灵活、高效、支持多样业务、实现网络即服务等作为设计目标；在技术方面，SDN、NFV等成为可能的基础技术，核心网与接入网融合、移动性管理、策略管理、网络功能重组等成为值得进一步研究的关键问题。

为了实现5G的愿景和需求，5G在网络技术和无线传输技术方面都将有新的突破。在无线网络方面，将采用更灵活、更智能的网络架构和组网技术，如采用控制与转发分离的软件定义无线网络的架构、统一的自组织网络、异构超密集部署等；在无线传输技术方面，将引入能进一步挖掘频谱效率、提升潜力的技术，如先进的多址接入技术、多天线技术、编码调制技术、新的波形设计技术等。

习　题

1. 简述移动通信的概念、分类及特点。
2. 简述移动通信系统的技术原理。
3. 简述几种不同制式的移动通信系统的特点与区别。
4. 简述3G、4G移动通信的特点并画出网络架构示意图。

第七章习题答案

附录 实验部分

本书的实验设备使用的是武汉凌特电子技术有限公司的通信原理实验箱。本实验平台采用模块化设计，主要由标配模块和选配模块组成。

标配模块包括有：

(1) 主控及信号源模块；

(2) 2 号模块——数字终端及时分多址模块；

(3) 3 号模块——信源编译码模块；

(4) 6 号模块——信道编译码模块；

(5) 7 号模块——时分复用及时分交换模块；

(6) 8 号模块——基带传输编译码模块；

(7) 9 号模块——数字调制解调模块；

(8) 13 号模块——载波同步及位同步模块；

(9) 21 号模块——PCM 编译码及语音终端模块。

一、主控及信号源模块

1. 按键及接口说明

主控及信号源按键与接口说明如附图 1 所示。

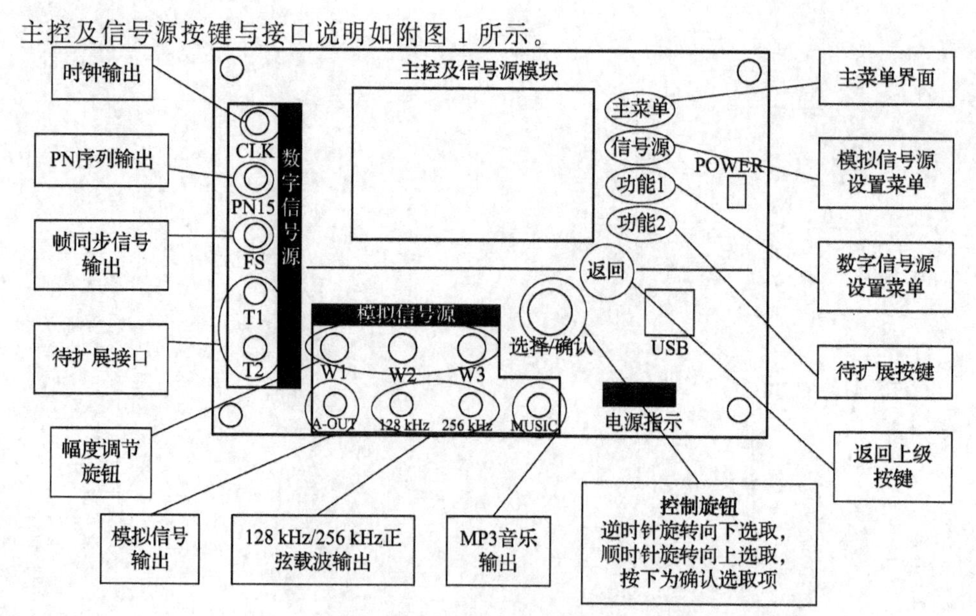

附图 1 主控及信号源按键与接口说明

2. 功能说明

该模块可以完成如下功能的设置，具体设置方法如下：

1）模拟信号源功能

模拟信号源菜单由“信号源”按键进入，该菜单下按“选择/确定”键可以依次设置：“输出波形”→“输出频率”→“调节步进”→“音乐输出”→“占空比(只有在输出方波模式下才出现)”。在设置状态下，选择“选择/确定”就可以设置参数了。菜单示意图如附图 2 所示。

模拟信号源
输出波形：正弦波
输出频率：0001.00 kHz
调节步进：10 Hz
音乐输出：音乐 1

(a) 输出正弦波时没有占空比选项

模拟信号源
输出波形：方波
输出频率：0001.00 kHz
调节步进：10 Hz
音乐输出：音乐 1
占空比：50%

(b) 输出方波时有占空比选项

附图 2 模拟信号源菜单示意图

2）数字信号源功能

数字信号源菜单由“功能 1”按键进入，该菜单下按“选择/确定”键可以设置：“PN 输出频率”和“FS 输出”，菜单如附图 3 所示。

模拟信号源
PN 输出频率：4 kHz
FS 输出：模式 1

附图 3 数字信号源菜单

3）通信原理实验菜单功能

按“主菜单”按键后的第一个选项“通信原理实验”，再确定进入各实验菜单，如附图 4 所示。

主菜单
1 通信原理实验
2 模块设置
3 系统升级

(a) 主菜单

通信原理实验
1 抽样定理
2 PCM 编码
3 ADPCM 编码
4 ΔM 及 CVSD 编译码
5 ASK 数字调制解调
6 FSK 数字调制解调

(b) 进入通信原理实验菜单

附图 4 设置为“通信原理实验”

进入“通信原理实验”菜单后，逆时针旋转旋钮，光标会向下走，顺时针旋转旋钮，光标会向上走。按下“选择/确认”时，会设置光标所在实验的功能。有的实验有会跳转到下级菜单，有的则没有下级菜单，没有下级菜单的会在实验名称前标记“√”符号。

在选中某个实验时，主控模块会向实验所涉及的模块发送命令。因此，需要这些模块电源开启，否则，设置会失败。实验具体需要哪些模块，在实验步骤中均有说明，详见具体实验。

二、2号模块——数字终端及时分多址模块

1. 2号模块框图

2号模块框图如附图5所示。

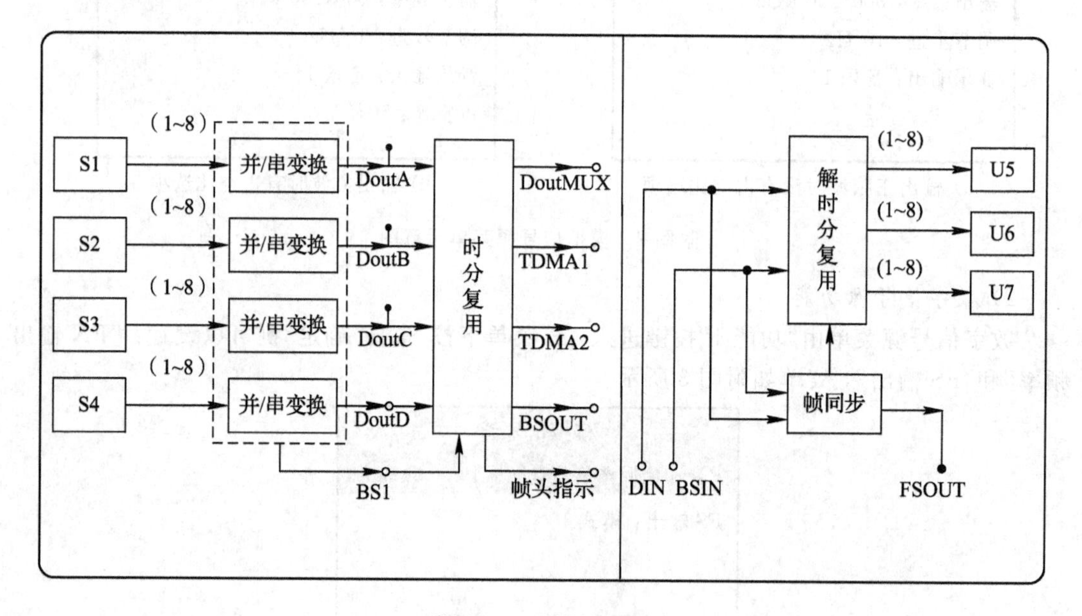

附图5　2号模块框图

2. 2号模块简介

时分复用(TDMA)适用于数字信号的传输。由于信道的位传输率超过每一路信号的数据传输率，因此可将信道按时间分成若干片段轮换给多个信号使用。每一时间片由复用的一个信号单独占用，在规定的时间内多个数字信号都可按要求传输到达，从而也实现了一条物理信道上传输多个数字信号。

三、3号模块——信源编译码模块

1. 3号模块框图

3号模块框图如附图6所示。

2. 3号模块简介

在“信源→信源编码→信道编码→信道传输(调制/解调)→信道译码→信源译码→信宿”的整个信号传播链路中，本模块功能属于信源编码与信源译码(A/D与D/A)环节，可通过ALTERA公司的FPGA(EP2C5T144C8N)完成包括抽样定理、抗混叠低通滤波、A/μ

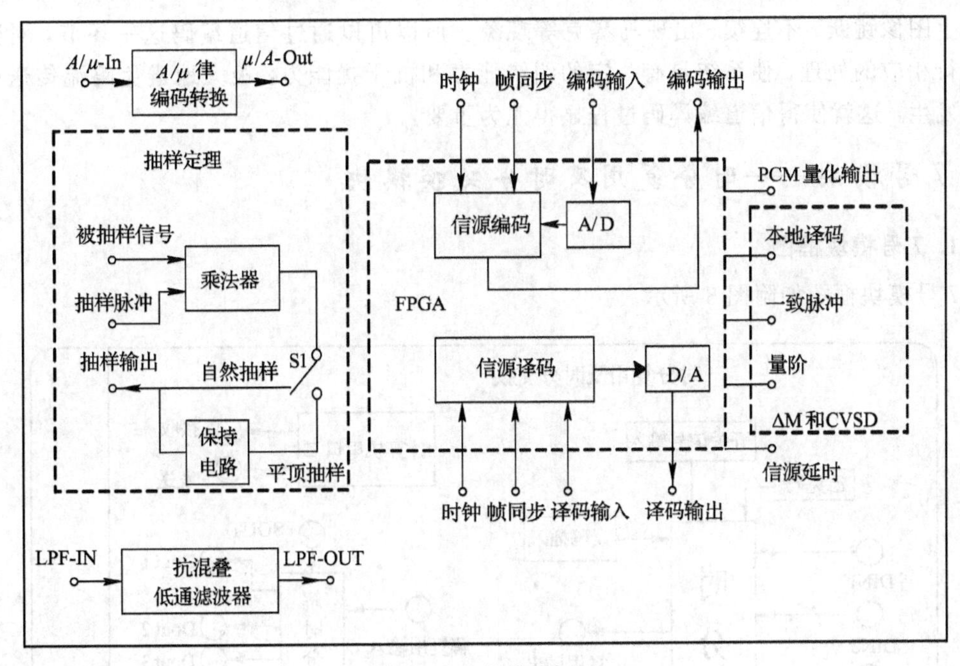

附图6　3号模块框图

律转换、PCM编译码、ΔM和CVSD编译码的功能与应用，能帮助实验者学习并理解信源编译码的概念和具体过程，并可用于二次开发。

四、6号模块——信道编译码模块

1. 6号模块框图

6号模块框图如附图7所示。

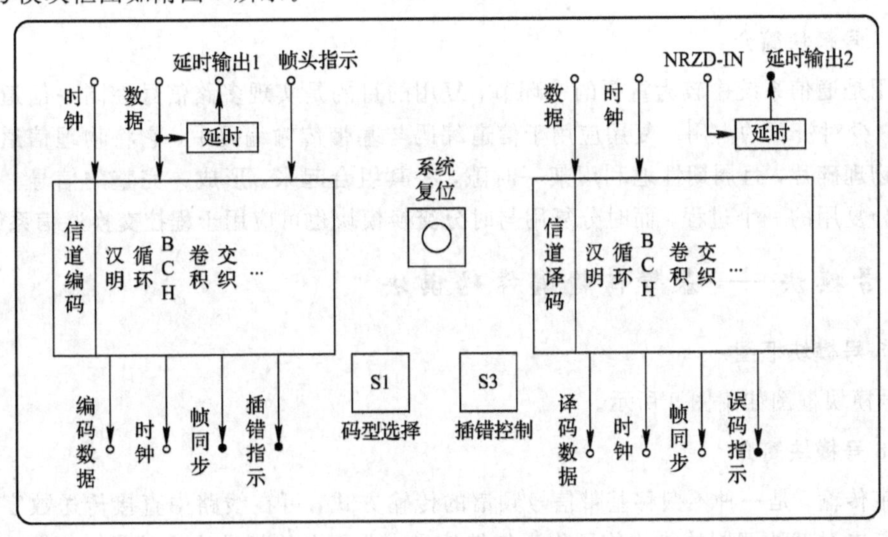

附图7　6号模块框图

2. 6号模块简介

数字信号在传输中往往由于各种原因，使得在传送的数据流中产生误码，从而使接收端产生图像跳跃、不连续、出现马赛克等现象。所以可以通过信道编码这一环节，对数据流进行相应的处理，使系统具有一定的纠错能力和抗干扰能力，极大地避免码流传送中误码的发生，这就使得信道编译码过程显得尤为重要。

五、7号模块——时分复用及时分交换模块

1. 7号模块框图

7号模块框图如附图8所示。

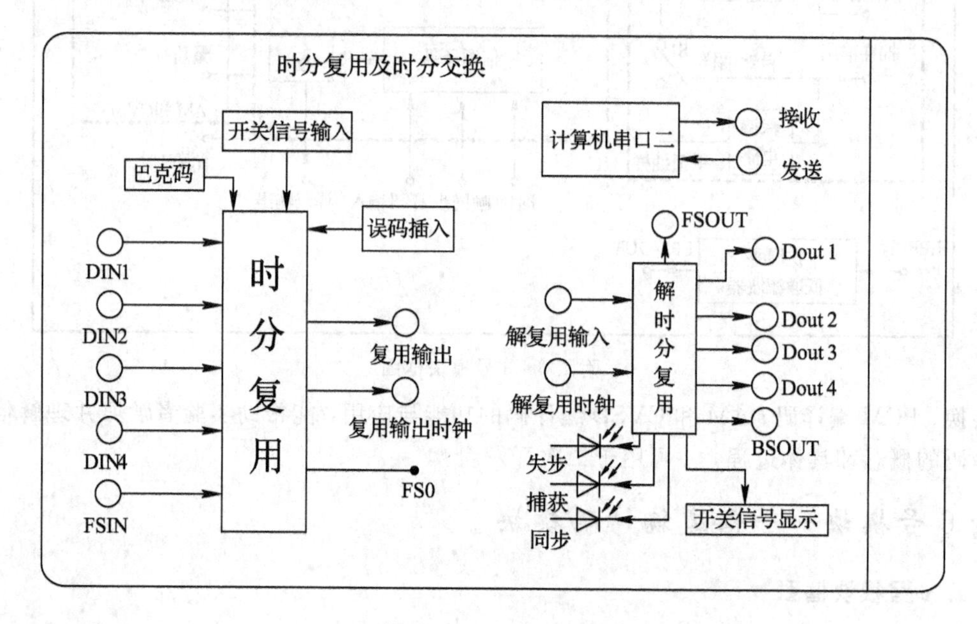

附图8 7号模块框图

2. 7号模块简介

复用是通信系统中较为重要的一环节，复用的目的是实现多路信号在同一信道上的传输，以减少对资源的占用。复用应用于信道编码与基带传输编码中，它将物理信道分为一个个的物理碎片，且周期性地利用某一时隙，将其组合起来，形成一完整的信号。时分交换是时分复用的一个过程，而时分复用与时分交换模块也可应用于程控交换通信系统。

六、8号模块——基带传输编译码模块

1. 8号模块框图

8号模块框图如附图9所示。

2. 8号模块简介

基带传输，是一种不搬移基带信号频谱的传输方式，可在线路中直接传送数字信号的电脉冲。未对载波调制的待传信号称为基带信号，它所占的频带称为基带，基带的高限频率与低限频率之比通常远大于1。基带传输一般用于工业生产中，其模式为：服务器→终端服务器→电话线→基带→终端，ISO中属于物理层设备。这是一种最简单的传输方式，近距离通信的局域网都采用基带传输。

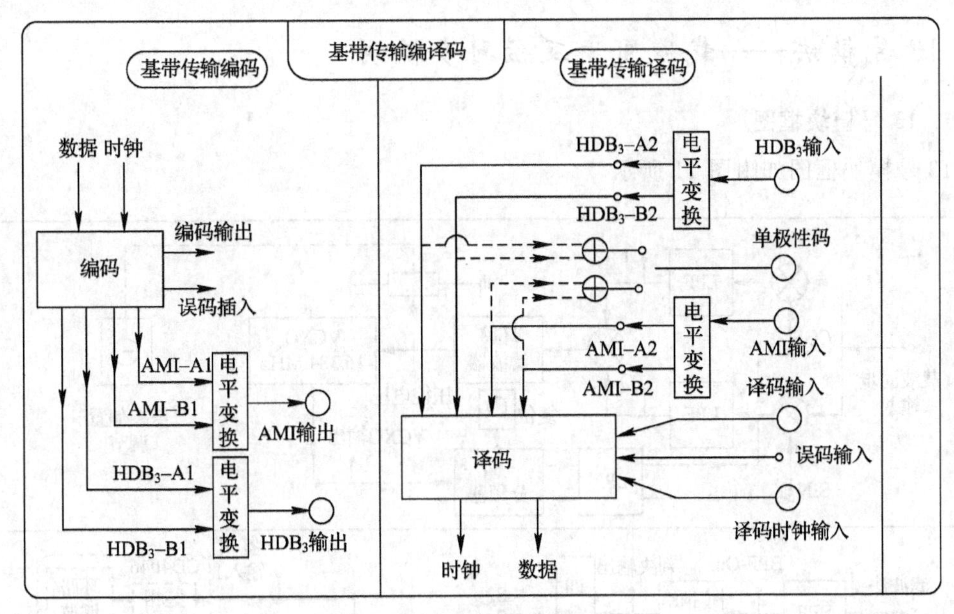

附图 9　8 号模块框图

七、9 号模块——数字调制解调模块

1. 9 号模块框图

9 号模块框图如附图 10 所示。

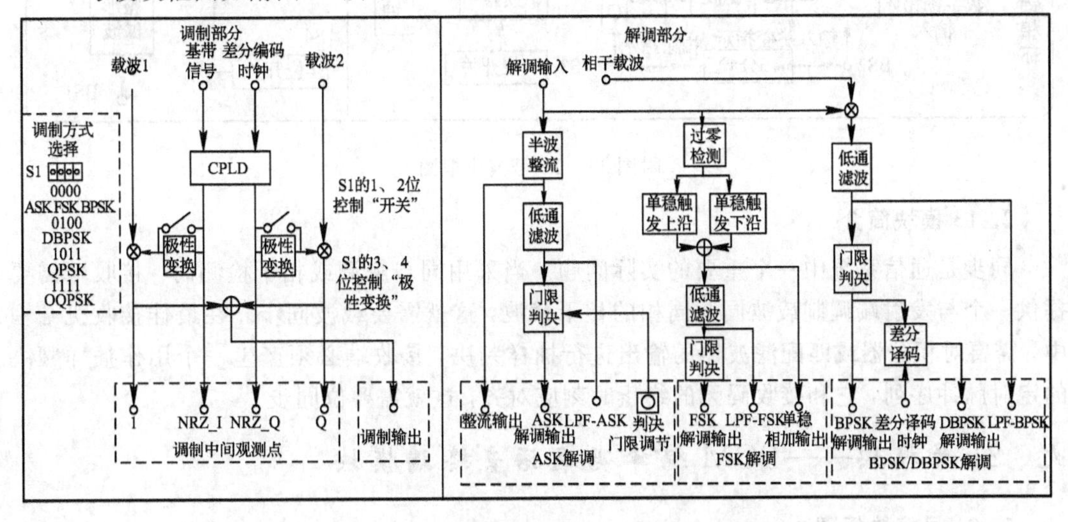

附图 10　9 号模块框图

2. 9 号模块简介

在“信源→信源编码→信道编码→信道传输（调制/解调）→信道译码→信源译码→信宿”的整个信号传播链路中，本模块功能属于数字调制解调环节，可通过 CPLD 完成 ASK、FSK、BPSK/DBPSK 的调制解调实验，能帮助实验者学习并理解数字调制解调的概念和具体过程，并可分别单独用于二次开发。

八、13 号模块——载波同步及位同步模块

1. 13 号模块框图

13 号模块框图如附图 11 所示。

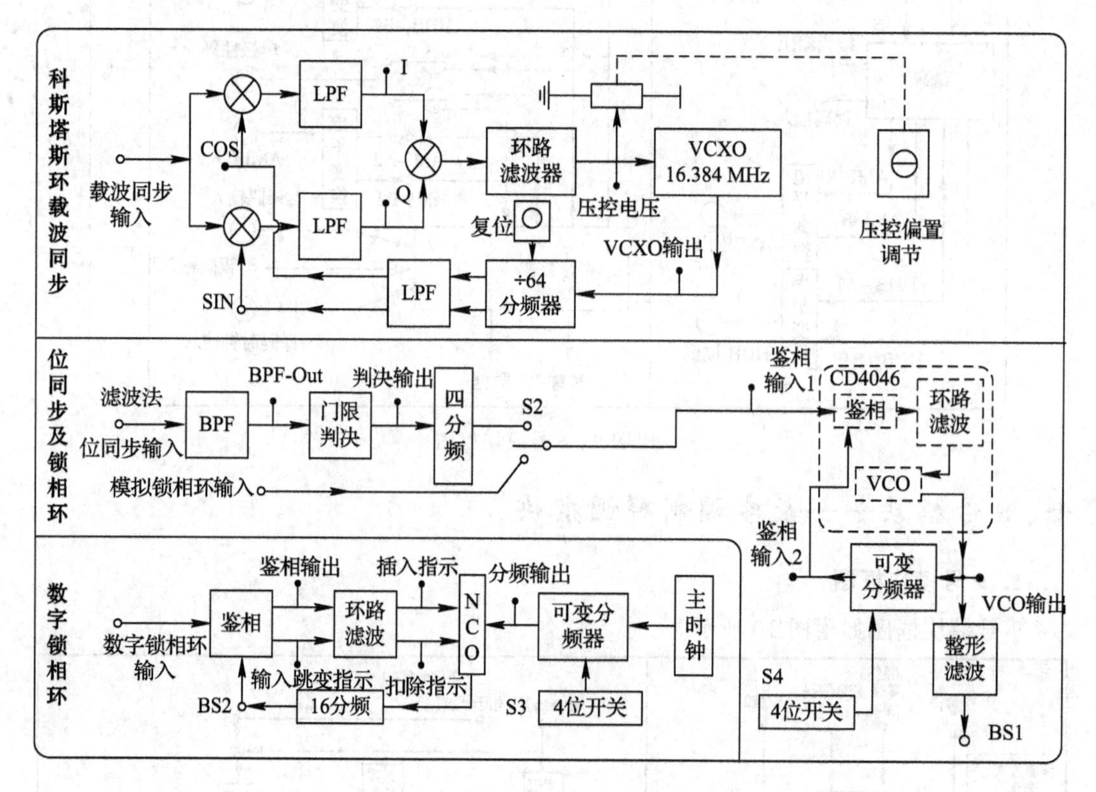

附图 11　13 号模块框图

2. 13 模块简介

同步是通信系统中一个重要的实际问题。当采用同步解调或相干检测时，接收端需要提供一个与发射端调制载波同频同相的相干载波，这就需要载波同步。在最佳接收机结构中，需要对积分器或匹配滤波器的输出进行抽样判决，接收端必须产生一个用作抽样判决的定时脉冲序列，它和接收码元的终止时刻应对齐，这就需要位同步。

九、21 号模块——PCM 编译码及语音终端模块

1. 21 号模块框图

21 号模块框图如附图 12 所示。

2. 21 号模块简介

在通信原理实验中，语音信号的编译码过程十分重要。整个通话过程就是一个最基本的数字通信过程，在实际生活中具有广泛的应用。该模块采用 PCM 编译码专用集成芯片 W681512 完成信源编译码功能，并提供了耳机和话筒的接口，同时融入了扬声器。

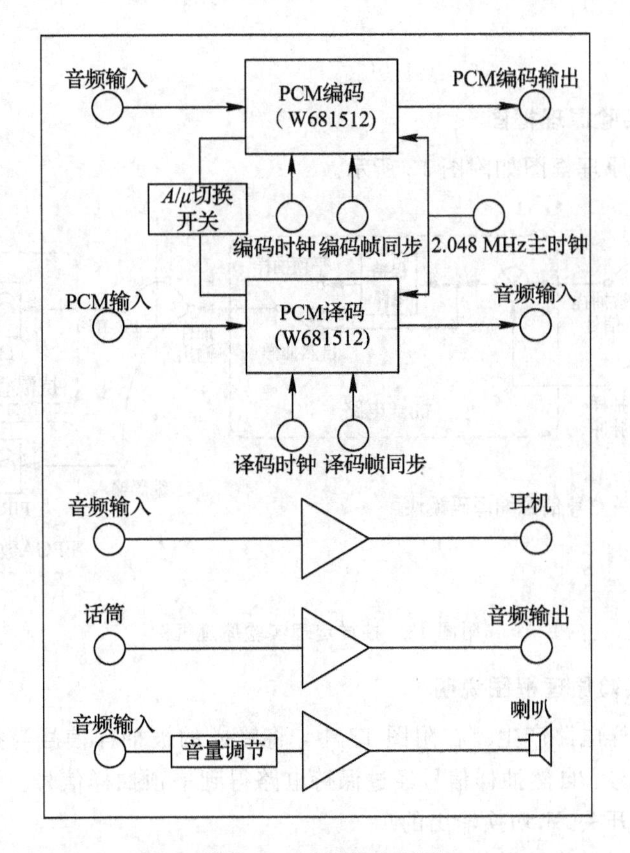

附图 12　21 号模块框图

实验一　抽样定理实验

抽样定理实验

一、实验目的

(1) 了解抽样定理在通信系统中的重要性。
(2) 掌握自然抽样及平顶抽样的实现方法。
(3) 理解低通采样定理的原理。
(4) 理解实际的抽样系统。
(5) 理解低通滤波器的幅频特性对抽样信号恢复的影响。
(6) 理解低通滤波器的相频特性对抽样信号恢复的影响。
(7) 理解带通采样定理的原理。

二、实验器材

(1) 主控及信号源模块、3 号模块各一块。
(2) 双踪示波器一台。
(3) 连接线若干。

三、实验原理

1. 抽样定理实验原理框图

抽样定理实验原理框图如附图 13 所示。

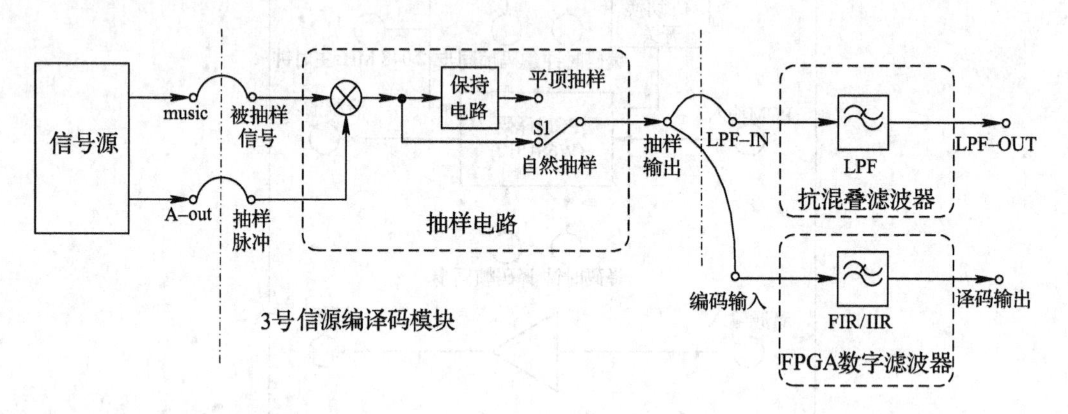

附图 13　抽样定理实验原理框图

2. 抽样定理实验原理框图说明

抽样信号由抽样电路产生。在附图 13 中，将输入的被抽样信号与抽样脉冲相乘就可以得到自然抽样信号，自然抽样信号经过保持电路得到平顶抽样信号。平顶抽样信号和自然抽样信号是通过开关 S1 切换输出的。

抽样信号的恢复是将抽样信号经过低通滤波器，即可得到恢复信号。这里的滤波器可以选用抗混叠滤波器(8 阶 3.4 kHz 的巴特沃斯低通滤波器)或 FPGA 数字滤波器(有 FIR、IIR 两种)。反 sinc 滤波器不是用来恢复抽样信号的，而是用来应对孔径失真现象的。

要注意，这里的数字滤波器是借用的信源编译码部分的端口。在做本实验时，与信源编译码的内容没有联系。

四、实验步骤

实验项目一　抽样信号观测及抽样定理验证

概述：通过不同频率的抽样时钟，从时域和频域两方面观测自然抽样和平顶抽样的输出波形，以及信号恢复的混叠情况，从而了解不同抽样方式的输出差异和联系，验证抽样定理。

实验项目二　滤波器的幅频特性对抽样信号恢复的影响

概述：通过改变不同抽样时钟频率，分别观测和绘制抗混叠滤波器和 FIR 数字滤波器的幅频特性曲线，并比较抽样信号经这两种滤波器后的恢复效果，从而了解和探讨不同滤波器的幅频特性对抽样信号恢复的影响。

实验项目三　滤波器的相频特性对抽样信号恢复的影响

概述：通过改变不同抽样时钟频率，从时域和频域两方面分别观测抽样信号经 FIR 数字滤波器和 IIR 数字滤波器后的恢复失真情况，从而了解和探讨不同滤波器相频特性对抽样信号恢复的影响。

五、实验报告

(1) 分析电路的工作原理，叙述其工作过程。

(2) 绘出所做实验的电路、仪表连接调测图，并列出所测各点的波形、频率、电压等有关数据，对所测数据做简要分析说明。必要时，可借助于计算公式推导。

(3) 分析如下问题：滤波器的幅频特性是如何影响抽样恢复信号的？简述平顶抽样和自然抽样的原理及实现方法。

(4) 思考一下，若采用 3 kHz 与 1 kHz 的正弦合成波作为被抽样信号，而不采用单一频率的正弦波，则实验过程中的波形变化在观测上有什么区别？对抽样定理理论和实际的研究有什么意义？

实验二　PCM 编译码实验

PCM 编译码实验

一、实验目的

(1) 掌握脉冲编码调制与解调的原理。

(2) 掌握脉冲编码调制与解调系统的动态范围和频率特性的定义及测量方法。

(3) 了解脉冲编码调制信号的频谱特性。

(4) 熟悉了解 W681512。

二、实验器材

(1) 主控及信号源模块、3 号模块、21 号模块各一块。

(2) 双踪示波器一台。

(3) 连接线若干。

三、实验原理

1. PCM 编译码实验原理框图

21 号模块 W681512 芯片的 PCM 编译码实验如附图 14 所示，3 号模块的 PCM 编译码实验如附图 15 所示，A/μ 律编码转换实验如附图 16 所示。

2. PCM 编译码实验框图说明

附图 14 描述的是信号源经过芯片 W681512 进行 PCM 编码和译码处理。芯片 W681512 的工作主时钟为 2048 kHz，根据芯片功能可选择不同编码时钟进行编译码。在本实验的项目一中以编码时钟 64 kHz 为基础进行芯片的幅频特性测试实验。

附图 15 描述的是采用软件方式实现的 PCM 编译码，并展示了中间变换的过程。PCM 编码过程是将音乐信号或正弦波信号，先经过抗混叠滤波器(其作用是滤除 3.4 kHz 以外的频率，防止 A/D 转换时出现混叠的现象)，之后再经 A/D 转换，然后做 PCM 编码，之后由于 G.711 协议规定 A 律的奇数位取反，μ 律的所有位都取反，因此 PCM 编码后的数据

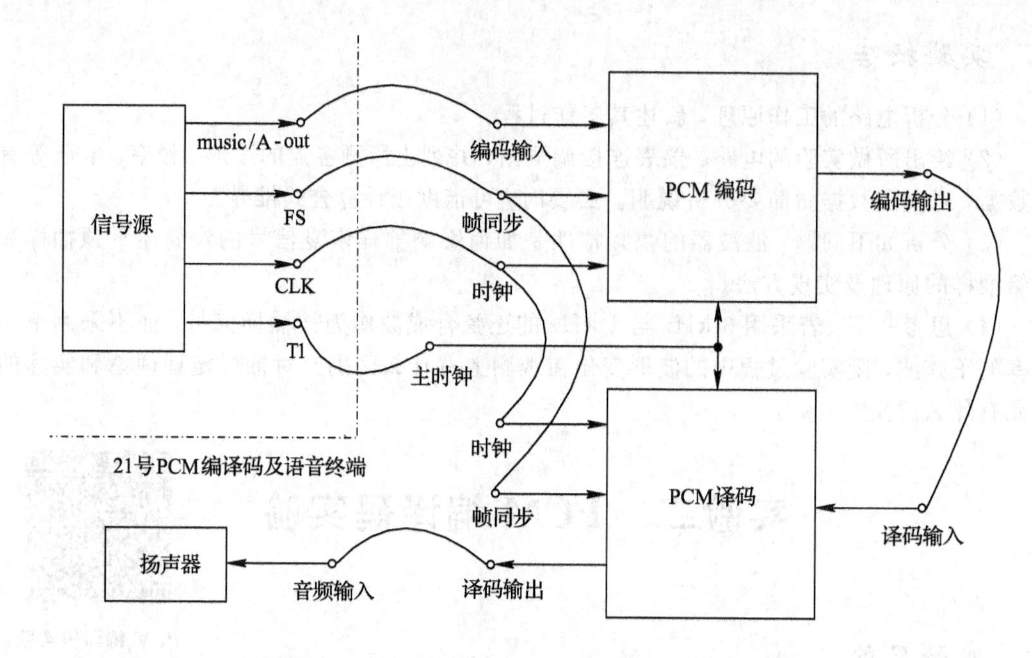

附图 14　21 号模块 W681512 芯片的 PCM 编译码实验

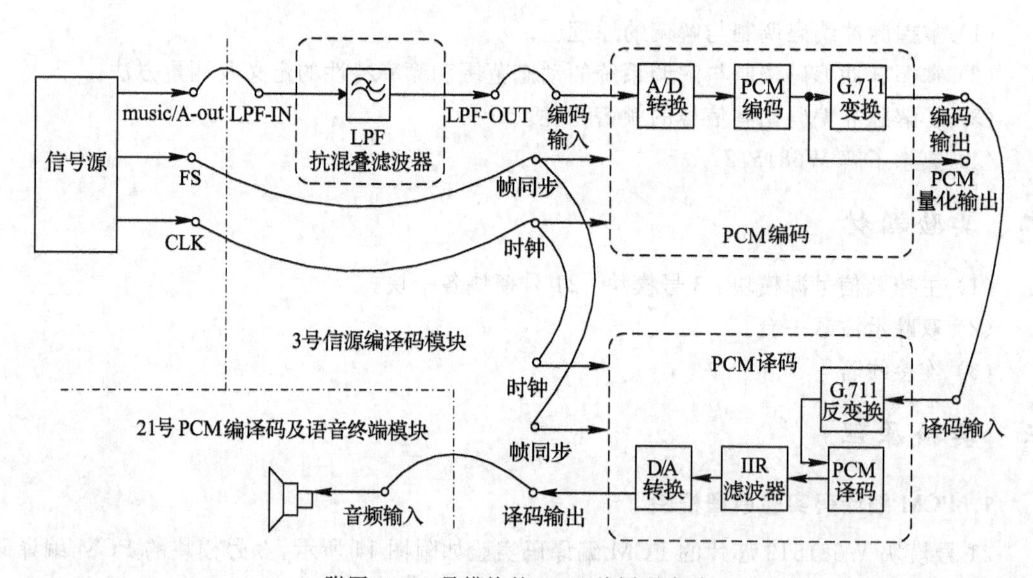

附图 15　3 号模块的 PCM 编译码实验

需要经 G.711 变换输出。PCM 译码过程是 PCM 编码逆向的过程，不再赘述。

A/μ 律编码转换实验如附图 16 所示。当菜单选择为 A/μ 律实验时，使用 3 号模块做 A 律编码，A 律编码经 A/μ 律编码转换之后，再送至 21 号模块进行 μ 律译码。同理，当菜单选择为 μ/A 律实验时，使用 3 号模块做 μ 律编码，经 μ/A 律编码转换后，再送入 21 号模块进行 A 律译码。

3. PCM 编码基本原理

PCM 编码即脉冲编码调制，在发送端对输入的模拟信号进行抽样、量化和编码。编码后的 PCM 信号是一个二进制数字序列；在接收端，PCM 信号经译码后还原为量化值序列

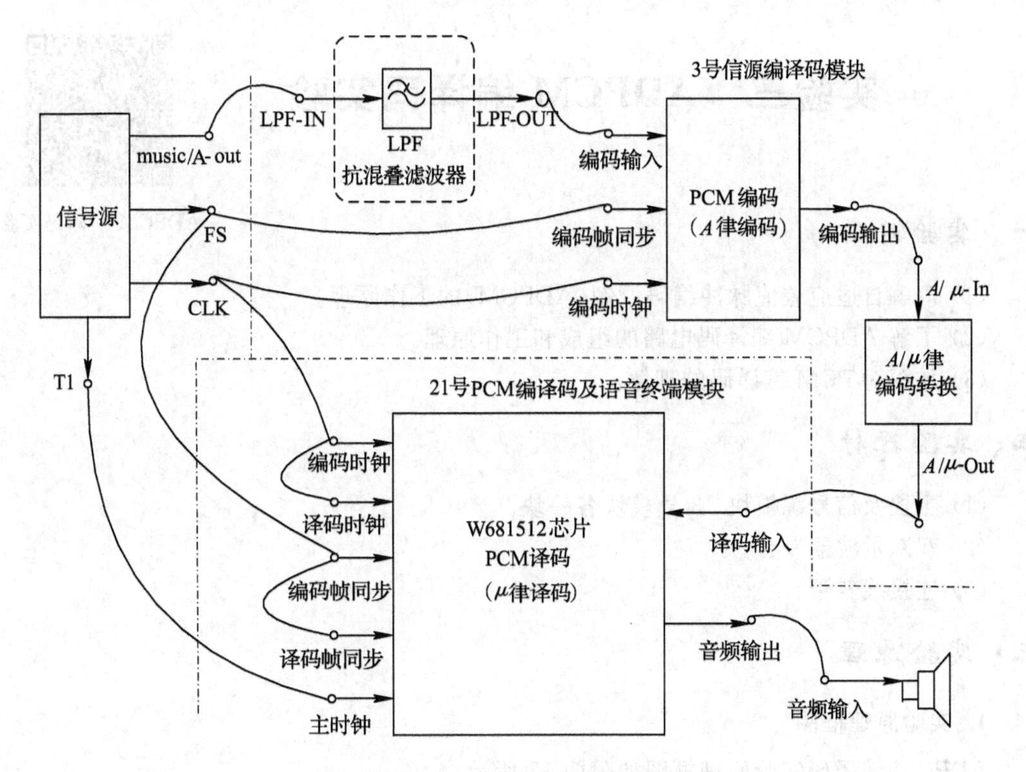

附图 16　A/μ 律编码转换实验

(含有误差)，再经过低通滤波器滤出高频分量，便可得到重建的模拟信号。在语音通信中，通常采用非均匀量化的 8 位 PCM 编码就能保证满意的通信质量。

四、实验步骤

实验项目一　测试 W681512 的幅频特性

概述：通过改变输入信号频率，观测信号经 W681512 编译码后的输出幅频特性，了解芯片 W681512 的相关性能。

实验项目二　PCM 编码的规则验证

概述：通过改变输入信号幅度或编码时钟，对比观测 A 律 PCM 编译码和 μ 律 PCM 编译码的输入输出波形，从而了解 PCM 编码规则。

实验项目三　PCM 编码的时序观测

概述：从时序角度观测 PCM 编码输出波形。

实验项目四　PCM 编码的 A/μ 律转换实验

概述：该项目对比观测 A 律 PCM 编码和 μ 律 PCM 编码的波形，从而了解二者区别与联系。

五、实验报告

(1) 分析实验电路的工作原理，叙述其工作过程。

(2) 根据实验测试记录，画出各测量点的波形图，并分析实验现象(注意对应相位关系)。

实验三　ADPCM 编译码实验

ADPCM 编译码实验

一、实验目的

(1) 理解自适应差值脉冲编码调制(ADPCM)的工作原理。
(2) 了解 ADPCM 编译码电路的组成和工作原理。
(3) 加深对 PCM 编译码的理解。

二、实验器材

(1) 主控及信号源模块、3 号模块各一块。
(2) 双踪示波器一台。
(3) 连接线若干。

三、实验原理

1. 实验原理框图

ADPCM 编译码实验原理框图如附图 17 所示。

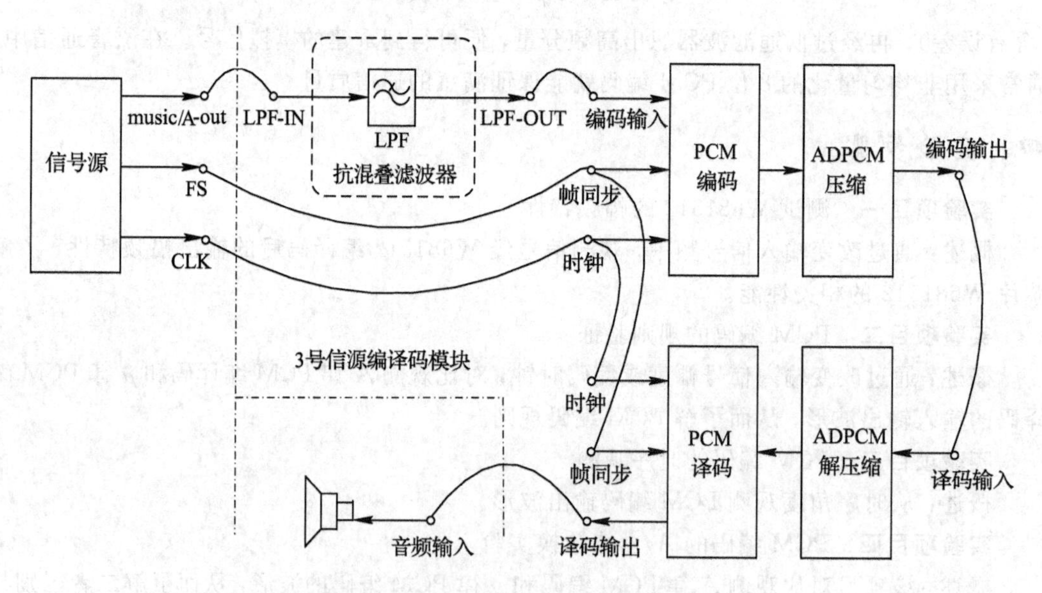

附图 17　ADPCM 编译码实验原理框图

2. ADPCM 编译码实验原理框图说明

ADPCM 码是通过 PCM 编码后再进行压缩的方式获取的，它将 64 kb/s 的传输速率降低为 32 kb/s，提高了信道的利用率。

四、实验步骤

实验项目　ADPCM 编码实验

概述：通过改变不同输入信号及频率，对比观测输入信号的 ADPCM 编码和译码的输出，从而了解和验证 ADPCM 编码规则。

五、实验报告

(1) 分析 ADPCM 编译码与 PCM 编译码的区别。

(2) 根据实验测试记录，画出各测量点的波形图，并分析实验现象。

实验四　ΔM 及 CVSD 编译码实验

一、实验目的

(1) 掌握简单增量调制的工作原理。

(2) 理解量化噪声及过载量化噪声的定义，掌握其测试方法。

(3) 了解简单增量调制与 CVSD 工作原理的不同之处及性能上的差别。

二、实验器材

(1) 主控及信号源模块、21 号模块、3 号模块各一块。

(2) 双踪示波器一台。

(3) 连接线若干。

ΔM 及 CVSD 编译码实验

三、实验原理

1. ΔM 编译码

1) ΔM 编译码实验原理框图

ΔM 编译码实验原理框图如附图 18 所示。

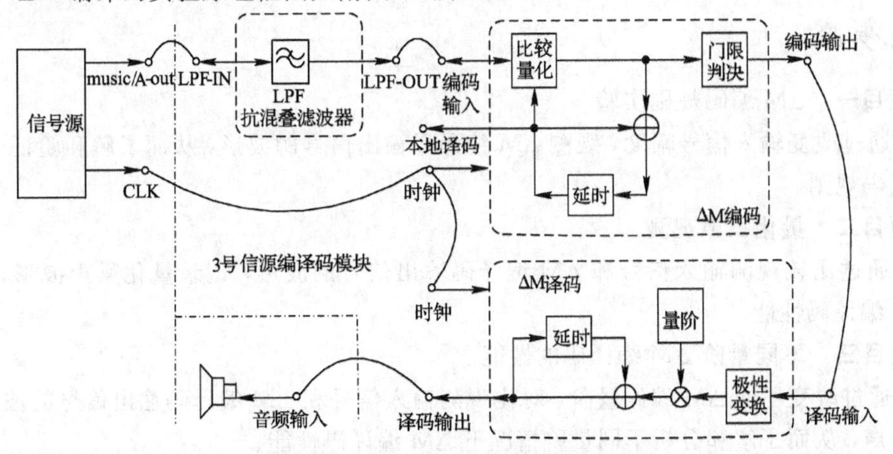

附图 18　ΔM 编译码实验原理框图

2）ΔM 编译码实验原理框图说明

编码输入信号与本地译码信号相比较，如果大于本地译码信号则输出正的量阶信号，如果小于本地译码信号则输出负的量阶信号。然后，量阶信号会对本地译码信号进行调整，也就是编码部分“＋”运算。编码输出是将正量阶变为1，负量阶变为0。

ΔM 译码的过程实际上就是编码的本地译码过程。

2. CVSD 编译码

1）CVSD 编译码实验原理框图

CVSD 编译码实验原理框图如附图 19 所示。

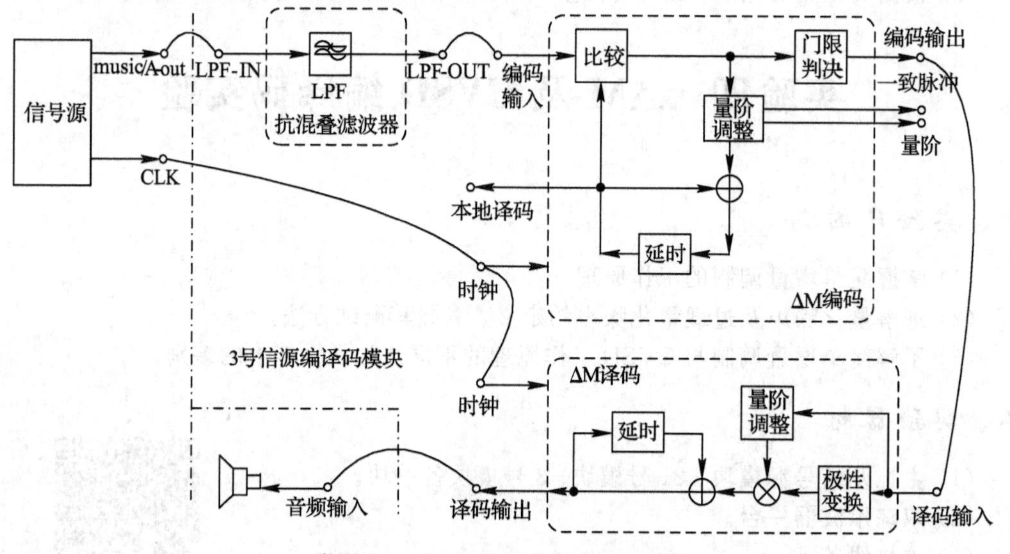

附图 19　CVSD 编译码实验原理框图

2）CVSD 编译码实验框图说明

与 ΔM 相比，CVSD 多了量阶调整的过程，而量阶是根据一致脉冲进行调整的。一致脉冲，是指比较结果连续三个相同就会给出一个脉冲信号，这个脉冲信号就是一致脉冲。其他的编译码过程均与 ΔM 一样。

四、实验步骤

实验项目一　ΔM 编码规则实验

概述：通过改变输入信号幅度，观测 ΔM 编译码输出信号的波形，从而了解和验证 ΔM 增量调制编码规则。

实验项目二　量化噪声观测

概述：通过比较观测输入信号和 ΔM 编译码输出信号的波形，记录量化噪声波形，从而了解 ΔM 编译码性能。

实验项目三　不同量阶 ΔM 编译码的性能

概述：通过改变不同 ΔM 编码量阶，对比观测输入信号和 ΔM 编译码输出信号的波形，记录量化噪声，从而了解和分析不同量阶情况下 ΔM 编译码性能。

实验项目四　ΔM 编译码语音传输系统

概述：通过改变不同 ΔM 编码量阶，直观感受音乐信号的输出效果，从而体会 ΔM 编译码语音传输系统的性能。

实验项目五　CVSD 量阶观测

概述：通过改变输入信号的幅度，观测 CVSD 编码输出信号的量阶变化情况，了解 CVSD 量阶变化规则。

实验项目六　CVSD 一致脉冲观测

概述：观测 CVSD 编码的一致性脉冲输出，了解 CVSD 一致性脉冲的形成机理。

实验项目七　CVSD 量化噪声观测

概述：通过改变输入信号幅度和频率，观测并记录输入与输出之间的量化噪声，从而了解 CVSD 编译码的性能。

实验项目八　CVSD 编译码语音传输系统

概述：通过调节输入音乐的音量大小，直观感受音乐信号经 CVSD 编译码后的输出效果，从而体会 CVSD 编译码语音传输系统的性能。

五、实验报告

(1) 分析 ΔM 与 CVSD 编译码的区别。

(2) 根据实验测试记录，画出各测量点的波形图，并分析实验现象。

实验五　PAM 孔径效应及其应对方法

一、实验目的

PAM 孔径效应及其应对方法

(1) 理解平顶抽样产生孔径失真的原理。

(2) 了解孔径失真的应对方法。

二、实验器材

(1) 主控及信号源模块、3 号模块各一块。

(2) 双踪示波器一台。

(3) 连接线若干。

三、实验原理

1. PAM 孔径效应及其应对方法实验原理框图

PAM 孔径效应及其应对方法实验原理框图如附图 20 所示。

2. PAM 孔径效应及其应对方法实验框图说明

PAM 信号的频谱在理想抽样信号的基础上有一频率加权，这将会引起频率失真。为克服孔径失真的影响，解调时除了用低通滤波器外，还应再加入一补偿网络。

实验中，在保持被抽样信号和抽样时钟的频率不变的情况下，将被抽样信号经过平顶抽样电路处理输出，再经抗混叠滤波器进行恢复。由于增大抽样时钟的占空比会出现孔径失真现象，所以在最后加入一反 sinc 滤波器作应对处理。

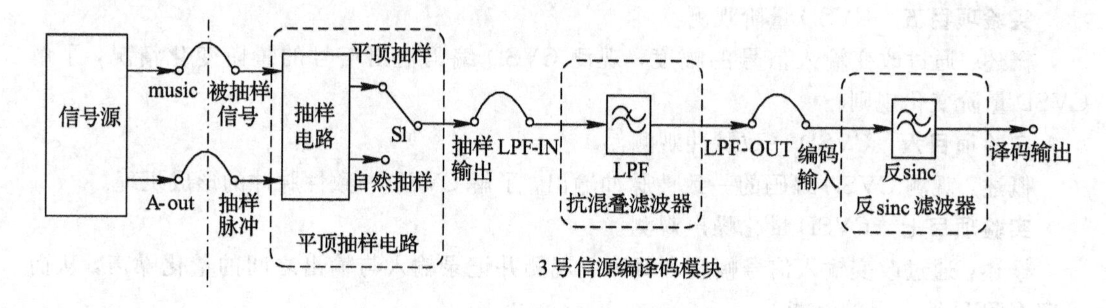

附图 20　孔径效应及其应对方法实验原理框图

四、实验步骤

实验项目　孔径失真现象观测及应对

概述：抽样脉冲与被抽样信号的频率均不改变，逐渐增大抽样时钟的占空比，同时观测抽样信号的频谱，可以观测到孔径失真现象。

五、实验报告

（1）观测并记录实验数据，分析实验结果。

（2）思考一下，为什么方波的占空比会影响信号的恢复？

实验六　AMI 码型变换实验

AMI 码型
变换实验

一、实验目的

（1）了解几种常用数字基带信号的特征和作用。

（2）掌握 AMI 码的编译规则。

（3）了解滤波法位同步在码变换过程中的作用。

二、实验器材

（1）主控及信号源模块、2 号模块、8 号模块、13 号模块各一块。

（2）双踪示波器一台。

（3）连接线若干。

三、实验原理

1. AMI 编译码实验原理框图

AMI 编译码实验原理框图如附图 21 所示。

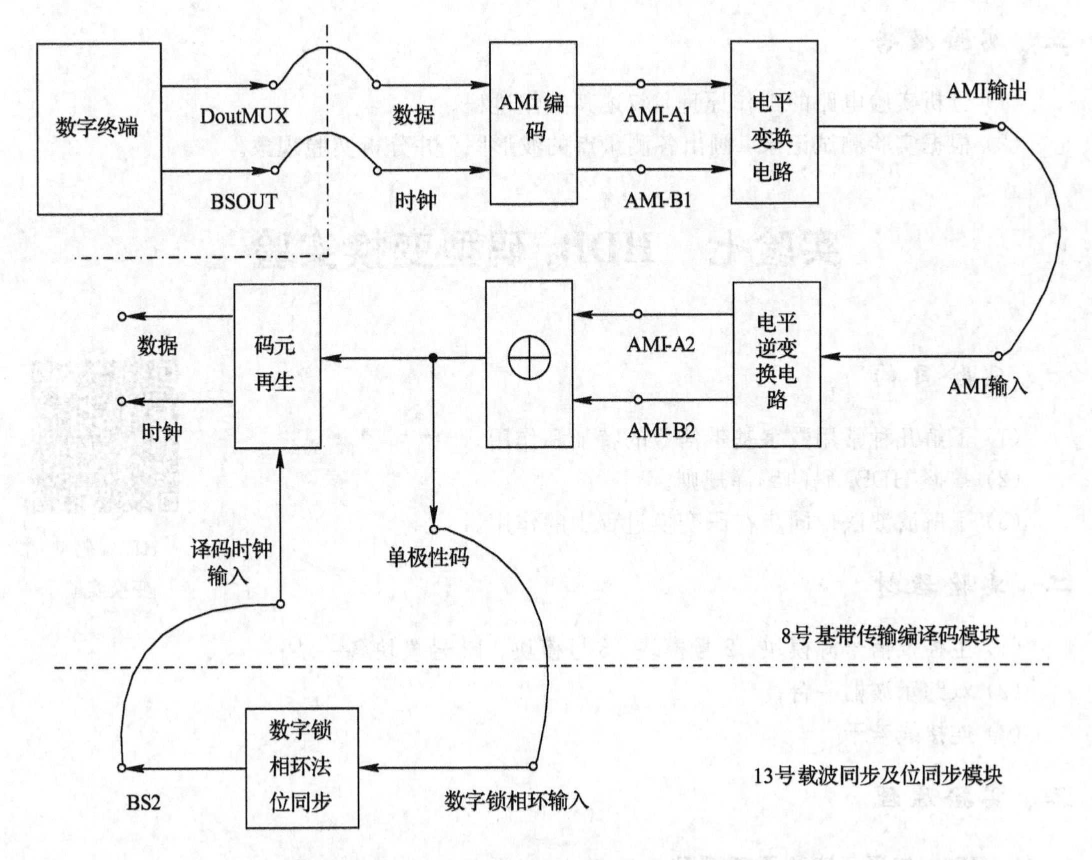

附图 21 AMI 编译码实验原理框图

2. AMI 编译码实验原理框图说明

AMI 编码规则是遇到 0 输出 0，遇到 1 则交替输出+1 和−1。实验原理框图中，编码过程是将信号源经程序处理后，得到的 AMI-A1 和 AMI-B1 两路信号，再通过电平变换电路进行变换，从而得到 AMI 编码波形。

AMI 译码只需将所有的±1 变为 1，0 变为 0 即可。实验原理框图中，译码过程是将 AMI 码信号送入到电平逆变换电路，再通过译码处理，得到原始码元。

四、实验步骤

实验项目一 AMI 编译码(归零码实验)

概述：通过选择不同的数字信源，分别观测编码输入及时钟，译码输出及时钟，编译码延时，并验证 AMI 编译码规则。

实验项目二 AMI 编译码(非归零码实验)

概述：通过观测 AMI 非归零码编译码的相关测试点，了解 AMI 编译码规则。

实验项目三 AMI 码对连 0 信号的编码、直流分量以及时钟信号提取的观测

概述：通过设置和改变输入信号的码型，观测 AMI 归零码编码输出信号对长连 0 码信号的编码、直流分量的变化以及时钟信号提取的情况，进一步了解 AMI 码的特性。

五、实验报告

（1）分析实验电路的工作原理，叙述其工作过程。

（2）根据实验测试记录，画出各测量点的波形图，并分析实验现象。

实验七 HDB_3 码型变换实验

一、实验目的

HDB_3 码型变换实验

（1）了解几种常用数字基带信号的特征和作用。

（2）掌握 HDB_3 码的编译规则。

（3）了解滤波法位同步在码变换过程中的作用。

二、实验器材

（1）主控及信号源模块、2 号模块、8 号模块、13 号模块各一块；

（2）双踪示波器一台；

（3）连接线若干。

三、实验原理

1. HDB_3 编译码实验原理框图

HDB_3 编译码实验原理框图如附图 22 所示。

2. HDB_3 编译码实验原理框图说明

我们知道 AMI 编码规则是遇到 0 输出 0，遇到 1 则交替输出＋1 和－1；而 HDB_3 编码由于需要插入破坏位 B，因此，在编码时需要缓存 4bit 的数据。当没有连续 4 个连 0 时，与 AMI 编码规则相同。当有连续 4 个连 0 时，最后一个 0 变为传号 A，其极性与前一个 A 的极性相反。若该传号与前一个 1 的极性不同，则还要将这 4 个连 0 的第一个 0 变为 B，B 的极性与 A 相同。实验原理框图中，编码过程是将信号源经程序处理后，得到 HDB_3-A1 和 HDB_3-B1 两路信号，再通过电平变换电路进行变换，从而得到 HDB_3 编码波形。

同样，AMI 译码只需将所有的±1 变为 1，0 变为 0 即可；而 HDB_3 译码只需找到传号 A，将传号和传号前 3 个数都清 0 即可。传号 A 的识别方法是：该符号的极性与前一极性相同，该符号即为传号。实验原理框图中，译码过程是将 HDB_3 码的信号送入到电平逆变换电路，再通过译码处理，得到原始码元。

四、实验步骤

实验项目一 HDB_3 编译码(256 kHz 归零码实验)

概述：通过选择不同的数字信源，分别观测编码输入及时钟，译码输出及时钟，编译码延时，并验证 HDB_3 编译码规则。

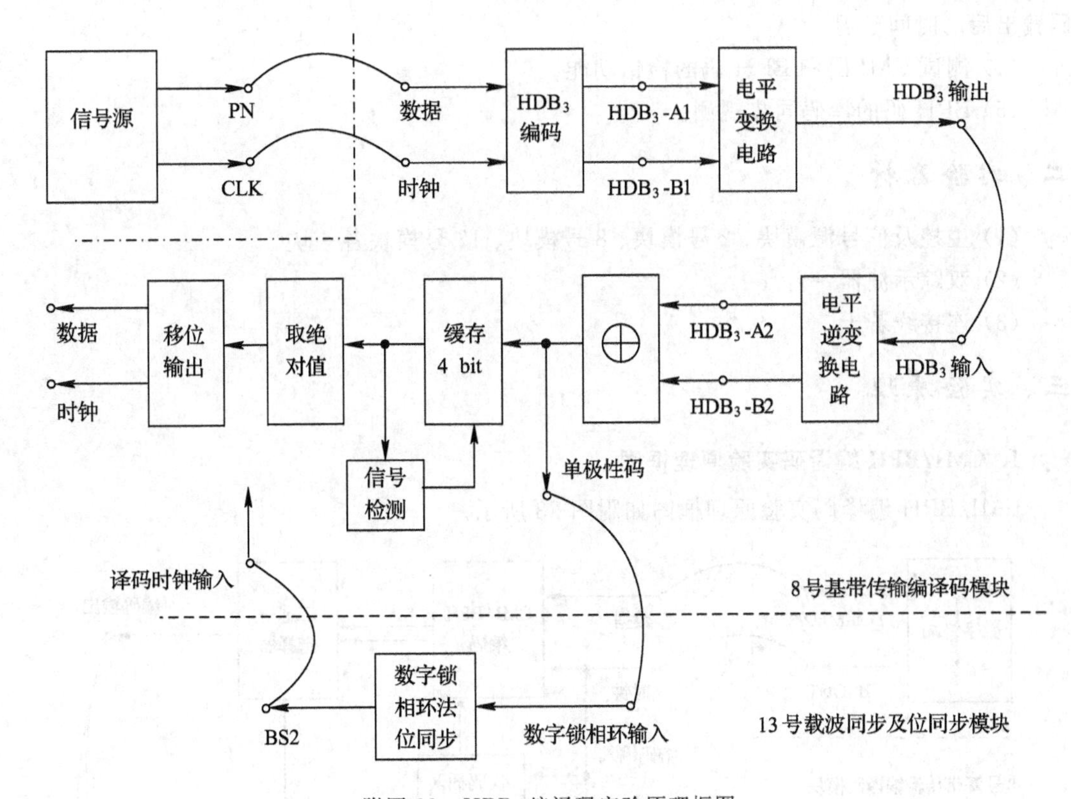

附图 22 HDB_3 编译码实验原理框图

实验项目二 HDB_3 编译码(256 kHz 非归零码实验)

概述：通过观测 HDB_3 非归零码编译码的相关测试点，了解 HDB_3 编译码规则。

实验项目三 HDB_3 码对连 0 信号的编码、直流分量以及时钟信号提取的观测

概述：通过设置和改变输入信号的码型，观测 HDB_3 归零码编码输出信号对长连 0 码信号的编码、直流分量的变化以及时钟信号提取的情况，进一步了解 HDB_3 码的特性。

五、实验报告

(1) 分析实验电路的工作原理，叙述其工作过程。

(2) 根据实验测试记录，画出各测量点的波形图，并分析实验现象。

实验八 CMI/BPH 码型变换实验

一、实验目的

CMI/BPH 码型变换实验

(1) 了解 CMI 码、BPH 码的编码规则。

(2) 观察输入全 0 码或全 1 码时各编码输出的码型，并判断它是否含有直流分量。

(3) 观察 CMI 码、BPH 码经过码型反变换后的译码输出波形及译

码输出后的时间延迟。

(4) 测试 CMI 码和 BPH 码的检错功能。

(5) BPH 码的译码同步观测。

二、实验器材

(1) 主控及信号源模块、2 号模块、8 号模块、13 号模块各一块。

(2) 双踪示波器一台。

(3) 连接线若干。

三、实验原理

1. CMI/BPH 编译码实验原理框图

CMI/BPH 编译码实验原理框图如附图 23 所示。

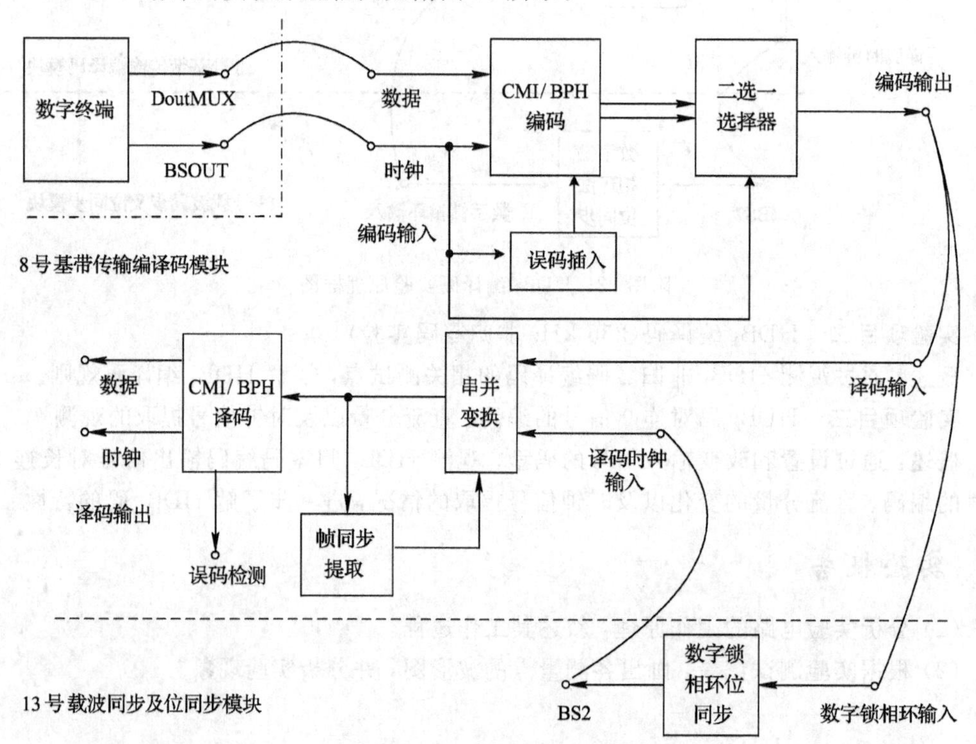

附图 23　CMI/BPH 编译码实验原理框图

2. CMI/BPH 编译码实验原理框图说明

CMI 和 BPH 编译码实验原理框图基本一致。CMI 编码规则是遇到 0 编码 01，遇到 1 则交替编码 11 和 00。由于 1bit 编码后变成 2bit，输出时，时钟 1 输出高位，时钟 0 输出低位，所以具有选择器的功能。BPH 编码规则与之不同，即 0 编码为 01，1 编码为 10，后面的选择器输出与 CMI 编码一致。CMI 译码、BPH 译码首先也是需要找到分组的信号，才能正确译码。CMI 译码只要出现下降沿，就表示分组的开始；BPH 译码只要找到连 0 或连 1，就表示分组的开始。找到分组信号后，对信号分组译码就可以得到译码的数据。

四、实验步骤

实验项目一 CMI码型变换实验

概述：通过改变输入数字信号的码型，观测编码输入输出波形与译码输出波形，测量CMI编译码延时，验证CMI编译码原理，并验证CMI码是否存在直流分量。

实验项目二 曼彻斯特(BPH)码型变换实验

概述：通过改变输入数字信号的码型，观测编码输入输出波形与译码输出波形，对比CMI编码分析两种编码规则的异同，验证BPH编译码原理，并验证BPH码是否存在直流分量。

五、实验报告

(1) 分析实验电路的工作原理，叙述其工作过程。

(2) 根据实验测试记录，画出各测量点的波形图，并分析实验现象。

(3) 对实验中两种编码的直流分量进行观测，并联系数字基带传输系统知识，分析若编码中含有直流分量将会对通信系统造成什么样的影响？

(4) 比较两种编码的优劣。

(5) 写出完成本次实验后的心得体会以及对本次实验的改进建议。

实验九 ASK调制及解调实验

ASK调制及解调实验

一、实验目的

(1) 掌握用键控法产生ASK信号的方法。

(2) 掌握ASK非相干解调的原理。

二、实验器材

(1) 主控及信号源模块、9号模块各一块。

(2) 双踪示波器一台。

(3) 连接线若干。

三、实验原理

1. ASK调制及解调实验原理框图

ASK调制及解调实验原理框图如附图24所示。

2. ASK调制及解调实验框图说明

ASK调制是将基带信号和载波直接相乘；ASK解调是将已调信号经过半波整流、低通滤波器后，通过门限判决电路解调出原始基带信号。

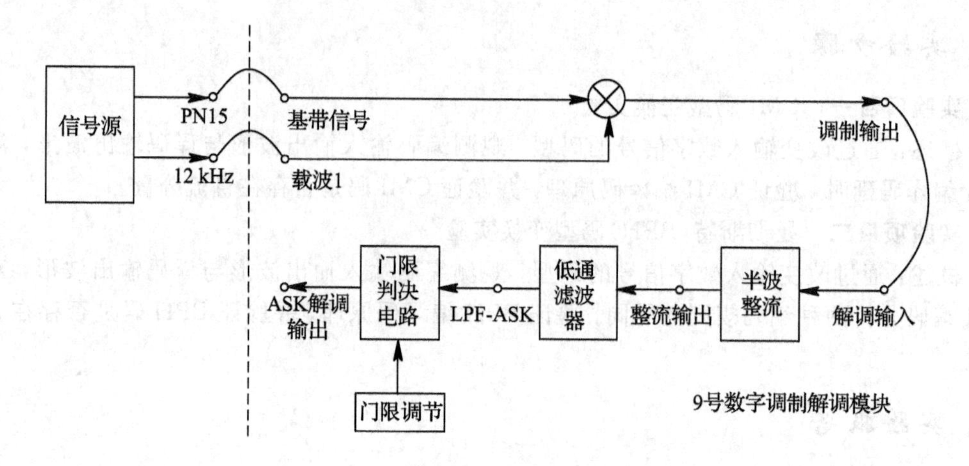

附图 24　ASK 调制及解调实验原理框图

3. 2ASK 的基本原理

振幅键控是利用载波的幅度变化来传递数字信息的，其频率和初始相位保持不变。

2ASK 信号的一般表达式为

$$e_{2\mathrm{ASK}}(t)=s(t)\cos\omega_{\mathrm{C}}t$$

2ASK 信号的时域波形如附图 25 所示。

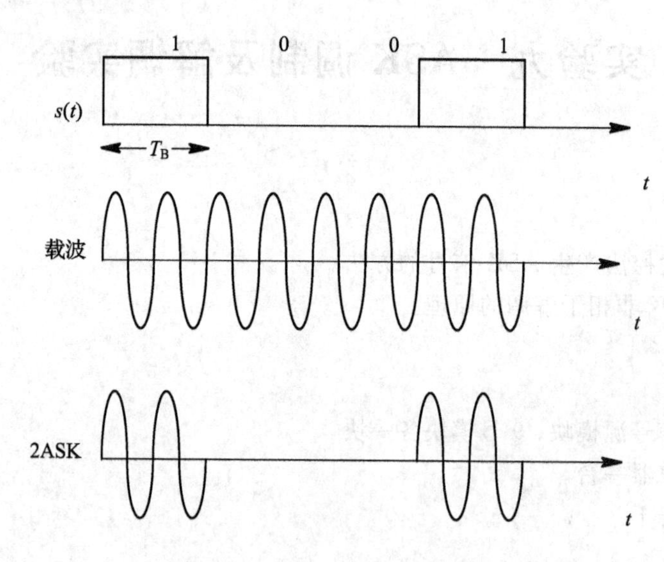

附图 25　2ASK 信号的时域波形

四、实验步骤

实验项目一　ASK 调制

概述：ASK 调制实验中，ASK(振幅键控)载波幅度随着基带信号的变化而变化。在本项目中，通过调节输入 PN 序列的频率或者载波频率，对比观测基带信号波形与调制输出波形，观测每个码元对应的载波波形，验证 ASK 调制原理。

实验项目二　ASK 解调

概述：本实验通过对比调制输入信号波形与解调输出波形，观察是否有延时现象，并验证 ASK 解调原理；观测解调输出的中间观测点，如：TP4(整流输出)、TP5(LPF－ASK)，深入理解 ASK 解调过程。

五、实验报告

(1) 分析实验电路的工作原理，简述其工作过程。

(2) 分析 ASK 调制解调原理。

实验十 FSK 调制及解调实验

FSK 调制及解调实验

一、实验目的

(1) 掌握用键控法产生 FSK 信号的方法。

(2) 掌握 FSK 非相干解调的原理。

二、实验器材

(1) 主控及信号源模块、9 号模块各一块。

(2) 双踪示波器一台。

(3) 连接线若干。

三、实验原理

1. FSK 调制及解调实验原理框图

FSK 调制及解调实验原理框图如附图 26 所示。

2. FSK 调制及解调实验框图说明

基带信号与一路载波相乘得到 1 电平的 ASK 调制信号，基带信号取反后再与二路载波相乘得到 0 电平的 ASK 调制信号，然后相加合成 FSK 调制输出；已调信号经过过零检测来识别信号中载波频率的变化情况，通过上沿、下沿单稳触发电路后再相加输出，最后经过低通滤波器和门限判决电路，得到原始基带信号。

3. 2FSK 的基本原理

频移键控是利用载波的频率变化来传递数字信息的。2FSK 信号的表达式可简化为

$$e_{2FSK}(t)=s_1(t)\cos\omega_1 t+s_2(t)\cos\omega_2 t$$

2FSK 信号的时域波形如附图 27 所示。

四、实验步骤

实验项目一　FSK 调制

概述：FSK 调制实验中，信号是用载波频率的变化来表征被传信息状态的。本项目中，通过调节输入 PN 序列的频率，对比观测基带信号波形与调制输出波形来验证 FSK 调

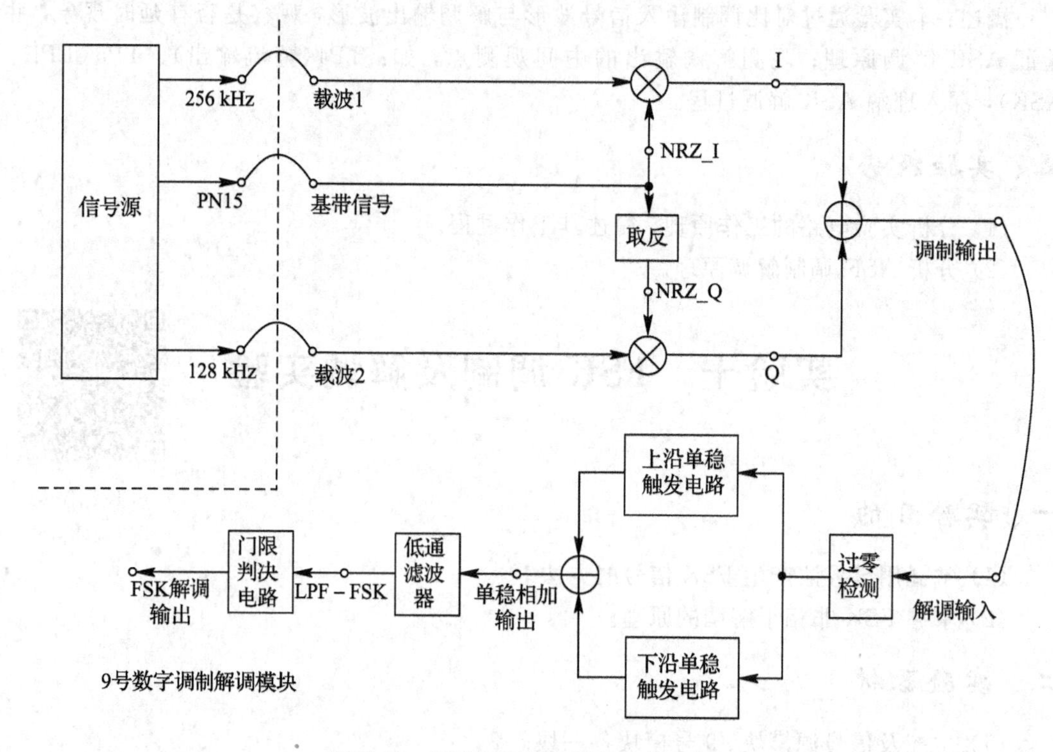

附图 26 FSK 调制及解调实验原理框图

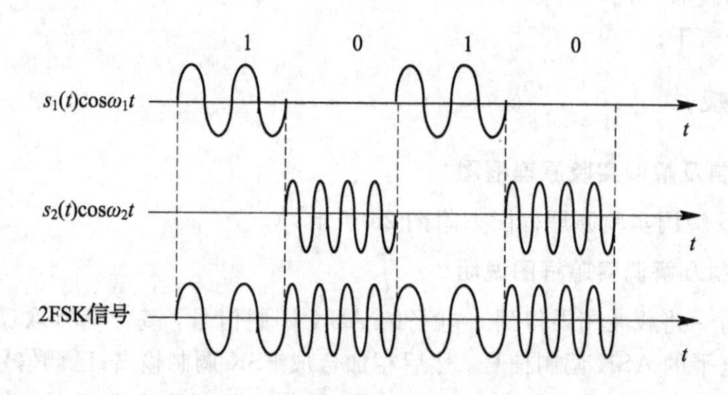

附图 27 2FSK 信号的时域波形

制原理。

实验项目二 FSK 解调

概述：FSK 解调实验中，采用的是非相干解调法对 FSK 调制信号进行解调。本实验通过对比调制输入信号波形与解调输出波形，观察是否有延时现象，并验证 FSK 解调原理；观测解调输出的中间观测点，如 TP6(单稳相加输出)、TP7(LPF-FSK)，深入理解 FSK 的解调过程。

五、实验报告

(1) 分析实验电路的工作原理，简述其工作过程。

(2) 分析 FSK 调制解调原理。

实验十一　BPSK调制及解调实验

BPSK 调制及解调实验

一、实验目的

(1) 掌握 BPSK 调制和解调的基本原理。
(2) 掌握 BPSK 数据传输过程，熟悉典型电路。
(3) 了解数字基带波形时域形成的原理和方法，掌握滚降系数的概念。
(4) 熟悉 BPSK 调制载波包络的变化。
(5) 掌握 BPSK 载波恢复特点与位定时恢复的基本方法。

二、实验器材

(1) 主控及信号源模块、9 号模块、13 号模块各一块。
(2) 双踪示波器一台。
(3) 连接线若干。

三、实验原理

1. BPSK 调制及解调(9 号模块)实验原理框图

BPSK 调制及解调实验原理框图如附图 28 所示。

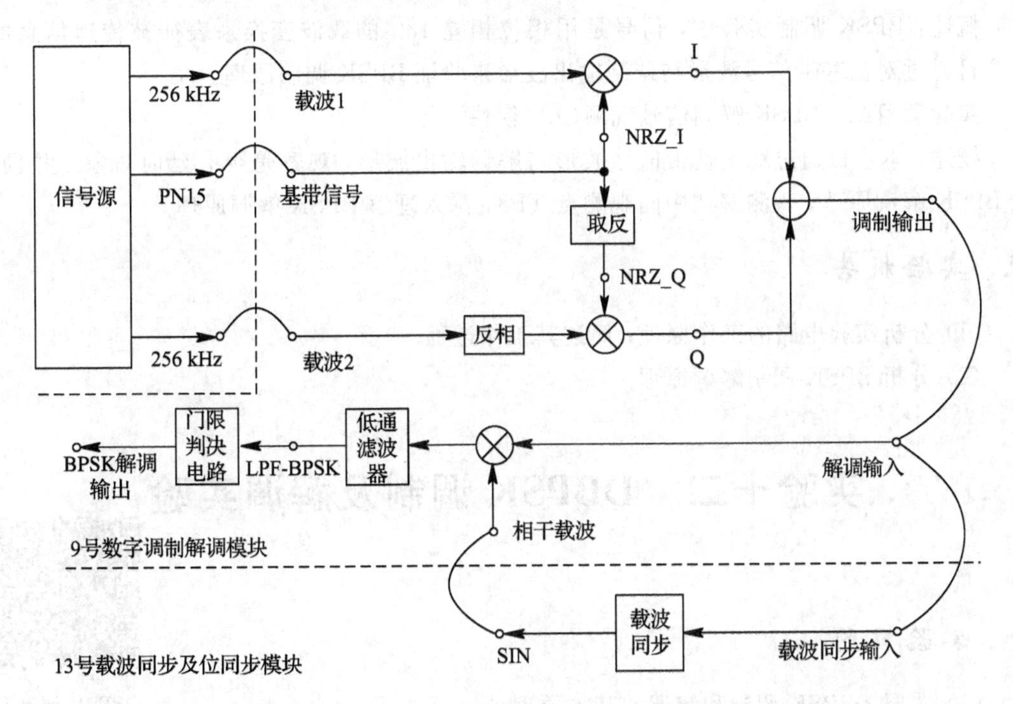

附图 28　BPSK 调制及解调实验原理框图

2. BPSK 调制及解调(9 号模块)实验原理框图说明

基带信号的 1 电平和 0 电平信号分别与 256 kHz 载波及 256 kHz 反相载波相乘，叠加后得到 BPSK 调制输出；已调信号送入到 13 模块中的载波同步得到同步载波；已调信号与相干载波相乘后，经过低通滤波器和门限判决器后，解调输出原始基带信号。

3. BPSK 的基本原理

相移键控是利用载波的相位变化来传递数字信息的，其振幅和频率保持不变。

BPSK 信号的时域表达式为

$$e_{\mathrm{BPSK}}(t)=A\cos(\omega_1 t+\varphi_n)$$

式中，φ_n 表示第 n 个符号的绝对相位，即

$$\varphi_n=\begin{cases}0, & \text{发送“0”}\\ \pi, & \text{发送“1”}\end{cases}$$

BPSK 信号的时域波形如附图 29 所示。

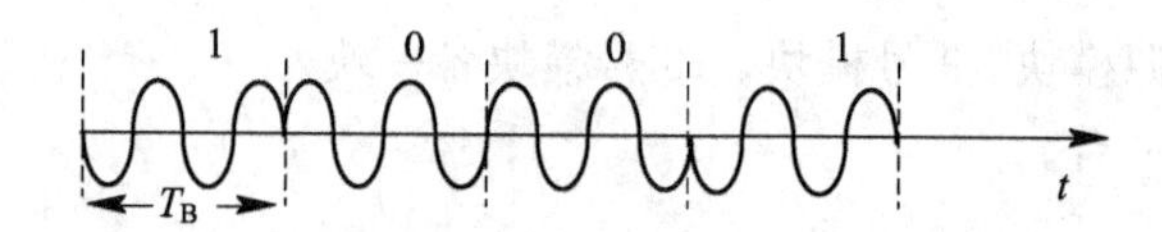

附图 29　BPSK 信号的时域波形

四、实验步骤

实验项目一　BPSK 调制信号观测(9 号模块)

概述：BPSK 调制实验中，信号是用相位相差 180°的载波变换来表征被传递信息的。本项目通过对比基带信号波形与调制输出波形来验证 BPSK 调制原理。

实验项目二　BPSK 解调信号观测(9 号模块)

概述：本项目通过对比基带信号波形与解调输出波形，观察是否有延时现象，并且验证 BPSK 解调原理；观测解调中间观测点 TP8，深入理解 BPSK 解调原理。

五、实验报告

(1) 分析实验电路的工作原理，简述其工作过程。

(2) 分析 BPSK 调制解调原理。

实验十二　DBPSK 调制及解调实验

DBPSK 调制及解调实验

一、实验目的

(1) 掌握 DBPSK 调制和解调的基本原理。

(2) 掌握 DBPSK 数据传输过程，熟悉典型电路。

(3) 熟悉 DBPSK 调制载波包络的变化。

二、实验器材

(1) 主控及信号源模块、9 号模块、13 号模块各一块。

(2) 10 号模块(选)、11 号模块(选)各一块。

(3) 双踪示波器一台。

(4) 连接线若干。

三、实验原理

1. DBPSK 调制及解调(9 号模块)实验原理框图

DBPSK 调制及解调实验原理框图如附图 30 所示。

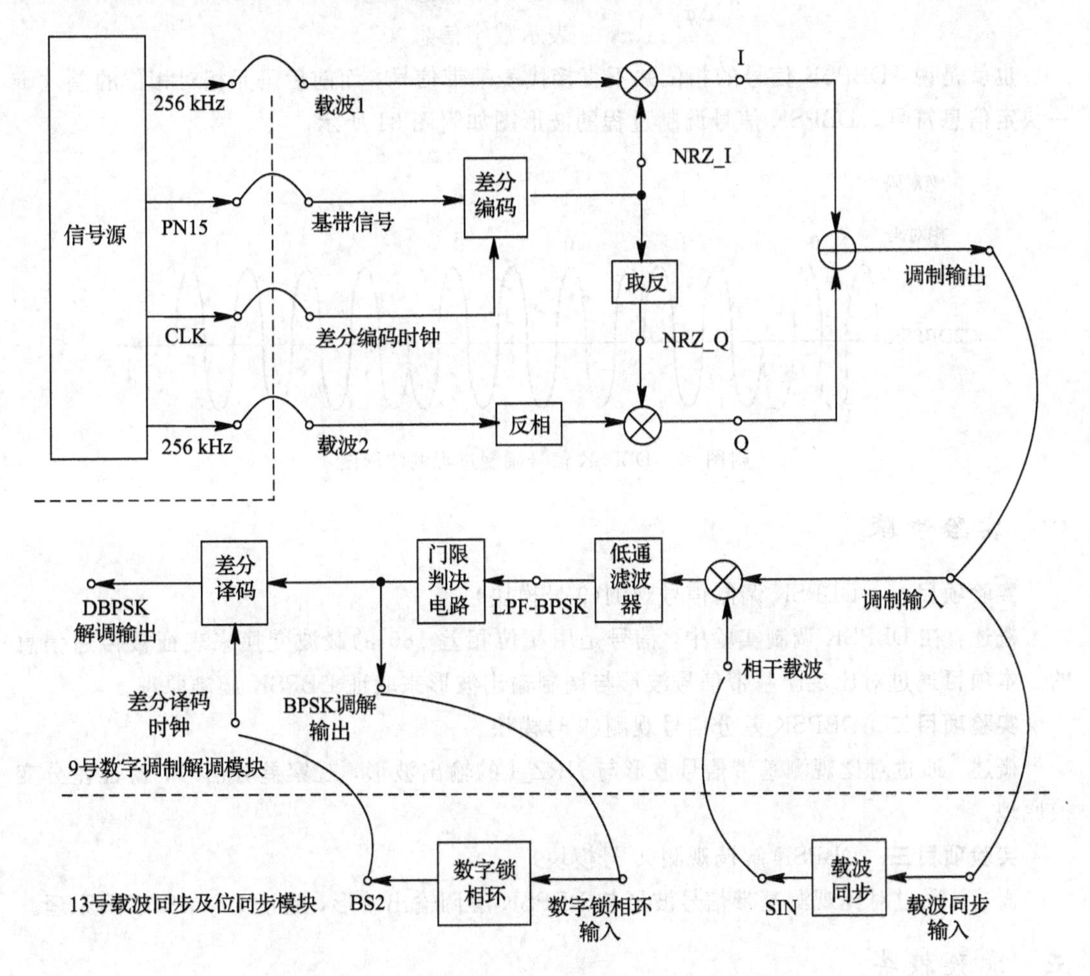

附图 30　DBPSK 调制及解调实验原理框图

2. DBPSK 调制及解调(9 号模块)实验原理框图说明

基带信号先经过差分编码得到相对码，再将相对码的 1 电平和 0 电平信号分别与

256 kHz 载波及 256 kHz 反相载波相乘，叠加后得到 DBPSK 调制输出；已调信号送入到 13 模块的载波同步得到同步载波；已调信号与相干载波相乘后，经过低通滤波器和门限判决电路后，解调输出原始相对码，最后经过差分译码时钟恢复输出原始基带信号。其中，载波同步和位同步由 13 号模块完成。

3. DBPSK 的基本原理

在传输信号里，BPSK 信号与 2ASK 信号及 2FSK 信号相比，具有较好的误码率性能。但是，在 2PSK 信号传输系统中存在相位不确定性，并将造成接收码元"0"和"1"的颠倒，产生误码。为了保证 BPSK 的优点，且不会产生误码，故把 BPSK 体制改进为二进制差分移相键控(DBPSK)，即相对移相键控。

假设 $\Delta\varphi$ 为当前码元与前一码元的载波相位差，则数字信息与 $\Delta\varphi$ 之间的关系可定义为

$$\Delta\varphi=\begin{cases}0, & \text{表示数字信息“1”}\\ \pi, & \text{表示数字信息“0”}\end{cases}$$

也就是说，DBPSK 信号的相位并不直接代表基带信号，而前后码元相对相位的差才唯一决定信息符号。DBPSK 信号调制过程的波形图如附图 31 所示。

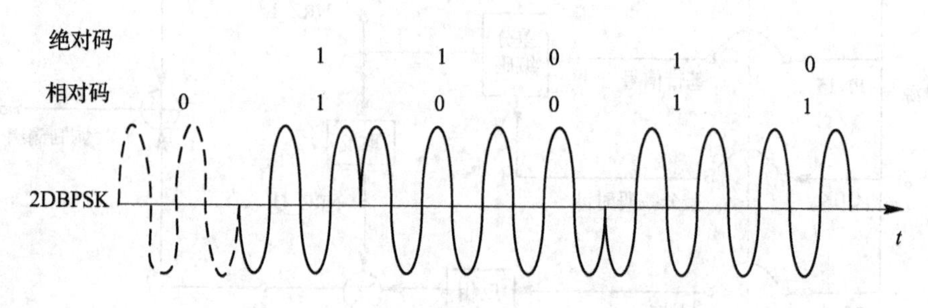

附图 31　DBPSK 信号调制过程的波形图

四、实验步骤

实验项目一　DBPSK 调制信号观测(9 号模块)

概述：在 DBPSK 调制实验中，信号是用相位相差 180°的载波变换来表征被传递信息的。本项目通过对比观测基带信号波形与调制输出波形来验证 DBPSK 调制原理。

实验项目二　DBPSK 差分信号观测(9 号模块)

概述：通过对比观测基带信号波形与 NRZ_I 的输出波形，观察差分信号，验证差分变换原理。

实验项目三　DBPSK 解调观测(9 号模块)

概述：通过对比观测基带信号波形与 DBPSK 解调输出波形，验证 DBPSK 解调原理。

五、实验报告

(1) 分析实验电路的工作原理，简述其工作过程。

(2) 通过实验波形，分析 DBPSK 调制解调原理。

实验十三　QPSK/OQPSK 数字调制实验

QPSK/OQPSK 数字调制实验

一、实验目的

(1) 掌握 QPSK 调制原理。

(2) 了解 OQPSK 调制原理。

二、实验器材

(1) 主控及信号源模块、9 号模块各一块。

(2) 10 号模块(选)、11 号模块(选)各一块。

(3) 双踪示波器一台。

(4) 连接线若干。

三、实验原理

1. QPSK/OQPSK 数字调制实验原理框图

QPSK/OQPSK 数字调制实验原理框图如附图 32 所示。

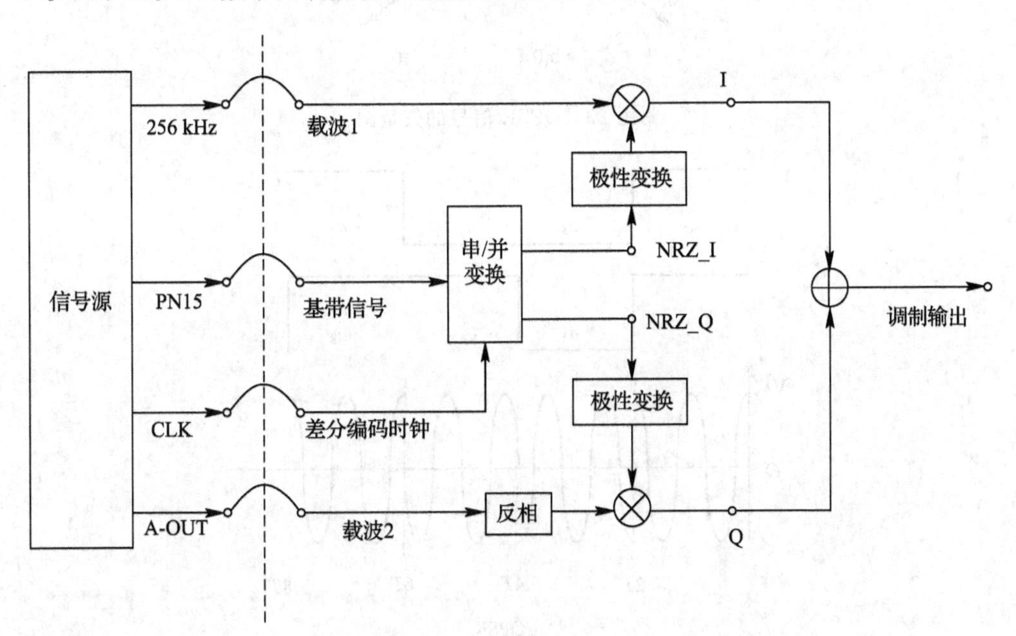

附图 32　QPSK/OQPSK 数字调制实验原理框图

2. QPSK/OQPSK 数字调制实验原理框图说明

QPSK 调制和 OQPSK 调制实验原理框图大体一致，即基带信号先通过串/并变换分为 I 路和 Q 路信号，I 路和 Q 路信号再分别经过极性变换处理并与载波相乘，再叠加合成得到调制信号。它们的不同点在于 QPSK 和 OQPSK 在串/并变换时的输出数据不同。QPSK

调制可以看作是两路 BPSK 信号的叠加，两路 BPSK 的基带信号分别是原基带信号的奇数位和偶数位，两路 BPSK 信号的载波频率相同，相位相差 90°。OQPSK 调制与 QPSK 调制相比，区别在于两路 BPSK 调制基带信号的相位上：QPSK 两路基带信号是完全对齐的，而 OQPSK 两路基带信号相差半个时钟周期。

3. QPSK 调制的基本原理

QPSK 又叫四相绝对移相调制，QPSK 利用载波的四种不同相位来表征数字信息。由于每一种载波相位代表两个比特信息，故每个四进制码元又被称为双比特码元。我们把组成双比特码元的前一信息比特用 a 代表(即附图 32 实验原理框图中的 I 路信息)，后一信息比特用 b 代表(即附图 32 实验原理框图中的 Q 路信息)，QPSK 信号的矢量图如附图 33 所示，QPSK 信号的时域波形如附图 34 所示。

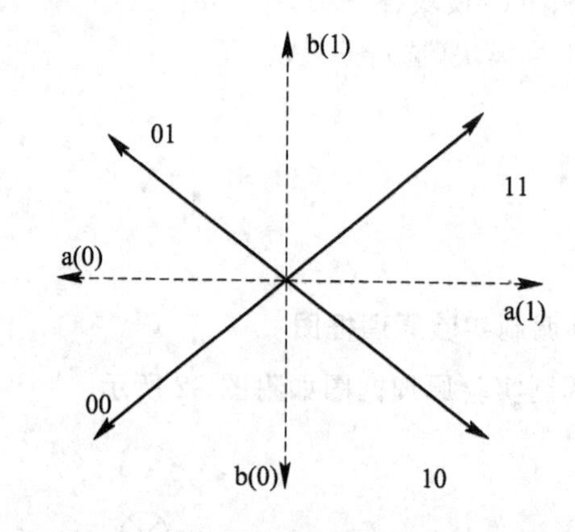

附图 33　QPSK 信号的矢量图

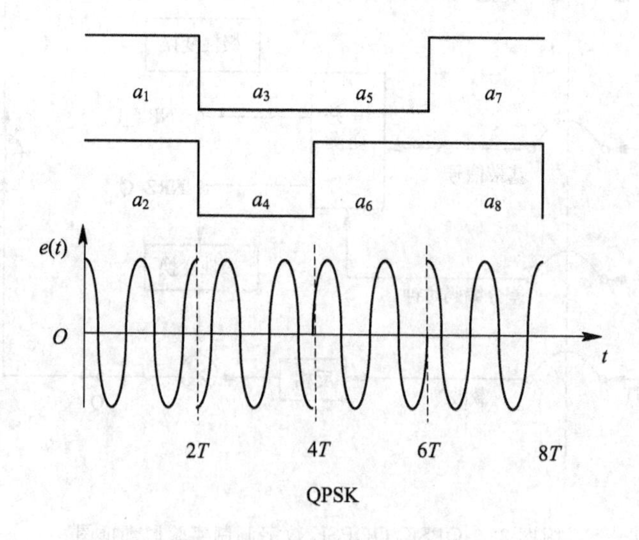

附图 34　QPSK 信号的时域波形

4. OQPSK 调制的基本原理

OQPSK 称为偏移四相移相键控(Offset－QPSK)，是 QPSK 的改进型。它与 QPSK 有相同的相位关系，也是把输入码流分成两路，然后进行正交调制的。不同点在于它将同相和正交两支路的码流在时间上错开了半个码元周期。由于两支路码元半周期的偏移，每次只有一路可能发生极性翻转，不会发生两支路码元极性同时翻转的现象。因此，OQPSK信号相位只能跳变0°、±90°，不会出现180°的相位跳变。OQPSK调制的时域波形如附图35所示。

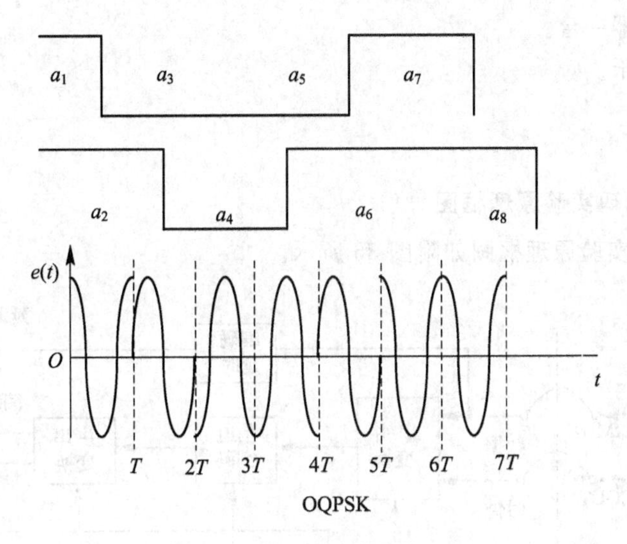

附图35　OQPSK调制的时域波形

四、实验步骤

实验项目　QPSK/OQPSK数字调制

概述：通过选择不同的调制方式，对比观测两种调制方式的星座图，验证两种调制方式的原理，并理解两种调制方式的区别。

五、实验报告

(1) 分析OQPSK以及QPSK调制结果的不同，进而分析其原理的区别。

(2) 结合实验波形分析实验电路的工作原理，简述其工作过程。

实验十四　汉明码编译码实验

一、实验目的

汉明码编译码实验

(1) 了解信道编码在通信系统中的重要性。

(2) 掌握汉明码编译码的原理。

(3) 掌握汉明码检错和纠错的原理。

(4) 理解编码码距的意义。

二、实验器材

(1) 主控及信号源模块、6 号模块、2 号模块各一块。

(2) 4 号模块(选)、5 号模块(选)各一块。

(3) 双踪示波器一台。

(4) 连接线若干。

三、实验原理

1. 汉明码编译码实验原理框图

汉明码编译码实验原理框图如附图 36 所示。

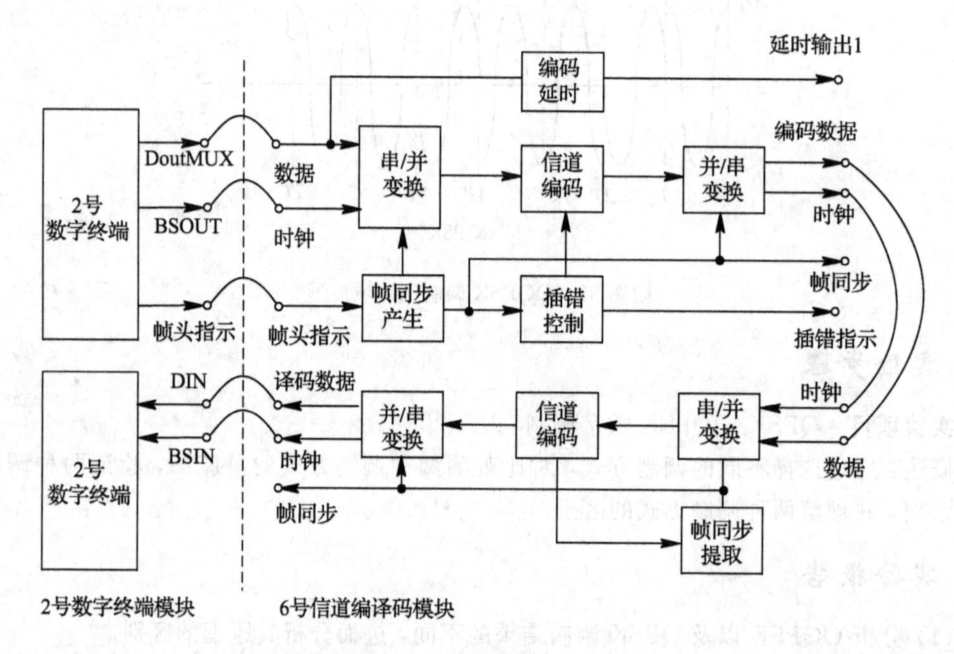

附图 36 汉明码编译码实验原理框图

2. 汉明码编译码实验原理框图说明

汉明码编码过程：线性码是指信息位和监督位满足一组线性代数方程的码。在(7，4)汉明码中，信息位 $a_6a_5a_4a_3$ 和监督位 $a_2a_1a_0$ 应满足下列线性方程组：

$$\begin{cases} a_6 \oplus a_5 \oplus a_4 \oplus a_2 = 0 \\ a_6 \oplus a_5 \oplus a_3 \oplus a_1 = 0 \\ a_6 \oplus a_4 \oplus a_3 \oplus a_0 = 0 \end{cases}$$

即编成的码组中无错码。经过移相运算，解出监督位为

$$\begin{cases} a_2 = a_6 \oplus a_5 \oplus a_4 \\ a_1 = a_6 \oplus a_5 \oplus a_3 \\ a_0 = a_6 \oplus a_4 \oplus a_3 \end{cases}$$

给定信息位后，可以直接根据上式算出监督位，其结果如附表 1 所示。

附表 1　信息位与监督位

信息位	监督位	信息位	监督位
$a_6a_5a_4a_3$	$a_2a_1a_0$	$a_6a_5a_4a_3$	$a_2a_1a_0$
0000	000	1000	111
0001	011	1001	100
0010	101	1010	010
0011	110	1011	001
0100	110	1100	001
0101	101	1101	010
0110	011	1110	100
0111	000	1111	111

数字终端的信号经过串/并变换后，进行分组，分组后的数据再经过汉明码编码，数据由 4 bit 变为 7 bit。

四、实验步骤

实验项目一　汉明码编码规则验证

概述：通过改变输入数字信号的码型，观测延时输出、编码输出及译码输出，验证汉明码编译码规则。

实验项目二　汉明码检错和纠错性能检验

概述：通过插入不同个数的错误，观测译码结果与输入信号，验证汉明码的检错和纠错能力。

五、实验报告

(1) 根据实验测试记录，完成实验表格。

(2) 分析实验电路的工作原理，简述其工作过程。

实验十五　BCH 码编译码实验

BCH 码编译码实验

一、实验目的

(1) 了解信道编码在通信系统中的重要性。

(2) 掌握 BCH 码编译码的原理。

(3) 掌握 BCH 码检错和纠错的原理。

(4) 了解 CPLD 实现 BCH 码编译码的方法。

二、实验器材

(1) 主控及信号源模块、6 号模块各一块。

(2) 4 号模块(选)、5 号模块(选)各一块。

(3) 双踪示波器一台。

(4) 连接线若干。

三、实验原理

1. BCH 码编译码实验原理框图

BCH 码编译码实验原理框图如附图 37 所示。

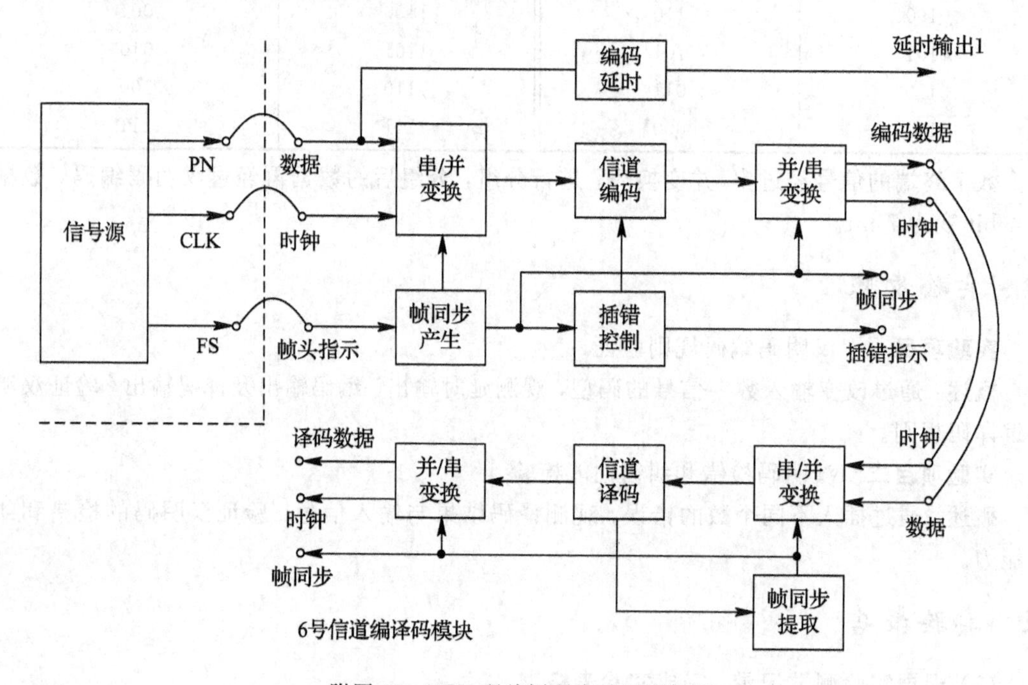

附图 37　BCH 码编译码实验原理框图

2. BCH 码编译码实验原理框图说明

BCH 码编码过程：数据经过串/并变换后进行分组，分组后的数据再经过 BCH 码编码。本实验的 BCH 编码是(15, 5)编码方式。

四、实验步骤

实验项目一　BCH 编码规则验证

概述：观察并记录编码输入与输出波形，验证 BCH 码编码规则。

实验项目二　BCH 码检错和纠错性能检验

概述：通过插入不同个数、不同位置的误码，观察译码结果与输入信号，验证 BCH 码的检错和纠错能力，并与汉明码的检错和纠错能力相对比。

五、实验报告

(1) 分析实验电路的工作原理，简述其工作过程。

(2) 分析 BCH 码实现检错及纠错的原理。

实验十六　循环码编译码实验

一、实验目的

（1）了解信道编码在通信系统中的重要性。

（2）掌握循环码编译码的原理。

（3）掌握循环码检错和纠错的原理。

（4）了解 CPLD 实现循环码编译码的方法。

二、实验器材

（1）主控及信号源模块、6 号模块、2 号模块各一块。

（2）4 号模块（选）、5 号模块（选）各一块。

（3）双踪示波器一台。

（4）连接线若干。

三、实验原理

1. 循环码编译码实验原理框图

循环码编译码实验原理框图如附图 38 所示。

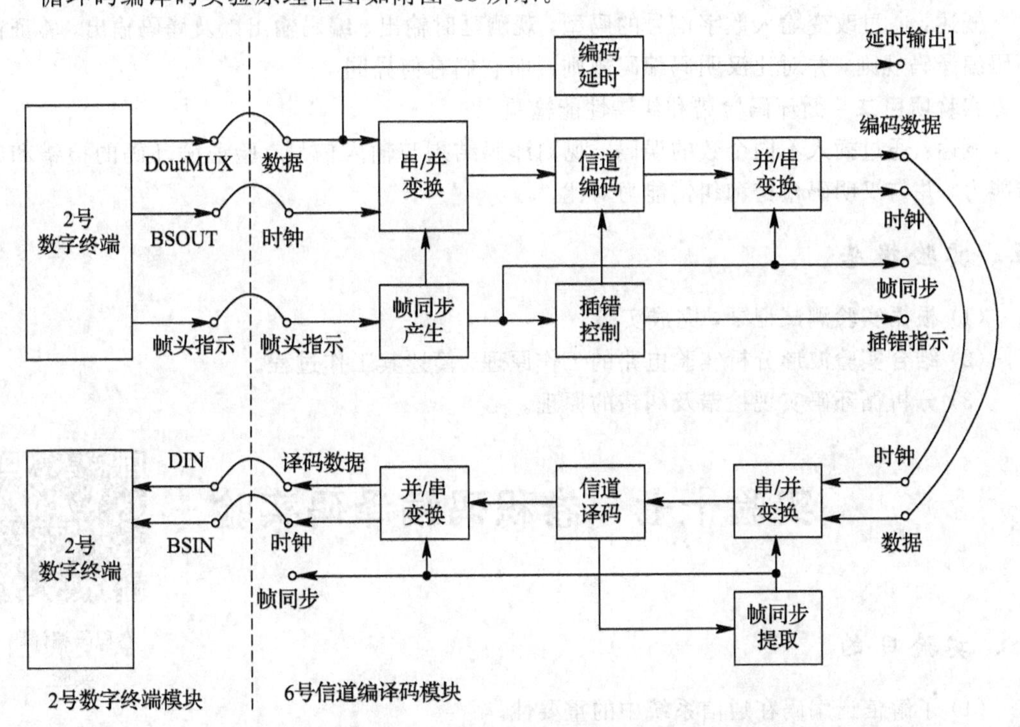

附图 38　循环码编译码实验原理框图

2. 循环码编译码实验框图说明

循环码编码过程：循环码除了具有线性码的一般性质外，还具有循环性。循环性是指任一码组循环一位(即将最右(左)端的一个码元移至左(右)端)以后，仍为该码中的一个码组。附表 2 为本实验箱上(7，4)循环码的全部码组。

附表 2　循环码的信息位与监督位

信息位	监督位	信息位	监督位
$a_6a_5a_4a_3$	$a_2a_1a_0$	$a_6a_5a_4a_3$	$a_2a_1a_0$
0000	000	1000	110
0001	101	1001	011
0010	111	1010	001
0011	010	1011	100
0100	011	1100	101
0101	110	1101	000
0110	100	1110	010
0111	001	1111	111

数字终端的信号经过串/并变换后，进行分组，分组后的数据再经过循环码编码，数据由 4bit 变为 7bit。

四、实验步骤

实验项目一　循环码编码规则验证

概述：通过改变输入数字信号的码型，观测延时输出、编码输出以及译码输出，验证循环码编译码规则，并对比汉明码编码规则说明它们有何异同。

实验项目二　循环码检错和纠错性能检验

概述：通过插入不同个数的误码，观测译码结果与输入信号，验证循环码的检错和纠错能力，并与汉明码检错和纠错能力对比。

五、实验报告

(1) 根据实验测试记录，完成实验。

(2) 结合实验波形分析实验电路的工作原理，简述其工作过程。

(3) 分析循环码实现检错及纠错的原理。

实验十七　卷积码编译码实验

卷积码编译码实验

一、实验目的

(1) 了解信道编码在通信系统中的重要性。

(2) 掌握卷积码编译码的原理。

(3) 掌握卷积码检错和纠错的原理。

(4) 了解 CPLD 实现卷积码编译码的方法。

二、实验器材

(1) 主控及信号源模块一块。

(2) 6 号模块两块。

(3) 4 号模块(选)、5 号模块(选)各一块。

(4) 双踪示波器一台。

(5) 连接线若干。

三、实验原理

1. 卷积码编译码实验原理框图

卷积码编译码实验原理框图如附图 39 所示。

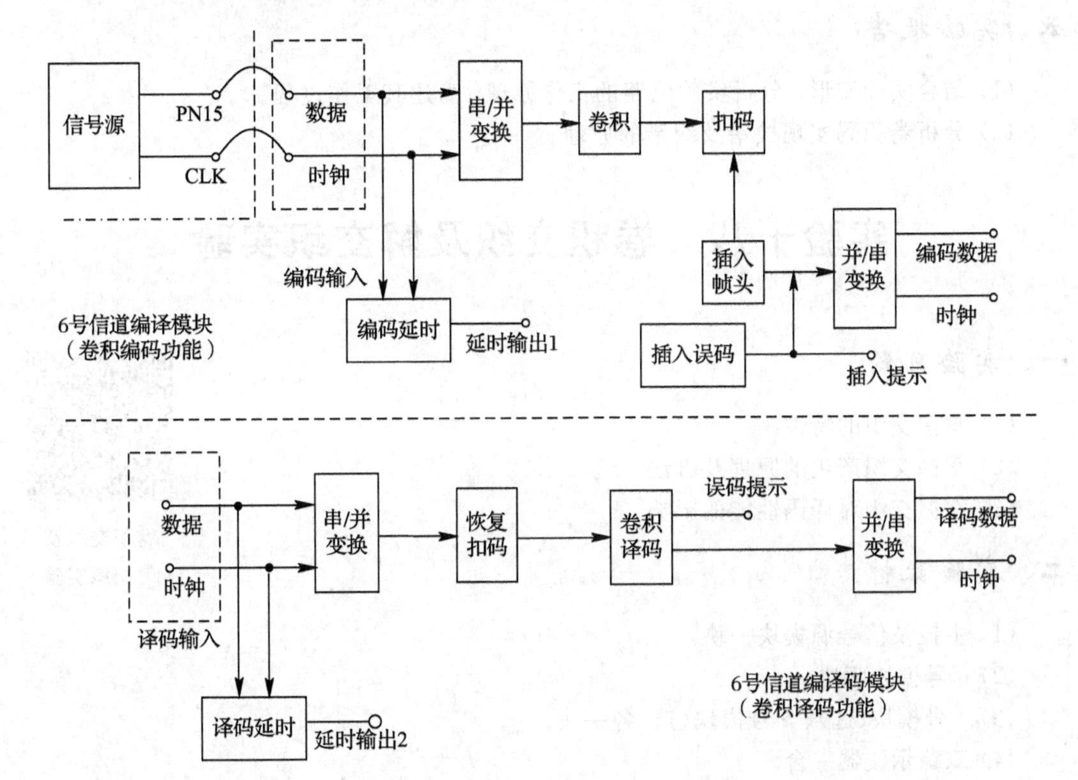

附图 39 卷积码编译码实验原理框图

2. 卷积码编译码实验框图说明

卷积编码：卷积编码并没有分组成帧的概念。但由于卷积编码长度增加，译码的运算量也成几何倍增加。因此，我们需要对卷积码规定一个帧长度。这里我们规定的帧长度为 248 bit。为了方便找到帧头，因此，在每一帧的最前面加入 11 位巴克码作为帧同步码(最前面还添加了一个 0)。248 bit 经卷积编码后是 504 bit，加上帧同步码及前面的 0，共 516 bit。

这样在速率上很难处理，所以我们需要扣码。扣码利用了卷积码纠错能力强的特点，将编码后的504 bit每隔25 bit扣除一个码，共扣除20 bit。这样最终成帧的长度是496 bit，刚好是输入信号速率的2倍，这样时序上很容易处理。

卷积译码：首先，要进行帧同步提取。提取到帧同步后，将每一帧数据缓存后进行处理。当缓存1帧数据后，由于编码时进行了扣码，所以这里需要恢复扣码。将484 bit每25 bit插入1个0，然后再进行维特比译码。

四、实验步骤

实验项目一 卷积码编码规则验证

概述：观察并记录编码输入与输出波形，验证卷积码编码规则。

实验项目二 卷积码检错和纠错性能检验

概述：通过插入不同个数、不同位置的误码，观察译码结果与输入信号，验证卷积码的检错和纠错能力。

五、实验报告

(1) 结合实验波形，分析实验电路的工作原理，简述其工作过程。

(2) 分析卷积码实现检错及纠错的原理。

实验十八 卷积交织及解交织实验

一、实验目的

卷积交织及解交织实验

(1) 掌握交织的特性。

(2) 掌握交织产生的原理及方法。

(3) 掌握交织对译码性能的影响。

二、实验器材

(1) 主控及信号源模块一块。

(2) 6号模块两块。

(3) 4号模块(选)、5号模块(选)各一块。

(4) 双踪示波器一台。

(5) 连接线若干。

三、实验原理

1. 卷积交织及解交织实验原理框图

卷积交织及解交织实验原理框图如附图40所示。

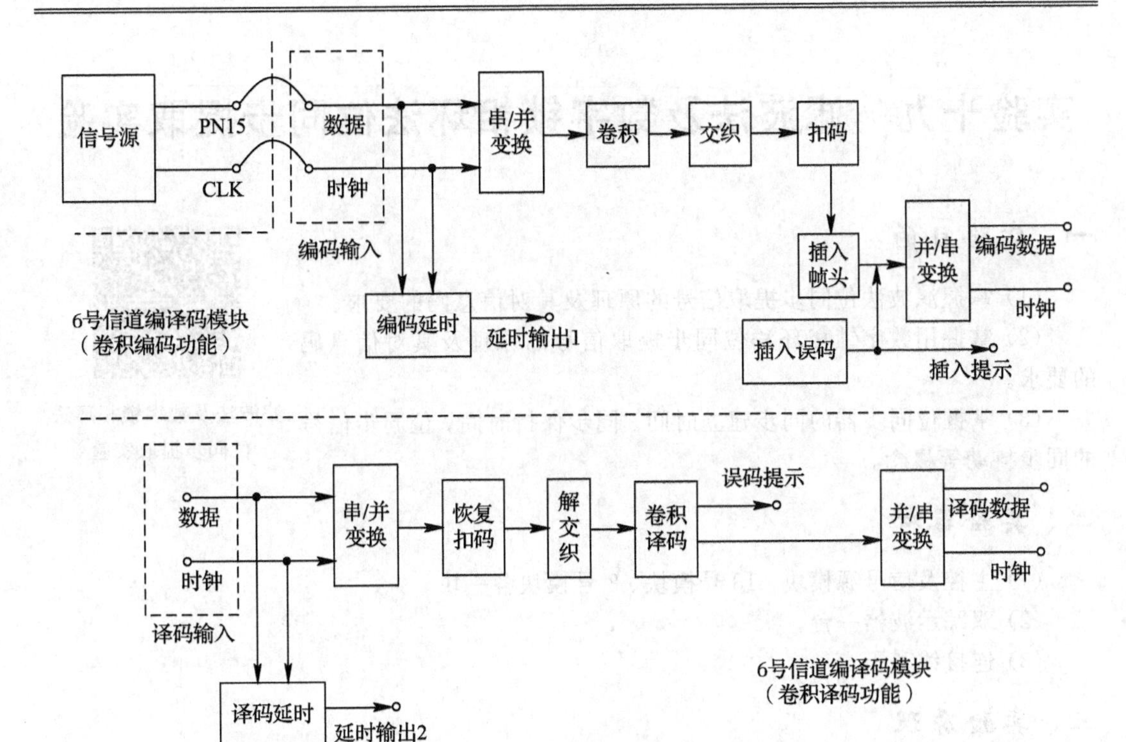

附图 40 卷积交织及解交织实验原理框图

2. 卷积交织及解交织实验原理框图说明

通过主控模块选择信道编码的方式，信号源产生的数据信号进入信道编译码模块，之后信号先进行串/并变换，然后根据编码规则查表变换为相应码型，再由 FPGA 完成检错和纠错。编码信号最后经过一个逆过程译码输出。

四、实验步骤

实验项目一 卷积码编码及交织规则验证

概述：观察并记录编码输入与卷积交织输出波形，验证卷积交织编码规则，并对比无交织编码结果，验证交织规则。

实验项目二 卷积及交织检错和纠错性能检验

概述：通过插入不同种类、不同个数的误码，观察译码结果与输入信号，验证卷积交织的检错和纠错能力，并且对比无交织编码的检错和纠错能力，验证在突发错以及连续错中，交织与否对检错和纠错性能有影响。

五、实验报告

（1）分析实验电路的工作原理，简述其工作过程。

（2）分析交织原理。

（3）分析交织对译码性能的影响。

实验十九　滤波法及数字锁相环法位同步提取实验

滤波法及数字锁相环法位同步提取实验

一、实验目的

(1) 掌握滤波法位同步提取信号的原理及其对信息码的要求。

(2) 掌握用数字锁相环法位同步提取信号的原理及其对信息码的要求。

(3) 掌握位同步器的同步建立时间、同步保持时间，位同步信号的同步抖动等概念。

二、实验器材

(1) 主控及信号源模块、13号模块、8号模块各一块。

(2) 双踪示波器一台。

(3) 连接线若干。

三、实验原理

1. 滤波法位同步提取实验原理框图

滤波法位同步提取实验原理框图如附图41所示。

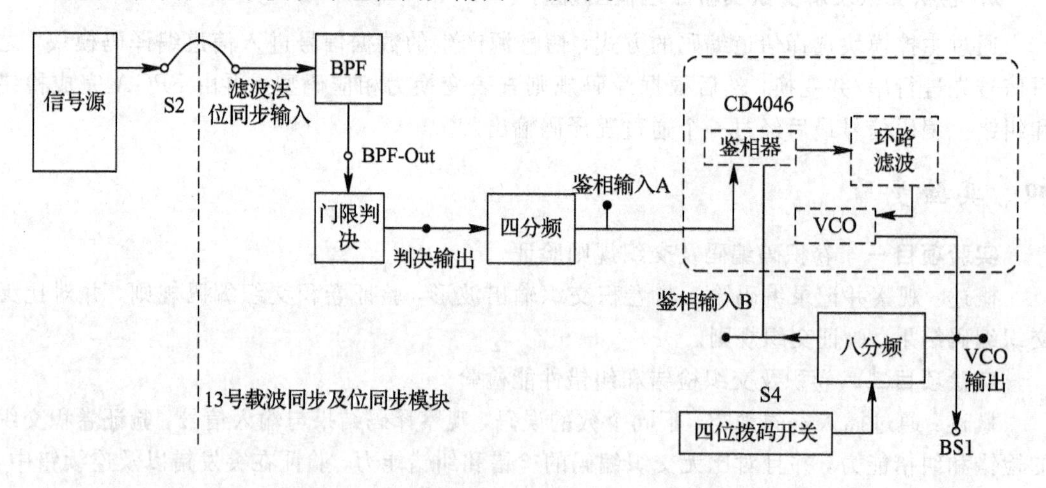

附图41　滤波法位同步提取实验原理框图

2. 滤波法位同步提取实验原理框图说明

将单刀双掷开关S2上拨，选择滤波法位同步提取电路，输入的HDB_3单极性码信号经过一个256 kHz的窄带滤波器(BPF)，滤出同步信号分量，再通过门限判决后提取位同步信号。但由于有其他频率成分的干扰，导致时钟有些部分的占空比不为50%，因此需要通过模拟锁相环进行平滑处理，这里256 kHz数字时钟经过四分频之后，已经得到一定的平滑处理。送入CD4046鉴相输入A脚的是64 kHz的时钟信号，当CD4046处于同步状态时，鉴相器A脚的时钟频率及相位应该与鉴相器B脚的相同。由于鉴相器B脚的时钟是

VCO 经八分频得到的。因此，VCO 输出的频率为 512 kHz。

3. 数字锁相环法位同步提取实验原理框图(框图中 NCO 同下文 DCO，均为数控振荡器)

数字锁相环法位同步提取实验原理框图如附图 42 所示。

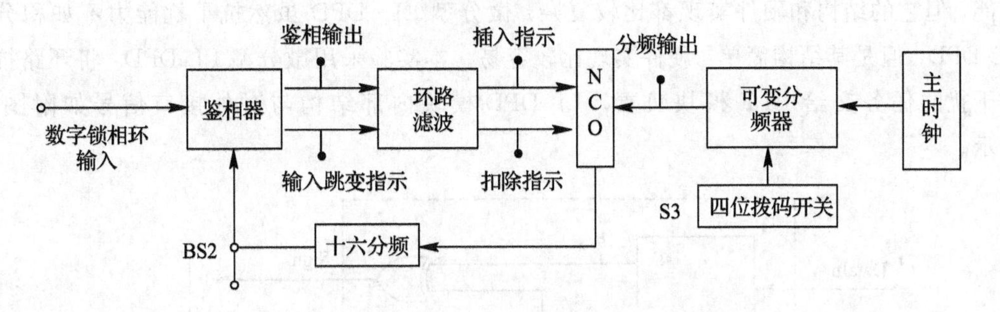

附图 42　数字锁相环位同步提取实验原理框图

4. 数字锁相环法位同步提取实验原理框图说明

数字锁相环法位同步提取是在接收端利用锁相环电路比较接收码元和本地产生的位同步信号的相位，并调整位同步信号的相位，最终获得准确的位同步信号的。四位拨码开关 S3 用来设置 BCD 码，控制分频比，从而控制提取的位同步时钟频率，例如设置分频频率“0000”输出 4096 kHz 频率，设置分频频率“0011”输出 512 kHz 频率，设置分频频率“0100”输出 256 kHz 频率，设置分频频率“0111”输出 32 kHz 频率。

数字锁相环(DPLL)是一种相位反馈控制系统。它根据输入信号与本地估算时钟之间的相位误差对本地估算时钟的相位进行连续不断的反馈调节，从而达到使本地估算时钟相位跟踪输入信号相位的目的。DPLL 通常有三个组成模块：数字鉴相器(DPD)、数字环路滤波器(DLF)、数控振荡器(DCO)。根据各个模块组态的不同，DPLL 可以被划分出许多不同的类型。根据设计的要求，本实验系统采用超前滞后型数字锁相环(LL-DPLL)作为解决方案。在 LL-DPLL 中，DLF 用双向计数逻辑和比较逻辑实现，DCO 采用“加”、“扣”脉冲式数控振荡器。这样设计出来的 DPLL 具有结构简洁明快、参数调节方便、工作稳定可靠的优点。DPLL 组成模块如附图 43 所示。

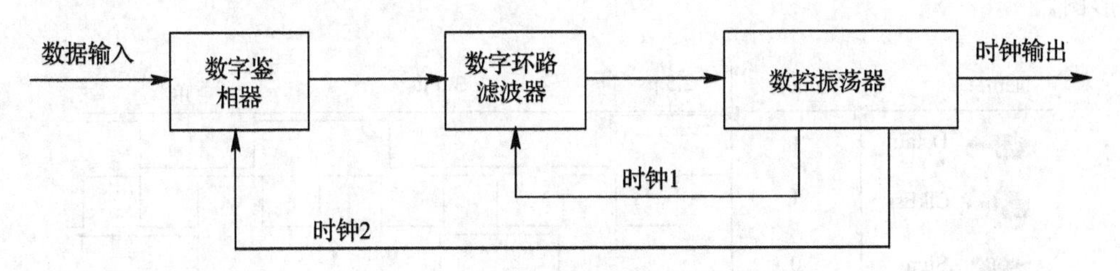

附图 43　数字锁相环组成模块

下面就对数字锁相环的各个组成模块的详细功能、内部结构以及对外接口信号进行说明。

(1) 超前-滞后型数字鉴相器。

与一般 DPLL 的 DPD 的设计不同，位同步 DPLL 的 DPD 需要消除位数据流输入连续几位码值保持不变的不利影响。LL-DPD 为二元鉴相器，在有效的相位比较结果中仅给出相位超前或相位滞后两种相位误差极性，而相位误差的绝对大小固定不变。LL-DPD 通常有两种实现方式：微分型 LL-DPD 和积分型 LL-DPD。积分型 LL-DPD 具有优良的抗干扰性能，但它的结构和硬件实现都比较复杂；微分型 LL- DPD 虽然抗干扰能力不如积分型 LL-DPD，但是其结构简单，硬件实现比较容易。本实验采用微分型 LL-DPD，将环路抗噪声干扰的任务交给 DLF 模块负责。LL-DPD 模块内部结构与对外接口信号如附图 44 所示。

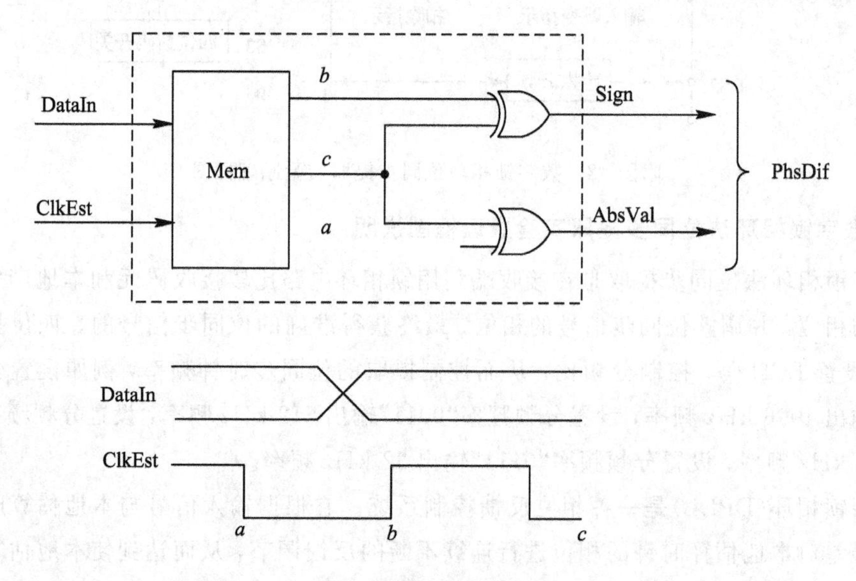

附图 44 LL-DPD 模块内部结构与对外接口信号

如附图 45 所示，LL-DPD 在 ClkEst 跳变沿(含上升沿和下降沿)处采样 DataIn 上的码值，寄存在 Mem 中。在 ClkEst 下降沿处再将它们对应送到两路异或逻辑中，判断出相位误差信息并输出。Sign 给出相位误差极性，即 ClkEst 相对于 DataIn 是相位超前(Sign=1)还是滞后(Sign=0)。AbsVal 给出相位误差绝对值，若前一位数据有跳变，则输出 1 表示判断有效；否则，输出 0 表示判断无效。附图 45 显示了 LL-DPD 模块输入输出关系的仿真波形图。

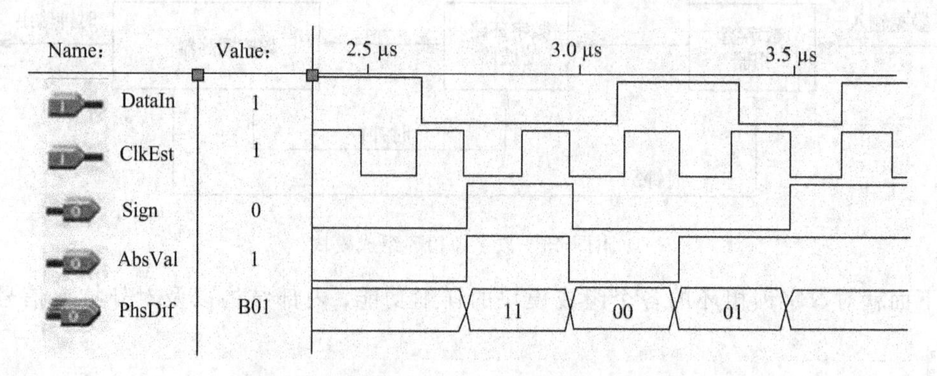

附图 45 LL-DPD 模块输入输出关系的仿真波形图

(2) 数字环路滤波器(DLF)。

DLF 用于滤除因随机噪声引起的相位抖动，并生成控制 DCO 动作的控制指令。本实验实现的 DLF 模块内部结构及其对外接口信号如附图 46 所示。

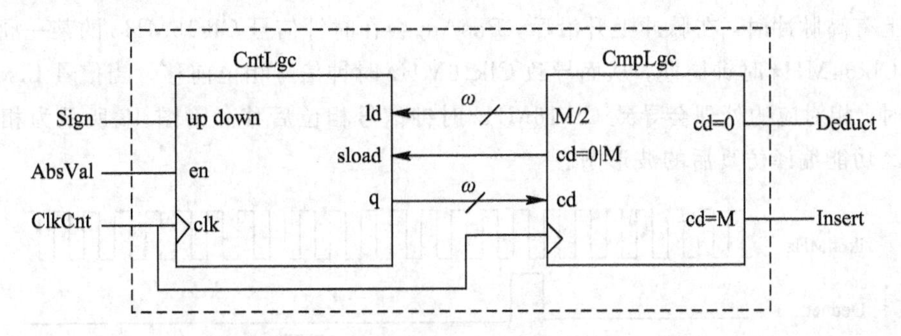

附图 46 DLF 模块内部结构及其对外接口信号

滤波功能用加减计数器逻辑 CntLgc 实现，控制指令由比较逻辑 CmpLgc 生成。在初始时刻，CntLgc 被置初值 $M/2$。前级 LL-DPD 模块送来的相位误差 PhsDif 在 CntLgc 中作代数累加。在计数值达到边界值 0 或 M 后，比较逻辑 CmpLgc 将加减计数器逻辑 CntLgc 同步置回 $M/2$，同时相应地在 Deduct 或 Insert 引脚上输出一高脉冲作为控制指令。随机噪声引起的 LL-DPD 相位误差由于长时间保持同一极性的概率极小，在 CntLgc 中会被相互抵消，而不会传到后级模块中去，因此达到了去噪滤波的目的。加减计数器逻辑 CntLgc 的模值 M 对 DPLL 的性能指标有着显著影响。加大模值 M，有利于提高 DPLL 的抗噪能力，但是会导致较长的捕捉时间和较窄的捕捉带宽。减小模值 M 可以缩短捕捉时间，扩展捕捉带宽，但是降低了 DPLL 的抗噪能力。根据理论分析和调试实践，确定 M 为 1024，图中计数器数据线宽度 w 可以根据 M 确定为 10。

(3) 数控振荡器(DCO)。

DCO 的主要功能是根据前级 DLF 模块输出的控制信号 Deduct 和 Insert 生成本地估算时钟 ClkEst，这一时钟信号即为 DPLL 恢复出来的位时钟。同时，DCO 还产生协调 DPLL 内各模块工作的时钟，使它们能够协同动作。要完成上述功能，DCO 应有三个基本的组成部分：高速振荡器(HsOsc)、相位调节器(PhsAdj)、分频器(FnqDvd)，如附图 47 所示。

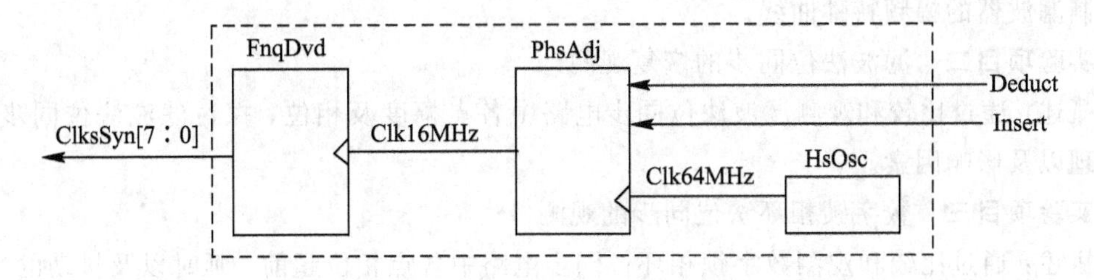

附图 47 DCO 模块内部结构与对外接口信号

高速振荡器(HsOsc)提供高速稳定的时钟信号 Clk，该时钟信号有固定的时钟周期，周期大小即为 DPLL 在锁定状态下相位跟踪的精度。同时，它还影响 DPLL 的捕捉时间和捕捉带宽。考虑到 DPLL 工作背景的要求，以及尽量提高相位跟踪的精度以降低数据接收的误码率，取 HsOsc 输出信号 Clk 的频率为所需提取位时钟信号的 16 倍。若取 HsOsc 输出信号 Clk64MHz 的周期为 15.625 ns，则高速振荡器(HsOsc)的振荡频率为 64 MHz。

当控制信号 Deduct 和 Insert 上均无高脉冲出现时，PhsAdj 仅对 HsOsc 输出的时钟信号作四分频处理，从而产生的 Clk16MHz 时钟信号将是严格的 16 MHz 信号。当信号 Deduct上有高脉冲时，在脉冲上升沿后，PhsAdj 会在时钟信号 Clk16MHz 的某一周期中扣除一个 Clk64MHz 时钟周期，从而导致 Clk16MHz 时钟信号相位前移。当信号 Insert 上有高脉冲时，相对应的处理会导致 Clk16MHz 时钟信号相位后移。附图 48 所示为相位调节器单元经功能编译仿真后的波形图。

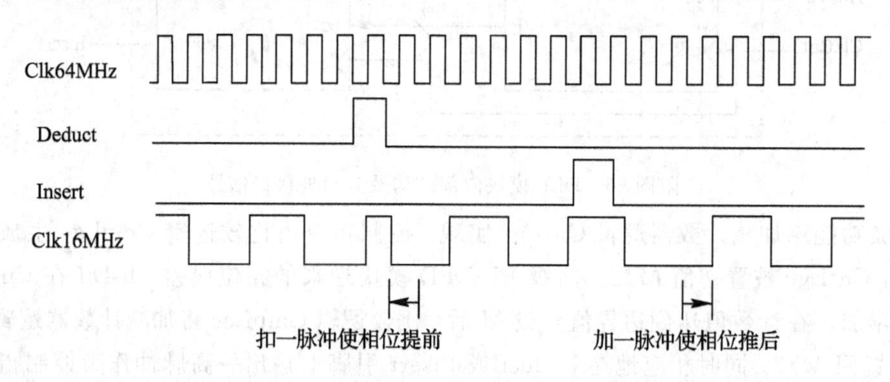

附图 48　相位调节器单元经功能编译仿真后的波形图

引入分频器 FnqDvd 的目的主要是为 DPLL 中 DLF 模块提供时钟控制，协调 DLF 与其他模块的动作。分频器 FnqDvd 用计数器实现，可以提供多路与输入位流数据有良好相位同步关系的时钟信号。在系统中，分频器 FnqDvd 提供 8 路输出 ClksSyn[7:0]。其中，ClksSyn1 即为本地估算时钟 ClkEst，也即恢复出的位时钟；ClksSyn0 即为 DLF 模块的计数时钟 ClkCnt，其速率是 ClkEst 的两倍，可以加速计数，缩短 DPLL 的捕捉时间，并可扩展其捕捉带宽。

四、实验步骤

实验项目一　滤波法位同步电路的带通滤波器的幅频特性测量

概述：通过改变输入信号的频率，观测信号经滤波后对应输出幅度的变化，从而了解并绘制滤波器的幅频特性曲线。

实验项目二　滤波法位同步的恢复观测

概述：通过比较和观测滤波法位同步电路中各点幅度及相位，探讨滤波法位同步的提取原理以及影响因素。

实验项目三　数字锁相环法位同步的观测

概述：通过比较和观测数字锁相环位同步电路中各点相位超前、延时以及抖动的情况，探讨数字锁相环法位同步的提取原理。

五、实验报告

(1) 画出本实验的电路原理图。

(2) 结合实验波形分析数字锁相环原理。

实验二十　模拟锁相环实验

模拟锁相环
实验

一、实验目的

(1) 了解模拟锁相环的工作原理。

(2) 掌握模拟锁相环的参数意义及测试方法。

(3) 掌握锁相频率合成的原理及设计方法。

二、实验器材

(1) 主控及信号源模块、13 号模块各一块。

(2) 双踪示波器一台。

(3) 连接线若干。

三、实验原理

采用 CD4046 完成模拟锁相环功能。

四、实验步骤

实验项目一　VCO 自由振荡观测

概述：通过对比观测锁相环输入信号和 VCO 输出信号，了解 VCO 自由振荡输出频率。

实验项目二　同步带测量

概述：通过改变输入信号的频率，测量锁相环的同步带，了解模拟锁相环同步带的工作原理。

实验项目三　捕捉带测量

概述：通过改变输入信号的频率，测量锁相环的捕捉带，了解模拟锁相环捕捉带的工作原理。

实验项目四　锁相频率合成

概述：通过设置分频器的分频比，测量锁相环的锁相输出频率，了解锁相频率合成的工作原理。

五、实验报告

(1) 分析实验电路的工作原理，简述其工作过程。

(2) 结合实验波形分析模拟锁相环原理。

实验二十一 载波同步实验

载波同步实验

一、实验目的

(1) 掌握用科斯塔斯环提取载波的实现方法。
(2) 了解相干载波相位模糊现象的产生原因。

二、实验器材

(1) 主控及信号源模块、9号模块、13号模块各一块。
(2) 双踪示波器一台。
(3) 连接线若干。

三、实验原理

1. 载波同步实验原理框图

载波同步实验原理框图如附图49所示。

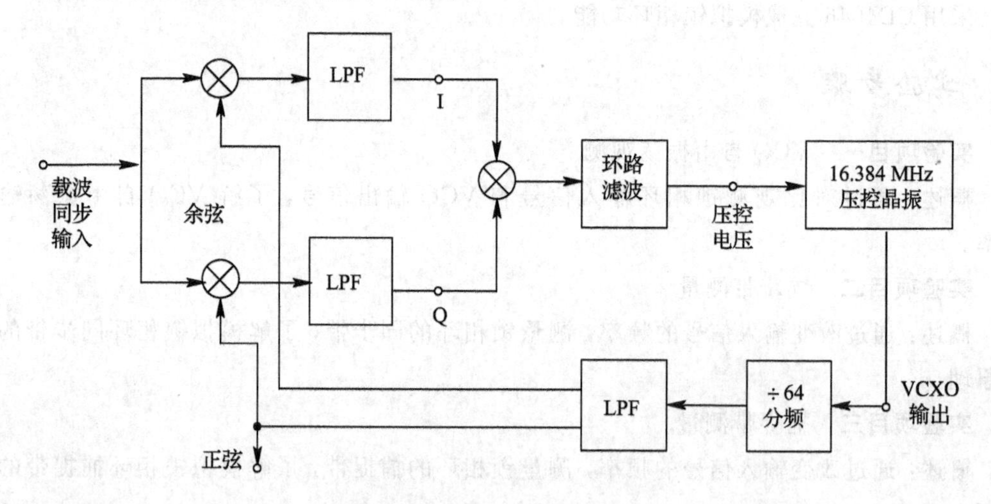

附图49 载波同步实验原理框图

2. 载波同步实验原理框图说明

本实验采用科斯塔斯环法进行载波同步提取。从载波同步输入端送入BPSK调制信号，经科斯塔斯环后，从正弦端输出同步载波。

四、实验步骤

实验项目 载波同步

概述：本项目是利用科斯塔斯环法提取BPSK调制信号的同步载波，通过调节压控晶振的压控偏置电压，观测载波同步情况并分析。

五、实验报告

(1) 画出本实验的电路原理图。

(2) 结合实验波形熟悉科斯塔斯环原理。

实验二十二　帧同步提取实验

帧同步提取实验

一、实验目的

(1) 掌握巴克码识别原理。

(2) 掌握同步保护原理。

(3) 掌握假同步、漏同步、捕捉态、维持态的概念。

二、实验器材

(1) 主控及信号源模块、7 号模块各一块。

(2) 双踪示波器一台。

(3) 连接线若干。

三、实验原理

1. 帧同步提取实验原理框图

帧同步提取实验原理框图如附图 50 所示。

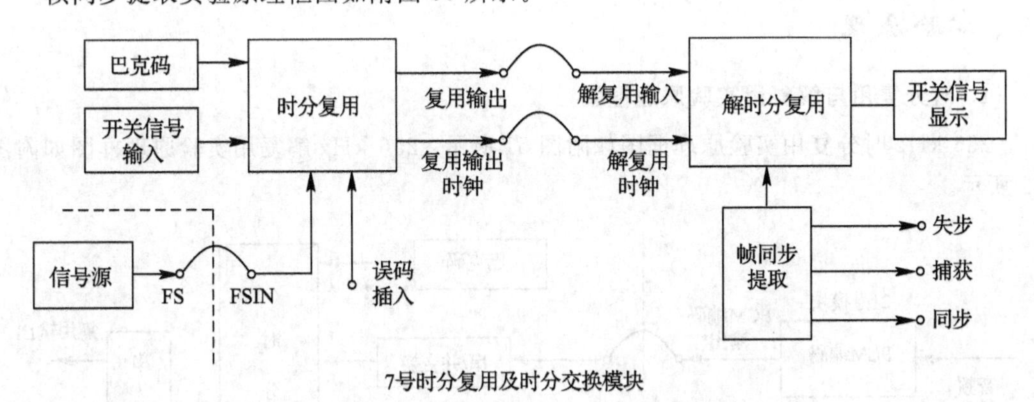

附图 50　帧同步提取实验原理框图

2. 帧同步提取实验原理框图说明

帧同步是通过时分复用模块，展示在恢复帧同步时失步、捕获、同步三种状态间的切换，以及假同步及同步保护等功能。

四、实验步骤

实验项目　帧同步提取实验

概述：通过改变输入信号的误码插入情况，观测失步、捕获以及同步等指示灯的变化情况，从而了解帧同步提取的原理。

五、实验报告

（1）分析实验电路的工作原理，简述其工作过程。
（2）分析实验电路的波形图，并记录实验现象。

实验二十三　时分复用与解复用实验

一、实验目的

时分复用与解复用实验

（1）掌握时分复用的概念及工作原理。
（2）了解时分复用在整个通信系统中的作用。

二、实验器材

（1）主控及信号源模块、21 号模块、2 号模块、7 号模块、13 号模块各一块。
（2）双踪示波器一台。
（3）连接线若干。

三、实验原理

1. 时分复用与解复用实验原理框图

256 kHz 时分复用实验原理框图如附图 51 所示，256 kHz 解复用实验原理框图如附图 52 所示。

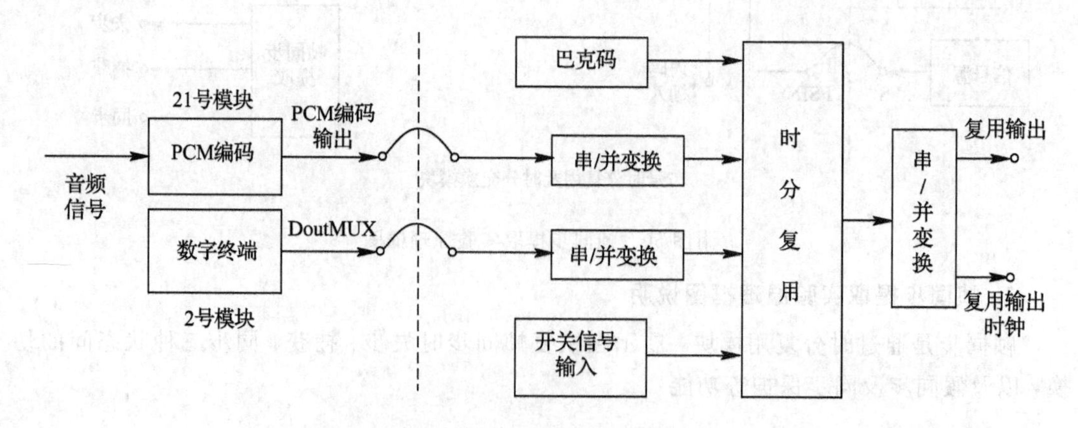

附图 51　256 kHz 时分复用实验原理框图

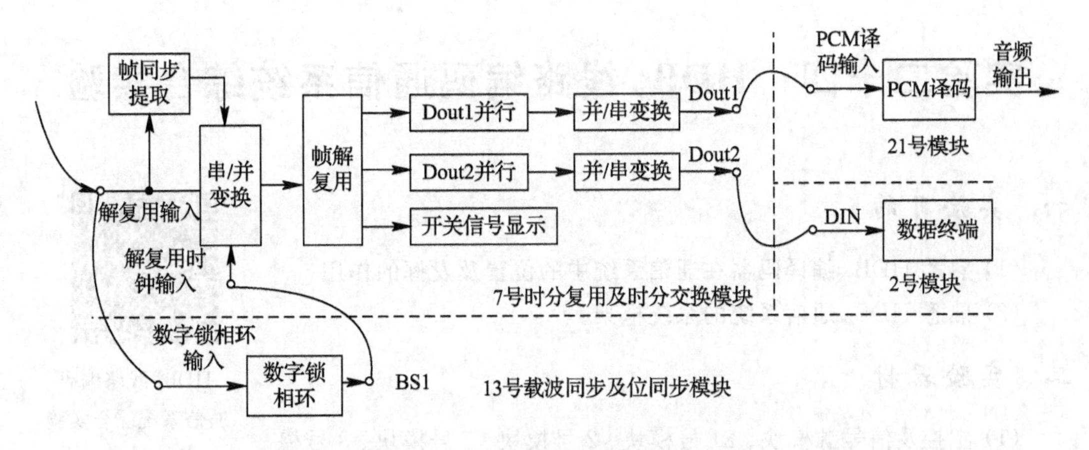

附图 52　256 kHz 解复用实验原理框图

注：附图 51 和 52 中 21 号和 2 号模块的相关连线有所简略。

2. 时分复用与解复用实验原理框图说明

21 号模块的 PCM 编码数据和 2 号模块的数字终端数据，经过 7 号模块进行 256 kHz 时分复用和解复用后，再送入到相应的 PCM 译码单元和 2 号数据终端模块。时分复用是将各路输入变为并行数据，然后，按给定端口数据所在的时隙进行帧的拼接，变成一个完整的数据帧，最后并/串变换将数据输出。解复用的过程是先提取帧同步，然后将一帧数据缓存下来，接着按时隙将帧数据解开，最后每个端口将获取自己时隙的数据进行并/串变换输出。

此时，256 kHz 时分复用与解复用模式下，复用帧结构为：第 0 时隙是巴克码帧头；第 1～3 时隙是数据时隙，其中第 1 时隙输入的是数字信号源，第 2 时隙输入的是 PCM 数据；第 3 时隙以 7 号模块自带的拨码开关 S1 的码值作为数据。

对于 2048 kHz 时分复用和解复用实验，其实验原理框图与 256 kHz 时分复用和解复用实验原理框图基本一致。

四、实验步骤

实验项目一　256 kHz 时分复用帧信号的观测

概述：通过观测 256 kHz 帧同步信号及复用输出波形，了解复用的基本原理。

实验项目二　256 kHz 时分复用及解复用

概述：将模拟信号通过 PCM 编码后，送到时分复用单元，再经过解复用，最后译码输出。

实验项目三　2 MHz 时分复用及解复用

概述：设置菜单的复用速率为 2048 kHz，实验观测的过程同 256 kHz 的时分复用。

五、实验报告

(1) 画出各测试点波形，并分析实验现象。

(2) 分析电路的工作原理，叙述其工作过程。

实验二十四　HDB$_3$ 线路编码通信系统综合实验

HDB$_3$ 线路编码
通信系统综合实验

一、实验目的

(1) 熟悉 HDB$_3$ 编译码器在通信系统中的位置及发挥的作用。

(2) 熟悉 HDB$_3$ 通信系统的系统框架。

二、实验器材

(1) 主控及信号源模块、21 号模块、2 号模块、7 号模块、8 号模块、13 号模块各一块。

(2) 双踪示波器一台。

(3) 连接线若干。

三、实验原理

1. HDB$_3$ 线路编码通信系统实验原理框图

HDB$_3$ 线路编码通信系统实验原理框图如附图 53 所示。

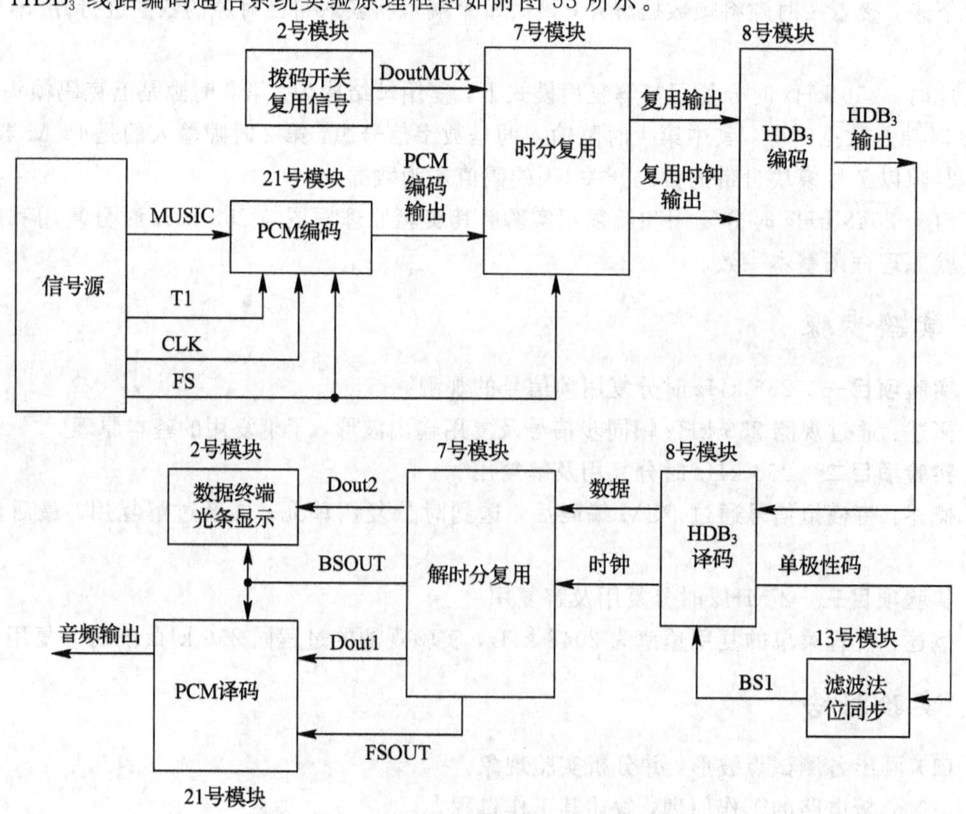

附图 53　HDB$_3$ 线路编码通信系统实验原理框图

2. HDB_3 线路编码通信系统实验框图说明

信号源输出音乐信号(MUSIC)经过 21 号模块进行 PCM 编码，与 2 号模块的拨码开关复用信号一起送入 7 号模块，进行时分复用，然后通过 8 号模块进行 HDB_3 编码；编码输出信号再送回 8 号模块进行 HDB_3 译码，其中译码时钟用 13 号模块的滤波法位同步提取，输出信号再送入 7 号模块进行解时分复用，恢复的两路数据分别送到 21 号模块的 PCM 译码单元和 2 号模块的数据终端光条显示单元，从而可以从扬声器中听到原始信号源音乐信号，并可以从光条中看到原始拨码信号。

注：附图 53 中所示连线有所省略。

四、实验步骤

实验项目　HDB_3 线路编码通信系统的综合实验

概述：本实验主要是让学生理解 HDB_3 线路编译码以及时分复用等知识点，同时加深对以上两个知识点的认识和掌握，同时能对实际信号的传输系统建立起简单的框架。

五、实验报告

(1) 叙述 HDB_3 码在通信系统中的作用及对通信系统的影响。

(2) 整理信号在传输过程中的各点波形。

参考文献

[1] 南利平. 通信原理简明教程[M]. 北京：清华大学出版社，2000.
[2] 樊昌信，等. 通信原理[M]. 北京：国防工业出版社，2001.
[3] 陶亚雄，等. 现代通信原理[M]. 北京：电子工业出版社，2003.
[4] 黄葆华，等. 通信原理[M]. 西安：西安电子科技大学出版社，2007.
[5] 姚先友. 数字数据通信[M]. 北京：清华大学出版社，2002.
[6] 谭中华，等. 现代通信技术[M]. 北京：机械工业出版社，2010.